電腦輔助平面製圖認證指南
AutoCAD 2024
| 工程設計領域 |

如何使用本書

一、本書內容

- 第一章 TQC+專業設計人才認證說明：
  介紹 TQC+ 認證架構與證照優勢，以及如何報名參加。

- 第二章 領域及科目說明：
  介紹該領域認證架構與認證測驗對象及流程。

- 第三章 範例題目練習系統安裝及操作說明：
  教導使用者安裝操作本書所附的範例題目練習系統。

- 第四章 電腦輔助平面製圖範例題目：
  可供讀者依學習進度做平常練習及學習效果評量使用。本書範例題目內容為認證題型與命題方向之示範，正式測驗試題不以範例題目為限。

- 第五章 測驗系統操作說明：
  介紹 TQC+ 工程設計領域 電腦輔助平面製圖 AutoCAD 2024 認證之模擬測驗操作與實地演練，加深讀者對此測驗的瞭解。

- 第六章 範例試卷：
  含範例試卷三回，可幫助讀者作實力總評估。

本書章節如此的編排，希望能使讀者儘速瞭解並活用本書，進而通過 TQC+ 的認證考試。

二、本書適用對象

- 學生或初學者。
- 準備受測者。
- 準備取得 TQC+ 專業設計人才證照者。

三、本書使用方式

請依照下列的學習流程,配合本身的學習進度,使用本書之範例題目進行練習,從作答中找出自己的學習盲點,以增進對該範圍的瞭解及熟練度,最後進行模擬測驗,藉以評估自我實力是否可以順利通過認證考試。

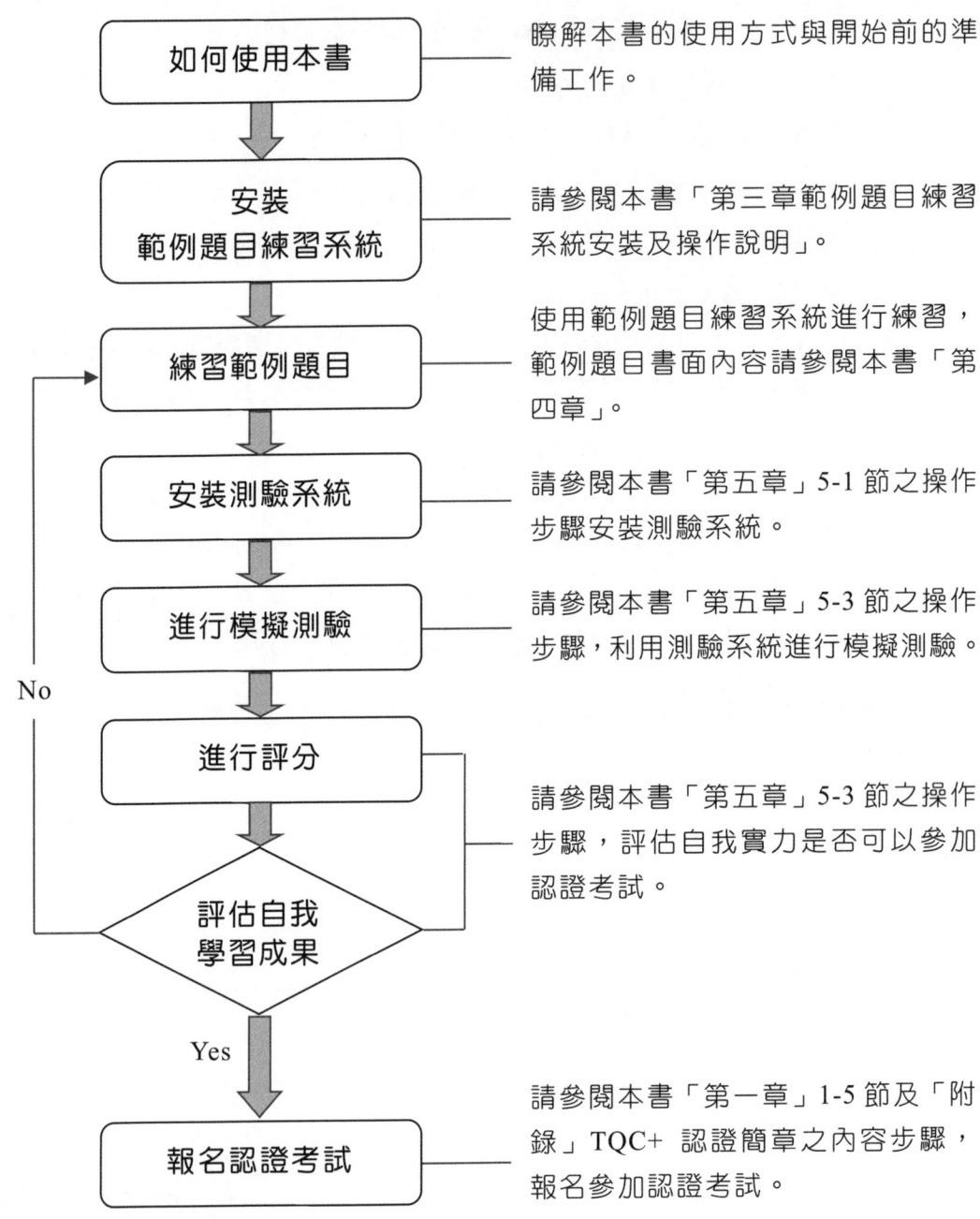

軟硬體需求

使用本書系統提供之「TQC+認證範例題目練習系統 電腦輔助平面製圖 AutoCAD 2024」、「TQC+ 認證測驗系統-Client 端程式」,所需要的軟硬體需求如下:

一、硬體部分

- 處理器:3+ GHz 處理器以上等級
- 記憶體:16 GB 以上
- 顯示卡:4 GB GPU,支持 DirectX 12 之顯示卡
- 硬　碟:安裝完成後須有 6 GB 以上剩餘空間
- 鍵　盤:標準 AT 101 鍵或 WIN95 104 鍵
- 滑　鼠:標準 PC 或 MS Mouse
- 螢　幕:具有 1920 * 1080 像素解析度以上的顯示器

二、軟體部分

- 作業系統:Microsoft Windows 11(64 位元)以上之中文版。
- 應用軟體:AutoCAD 2024。
- 系統設定:Microsoft Windows 11(64 位元)中文版安裝後之初始設定。中文字型為系統內建細明體、新細明體、標楷體,英文字體為系統首次安裝後內建之字型。

商標及智慧財產權聲明

商標聲明

- CSF、TQC、TQC+和 ITE 是財團法人中華民國電腦技能基金會的註冊商標。
- AutoCAD 是 Autodesk 公司的註冊商標。
- Microsoft Windows 是 Microsoft 公司的註冊商標。
- 本書或系統中所提及的所有其他商業名稱,分別屬各公司所擁有之商標或註冊商標。

智慧財產權聲明

「TQC+ 電腦輔助平面製圖認證指南 AutoCAD 2024」(含系統)之各項智慧財產權,係屬「財團法人中華民國電腦技能基金會」所有,未經本基金會書面許可,本產品所有內容,不得以任何方式進行翻版、傳播、轉錄或儲存在可檢索系統內,或翻譯成其他語言出版。

- 本基金會保留隨時更改書籍(含系統)內所記載之資訊、題目、檔案、硬體及軟體規格的權利,無須事先通知。
- 本基金會對因使用本產品而引起的損害不承擔任何責任。

本基金會已竭盡全力來確保書籍(含系統)內載之資訊的準確性和完善性。如果您發現任何錯誤或遺漏,請透過電子郵件 master@mail.csf.org.tw 向本會反應,對此,我們深表感謝。

系統使用說明

為了提高學習成效，在本書隨附的系統中特別提供「TQC+ 認證範例題目練習系統 電腦輔助平面製圖 AutoCAD 2024」及「TQC+ 認證測驗系統-Client 端程式」，您可透過附加資源的下載連結安裝上述系統，請自行解壓縮並執行即可，僅供購買本書之讀者使用，未經授權不得抄襲、轉載或任意散布。

附加資源（請下載並搭配本書，僅供購買者個人使用）

下載連結：http://books.gotop.com.tw/download/AEY045000

「TQC+ 認證範例題目練習系統」提供 電腦輔助平面製圖 AutoCAD 2024 操作題第一至六類共計 60 道題目。

「TQC+ 認證測驗系統-Client 端程式」提供三回 電腦輔助平面製圖 AutoCAD 2024 測驗的範例試卷。

各系統 Setup.exe 程式所在路徑如下：

- 安裝「TQC+ 認證範例題目練習系統」：
  檔名:\TQCP_CAI_ATF_Setup.exe

- 安裝「TQC+ 認證測驗系統-Client 端程式」：
  檔名:\T5 ExamClient 單機版_ATF_Setup.exe

希望這樣的設計能給您最大的協助，您亦可進入 https://www.csf.org.tw 網站得到關於基金會更多的訊息！

序

  在當今瞬息萬變的商業環境中，智慧製造已成為全球製造業發展的重要趨勢，並深刻影響著設計與工程領域。智慧製造可優化生產流程，企業利用機器學習精準建模並預測設備運行狀態、製程表現與產品結果，從而提高生產效率且降低生產成本。此外，智慧製造還能藉由良率預測，強化品質管理，全面增強企業的市場競爭力。在這樣的背景下，AutoCAD作為設計與工程的核心工具，正扮演著愈加重要的角色。

  Autodesk 公司推出的 AutoCAD 在工程設計領域的影響力無庸置疑，其產品廣泛應用於建築、工程及製造等領域，推動整個產業鏈的整合與協作發展。在台灣，智慧製造已成為推動經濟發展的重要力量，相關報告顯示其產值逐年上升。此外，智慧製造在產品的概念設計、功能驗證，甚至是生產線的效率提升，在每個階段 AutoCAD 都發揮了不可或缺的作用，協助企業在激烈的市場競爭中保持優勢。結合 AutoCAD 等先進工具，台灣企業不僅實現了更高效的生產流程與更優質的產品，也大幅提升了國際競爭力。本會開辦之 AutoCAD 各版本認證，均能精確地驗證考生專業能力，在業界廣受好評。因此有志從事相關行業的人員，以取得本證照作為學習與訓練的目標，不僅是對自身專業能力的驗證，也是對未來職涯發展的一種投資。

  創新設計的需求，帶動電腦輔助製圖軟體之快速進步，AutoCAD 版本也不斷地推陳出新，本會在最短的時間內聚集專家學者與產業代表，完成 AutoCAD 2024 技能規範之修訂及試題之命製與測試，並推出 AutoCAD 2024 認證，讓學習者有依循目標、讓業界用才有明確標準。

  AutoCAD 2024 屬於「TQC+工程設計領域」認證，操作題除了基本的幾何圖面，更包括玩具與生活用品應用、機械設計應用、建築與室內設計應用，取材廣泛、應用實務。為幫助讀者掌握技能認證重點，本會出版「TQC+電腦輔助平面製圖認證指南 AutoCAD 2024」乙書。讀者若能充分運用本書，依照學習課程的範圍和進度，反覆練習本書所附之操作題分類範例題目，必能掌握電腦輔助製圖的精髓，奠定堅實的學習基礎。除此之外，本會特別邀請 AutoCAD 業界的培訓名師吳永進、林美櫻老師編撰「TQC+AutoCAD 特訓教材-基礎篇」

乙書，此一系列教材造就許多 AutoCAD 高手，在此推薦給讀者做為自學教材或工具書之參考。

　　大學錄取率年年攀高，大學文憑逐漸普及，證照取而代之成為各行各業聘雇人員專業能力之重要參考依據，代表「證照時代已經來臨！」建議讀者在經過一段時間的學習之後，報考並取得「TQC+工程設計領域」的電腦輔助平面製圖（AutoCAD）證照，為職場生涯加分！

財團法人中華民國電腦技能基金會

董事長　杜全昌

目錄

如何使用本書

軟硬體需求

商標及智慧財產權聲明

系統使用說明

序

第一章　TQC+ 專業設計人才認證說明

1-1 TQC+ 專業設計人才認證介紹 1-2

1-2 TQC+ 專業設計人才認證內容 1-3

    1-2-1　認證領域 1-3

    1-2-2　TQC+ 職務能力需求描述 1-6

1-3 TQC+ 專業設計人才認證優勢 1-7

    1-3-1　完整齊備的認證架構 1-7

    1-3-2　貼近實務的認證方法 1-7

    1-3-3　最具公信的認證機構 1-7

1-4 企業採用 TQC+ 證照的三大利益 1-8

1-5 如何參加 TQC+ 考試 1-9

第二章　領域及科目說明

2-1 領域介紹-工程設計領域說明 2-2

2-2 電腦輔助平面製圖認證說明 2-5

    2-2-1　認證舉辦單位 2-5

    2-2-2　認證對象 2-5

    2-2-3　認證流程 2-5

第三章　範例題目練習系統安裝及操作說明

3-1	範例題目練習系統安裝流程	3-2
3-2	範例題目練習系統操作程序	3-8

第四章　電腦輔助平面製圖範例題目

4-1	操作題技能規範及分類範例題目	4-2
4-1-1	第一類：綜合應用一	4-4
4-1-2	第二類：綜合應用二	4-14
4-1-3	第三類：綜合應用三	4-24
4-1-4	第四類：玩具與生活用品應用	4-34
4-1-5	第五類：機械設計應用	4-44
4-1-6	第六類：建築與室內設計應用	4-54
4-2	自主練習題目	4-64

第五章　測驗系統操作說明

5-1	TQC+ 認證測驗系統-Client 端程式安裝流程	5-2
5-2	程式權限及使用者帳戶設定	5-7
5-3	測驗操作程序範例	5-10
5-3-1	測驗注意事項	5-11
5-3-2	測驗操作演示	5-12

第六章　範例試卷

試卷編號：AT0-0001

試卷編號：AT0-0002

試卷編號：AT0-0003

試卷標準答案

附錄

TQC+ 專業設計人才認證簡章

問題反應表

Chapter 1

TQC+
專業設計人才認證說明

1-1 TQC+ 專業設計人才認證介紹

一、新時代的挑戰

　　知識經濟與文創產業的時代，在媒體推波助瀾下鋪天捲地來臨，各產業均因此產生結構性的變化。在這個浪潮中，「設計」所帶來的附加價值與影響也日趨明顯。相同功能的產品，可以藉由精緻的外型設計讓銷售數字脫穎而出，性質相近的網站，也可以透過優良的介面設計與美工畫面，讓使用者持續不斷的湧入。因此，提升台灣產業界人才之設計能力，是當今最迫切的需求。優秀而充足的人力是企業提升設計能力的根基，但是該如何在求職人選中，篩選出具有「設計」能力的應徵者，卻是一件艱困的任務。

二、「設計」人才的誕生

　　財團法人中華民國電腦技能基金會，自 1989 年起即推動各項資訊認證，提供產業界充足的資訊應用人才，舉凡數位化辦公室各項能力，均為認證之標的項目。由於電腦技能發展至今，已從單純的輔助能力，變成了許多專業領域的必備職能，本會身為台灣民間最大專業認證單位，提供產業界符合新時代的專業人才，自是責無旁貸，因此著手推動「TQC+ 專業設計人才認證」。

三、知識為「體」，技能為「用」

　　TQC+ 專業設計人才認證的理念，是以「專業設計領域任職必備能力」為認證標準，分析各職務主要負責的業務與能力需求後，透過產官學研各界專家建構出該職務的「知識體系」與「專業技能」認證項目。知識體系是靈魂骨幹，提供堅強的理論基礎，專業技能則是實務應用，使之在工作上達成設計目標並產出實際之設計成品，兩者缺一不可。

四、架構完整，切合需求

　　TQC+ 專業設計人才認證除了協助企業有效篩選人才之外，同時也規劃了完整的學習進程與教材，提供了進入職場專業領域的學習方向。認證科目之間互相搭配，充分涵蓋核心知識體系與專業技能，期能藉由嚴謹的認證職能體系規劃與專業完善的考試服務，培育出符合企業需要的新時代「設計」人才！

1-2 TQC+ 專業設計人才認證內容

1-2-1 認證領域

　　TQC+ 認證依照職場人才需求趨勢，規劃出六大領域認證，包含：「建築設計 AD 領域」、「電路設計 CD 領域」、「工程設計 ED 領域」、「跨域設計 ID 領域」、「軟體設計 SD 領域」、「視傳設計 VD 領域」。

　　「**建築設計 AD 領域**」追求的是滿足建築物的建造目的。包括環境角色的要求、使用功能的要求、視覺感受的要求等，在技術與經濟等方面可行的條件下，利用具體的建築材料，配合建物當地的歷史文化、景觀環境等，形成具有象徵意義的產物。常見的建築設計包括了建築外觀設計、空間規劃、室內裝修、都市計畫等。

　　「**電路設計 CD 領域**」發展歷史雖短，在電子產品快速發展的今天，已成為設計領域不可或缺的一環。電路賦予電子產品許多的功能。小至每天接觸的手機、數位相機、電子遊樂器，大至汽車中央控制電腦、自動化工廠設備等，只要有電子產品的地方，都會有電路。常見的電路設計包括積體電路設計、類比電路設計等。

　　「**工程設計 ED 領域**」主要的方向為各項產品的外型與線條，同時需考慮到產品使用時的人體工學與實用度。更深一層來說，還必須考量到產品的生產流程、材料選擇以及產品的特色等。工程設計領域的專業人員必須引導產品開發的整個過程，藉由改善產品的可用性，來增加產品的附加價值、減低生產成本、並提高產品的形象。

　　「**跨域設計 ID 領域**」乃因應跨領域人才共同參與設計專案的最新人才發展趨勢，所建立的認證領域架構。跨域設計的專業人員除需具備本職的專業能力及技能之外，還必須熟悉相關領域技術。能將各種不同領域的設計知識資源整合，在團隊中進行有效的溝通及協調，運用創造性思維解決各種問題狀況，達成串聯市場、技術與產品，整合企業資源，發展創新產品服務的目標。

「**軟體設計 SD 領域**」專注的是依照規格需求，開發能解決特定問題的程式。軟體設計通常以某種程式語言為工具，並與各種資料庫進行搭配。軟體設計過程有分析、設計、編碼、測試、除錯等階段，開發的過程中也需要注意程式的結構性、可維護性等因素。常見的軟體設計包含作業系統設計、應用程式設計、資料庫系統設計、使用者介面設計與系統配置等。

「**視傳設計 VD 領域**」著重的是藝術性與專業性，透過視覺傳遞的溝通方式，傳達出作者想提供的訊息。設計者以不同方式來組合符號、圖片及文字，利用經過整理與排列的字體變化、完整的構圖與版面安排等專業技巧，創作出全新的感官意念。常見的視傳設計包括了廣告、產品包裝、雜誌書籍及網頁設計等。

領域名稱	人員別名稱
建築設計 AD 領域	• 建築設計專業人員 • 室內設計專業人員
電路設計 CD 領域	• 電路設計專業人員 • 電路佈局專業人員 • 電路佈線專業人員
工程設計 ED 領域	• 工程製圖專業人員 • 零件設計專業人員 • 機械設計專業人員 • 產品設計專業人員

領　域　名　稱	人　員　別　名　稱
軟體設計 SD 領域	• Java 程式設計專業人員 • C#程式設計專業人員 • Android 行動裝置應用程式設計專業人員 • ASP.NET 網站程式開發專業人員 • Python 大數據分析專業人員 • Python 機器學習專業人員
視傳設計 VD 領域	• 平面設計專業人員 • Flash 動畫設計專業人員 • 多媒體網頁設計專業人員 • 網頁設計專業人員 • 動態與視覺特效專業人員

註：最新資訊請參閱 TQC+考生服務網 http://www.tqcplus.org.tw/

1-2-2 TQC+ 職務能力需求描述

在 TQC+ 專業設計領域中,我們依照職務能力需求的不同,訂定出甲級與乙級能力需求描述,做為認證規劃的標準。甲級的標準相當於 3 年以上專業領域工作經驗,可獨當一面進行各項任務,並具備該領域指導與規劃的整合能力;乙級的標準則是相當於 1 至 2 年工作經驗,或經過專業訓練欲進入該領域工作之人員,具備該領域就職必備能力,能配合其他人員進行各項任務。詳細說明請參閱下表:

 職務能力需求描述表

甲級--設計師/工程師能力需求
- 相當於 3 年以上專業領域工作經驗
- 具備該領域之獨立工作能力
- 具備該領域之整合、規劃及指導能力

乙級--專業人員能力需求
- 相當於 1 至 2 年工作經驗,或經過專業訓練欲進入該專業領域工作之人員
- 具備該領域就職必備能力
- 能接受設計師/工程師指示,與其他專業人員共同作業

1-3　TQC+ 專業設計人才認證優勢

1-3-1　完整齊備的認證架構

擁有整合知識體系與專業技能的認證架構

TQC+ 認證技能規範內容，由本會遴聘該領域產官學研各界專家，組成規範制定委員會，依照各種專業設計人才的職能需求，訂定出符合企業主期待的能力指標。內容不但引導了知識體系的建立，加強了應考人的本質學能，同時也兼顧了專業技能的使用，以實務需求為導向，評測出應考人的應用能力水準。知識為「體」，技能為「用」，孕育出最合業界需求的專業設計人才！

1-3-2　貼近實務的認證方法

提供最貼近實際應用環境，獨一無二的認證系統

為了能提供應考人最接近實際使用環境的認證考試，TQC+ 認證採用兩種考試方式組合來進行。第一種方式為測驗題模式，主要應用於知識體系的考試科目。題型內容包含單選題與複選題，應考人使用專屬之認證測驗系統，以滑鼠填答操作應試；第二種方式則為操作題模式，應考人可「直接使用各領域專業軟體」，如 AutoCAD 2024 等，依照題目指示完成作答，再根據考科特性以電腦評分或委員評分方式進行閱卷。實作題模式與坊間其他以「模擬軟體操作」為考試方式的認證有顯著的區別，可提供最符合實際工作狀況的認證考試。

1-3-3　最具公信的認證機構

由台灣民間最大專業認證機構辦理，累計 450 萬人次考生的肯定

民國 78 年 8 月本會承蒙行政院科技顧問組、中華民國全國商業總會、財團法人資訊工業策進會和台北市電腦商業同業公會熱心資訊教育的四個單位，共同發起創立本非營利機構，致力於資訊教育和社會資訊化的推廣。二十幾年來，藉辦理各項電腦認證測驗、競賽等相關活動，促使大家熟於應用電腦技能；並本著「考用合一」的理念，制訂實務導向的認證標準，提供各界量才適所的客觀依據。累積多年的認證舉辦經驗，目前已成為全台民間最大之專業認證單位，每年參測人數達 25 萬人次。累計超過 450 萬名考生的肯定，是 TQC+ 專業設計人才認證最大的品質後盾！

1-4 企業採用 TQC+ 證照的三大利益

企業的作戰力來自人才，精明卓越的將帥，需要機動靈活、士氣高昂、戰技優良的團隊。在此一競爭具變遷激烈的資訊化時代下，電腦技能已經是不可或缺的一項現代化戰技，而且是越多元化、越紮實化越佳。TQC+ 專業設計人才認證可以讓企業確保其員工擁有達到相當水準之專業領域職能。經由這項認證進行人才篩選，企業至少可以獲得以下三項利益：

一、提高選才效率、降低尋人成本

　　讓專業領域設計能力成為應徵者必備的職能，憑藉 TQC+ 專業設計人才認證所頒發之證書，企業立即瞭解應徵者專業領域職能實力，可以擇優而用，無須再花時間及成本驗證，選才經濟、迅速。求職者在投入工作前，即具備可以獨立作業的專業技能，是每一位老闆的最愛。

二、縮短職前訓練、儘快加入戰鬥團隊

　　企業無須再為安排職前訓練傷神，可以將舊有之職前訓練轉化為更專注於其他專業訓練，或者縮短訓練時間，讓新進同仁邁入「做中學」另一階段的在職訓練，大大縮短人才訓練流程，全心去面對激烈的新挑戰。對企業來說，更可直接地降低訓練成本。

三、如虎添翼、戰力十足

　　新進同仁因為具備領域職能必備能力，專業才華更能淋漓盡致地發揮，不僅企業作戰效率提昇，員工個人工作成就感也得以滿足。同時，企業再透過在職進修的鼓勵，既可延續舊員工的戰力，更進一步地刺激其不斷向上的新動力。對企業體、對員工而言可說是一舉數得。

1-5 如何參加 TQC+ 考試

一、瞭解個人需求

　　在規劃參加認證，建議先評估個人生涯規劃與興趣，選擇適合的專業領域進入。您可以參考 TQC+ 認證網站的各領域職務說明，或是詢問已在該領域任職的親友之意見，作為您規劃的參考。提醒您專業是需要累積的，正所謂「滾石不生苔」！沒有好的規劃容易造成學習時間與職涯的浪費。

二、學習與準備

　　選擇好了專業領域，接下來進入的就是學習與準備的階段。如果想採自學的方式進行，本會為考生出版了一系列參考書籍，考生可至 TQC+ 認證網站查詢各科最新的教材與認證指南。若考生對自己的準備沒有十足把握，則可選擇電腦技能基金會散布全國之授權訓練中心參加認證課程，一般課程大多以一個月為期。此外，本會亦和大專院校合作，於校內推廣中心開設認證班，考生可就近向與本會合作的大專院校推廣中心或與本會北中南三區推廣中心聯繫詢問。

三、選擇考試地點

　　凡持有「TQC 授權訓練中心（TATC）」字樣，並由本會頒發授權牌的合格訓練中心，才是本會授權、認證的單位。凡參加授權訓練中心的考生，於課程結束時，該中心會協助安排考生參加考試。若採自行報名考試者，可直接至 TQC+ 認證網站，進入線上報名系統，選擇就近的認證中心，以及認證科目與時間。

四、取得證書

　　通過單科認證者，本會將於一個月後寄發 TQC+ 合格證書；若通過科目符合人員別發證標準，則可申請人員別證書，凡取得證書者，均代表該應考人專業技術與應用能力已獲得第三公證單位之認可。

五、求職時主動出示 TQC+ 證書

在求職的過程中，除了在自傳或履歷表中闡述自己的理想、抱負之外，建議同時出示 TQC+ 證書，將更能突顯本身之技能專長、更容易獲得企業青睞。因為證書代表的不僅是個人的專業，更表現出持證者的那份用心和行動力。

六、以 TQC+ 證書為未來職務加分

在職場中您除了專注提升工作表現外，可適時對主管表達您已取得 TQC+ 專業證書。除了證明您的專業程度已符合該職務的職能標準，同時也表現您對此項職務的企圖心，可加深主管對您的優良印象。未來若有適當的升遷機會，具有專業能力與企圖心的您當然是不二人選！

Chapter 2

領域及科目說明

2-1 領域介紹-工程設計領域說明

　　TQC+認證依各領域設計人才之專業謀生技能為出發點,根據國內各產業專業設計人才需求,依其工作職能及核心職能,規劃出各項認證測驗。

　　在工程設計領域中,本會經過調查分析最普遍的工作職稱,根據各專業人員之職務不同,彙整出相對應之工作職務（Task）,以及執行這些工作職務所需具備之核心職能（Core Competency）與專業職能（Functional Competency）,規劃出幾項專業設計人員,分別為:「工程製圖專業人員」、「零件設計專業人員」、「機械設計專業人員」、「產品設計專業人員」、「商品造形設計專業人員」等,詳細內容如下表所列:

專業 人員別	工作職務 （Task）	核心職能 （Core Competency）	專業職能 （Functional Competency）
工程製圖 專業人員	1. 製作詳細設計圖 2. 檢閱規格、草圖、藍圖 3. 設計數學運算程式 4. 修改設計缺點 5. 機械專業知識 6. 圖面整理與標示尺寸	1. 工程圖學與識圖能力 2. 機械製圖能力	1. 電腦輔助平面製圖能力 2. 電腦輔助立體製圖能力
零件設計 專業人員	1. 新圖面審核製作 2. 製作詳細設計圖及說明 3. 機械專業知識 4. 修改設計缺點 5. 零件品設計 6. 圖面整理與標示尺寸	1. 工程圖學與識圖能力 2. 機械製圖能力	1. 電腦輔助平面製圖能力 2. 基礎零件設計能力

專業人員別	工作職務 （Task）	核心職能 （Core Competency）	專業職能 （Functional Competency）
機械設計專業人員	1. 機械設計原理 2. 材料測試與選用 3. 繪製設計圖面 4. 裝配設計與組立 5. 設計數學運算程式 6. 繪製零件圖、組立圖、工程圖	1. 工程圖學與識圖能力 2. 機械製圖能力	1. 電腦輔助平面製圖能力 2. 基礎零件設計能力 3. 實體設計能力
產品設計專業人員	1. 工程計算與驗證 2. 產品外型設計 3. 繪製零件圖面 4. 繪製零件圖、組立圖、工程圖 5. 設計數學運算程式 6. 裝配設計與組立 7. 繪製設計圖面 8. 材料測試與選用	1. 工程圖學與識圖能力 2. 機械製圖能力	1. 基礎零件設計能力 2. 實體設計能力 3. 進階零件及曲面設計能力

本會根據上述各專業職務之工作職務（Task），以及核心職能（Core Competency）、專業職能（Functional Competency），規劃出每一專業人員應考內容，分為「知識體系（學科）」，以及「專業技能（術科）」二大部分。其中第一部分「知識體系（學科）」每一專業人員均須選考，應考科目為「工程圖學與機械製圖」。第二部分「專業技能（術科）」則依專業人員之不同，規劃各相關考科，請參閱下表「TQC+ 專業設計人才認證工程設計領域認證架構」：

知識體系 認證科目	專業技能 認證科目	專業設計人才 證書名稱
工程圖學 與 機械製圖	電腦輔助平面製圖 電腦輔助立體製圖	TQC+工程製圖專業人員
	電腦輔助平面製圖 基礎零件設計	TQC+零件設計專業人員
	電腦輔助平面製圖 實體設計	TQC+機械設計專業人員
	基礎零件設計 實體設計 進階零件及曲面設計	TQC+產品設計專業人員

2-2 電腦輔助平面製圖認證說明

「電腦輔助平面製圖認證 AutoCAD 2024」係為 TQC+ 工程設計領域之專業平面製圖能力鑑定。亦為考核「工程製圖專業人員」、「零件設計專業人員」與「機械設計專業人員」必備專業技能之一，以「工程圖學與機械製圖」及「電腦輔助平面製圖」之專業能力作為基礎，再與其工程設計專業技能接軌，藉此為企業提升專業設計人才之層次，增廣應用實務。

2-2-1 認證舉辦單位

認證主辦單位：財團法人中華民國電腦技能基金會。

2-2-2 認證對象

TQC+電腦輔助平面製圖 AutoCAD 2024 認證之測驗對象，為從事工程設計相關工作 1 至 2 年之社會人士，或是受過工程設計領域之專業訓練，欲進入該領域就職之人員。

2-2-3 認證流程

為使讀者能清楚有效地瞭解整個實際認證之流程及所需時間。請參考以下之「認證流程圖」。請搭配「5-3 測驗操作程序範例」一節內的實際範例，以充分瞭解本項認證流程。

認證流程圖

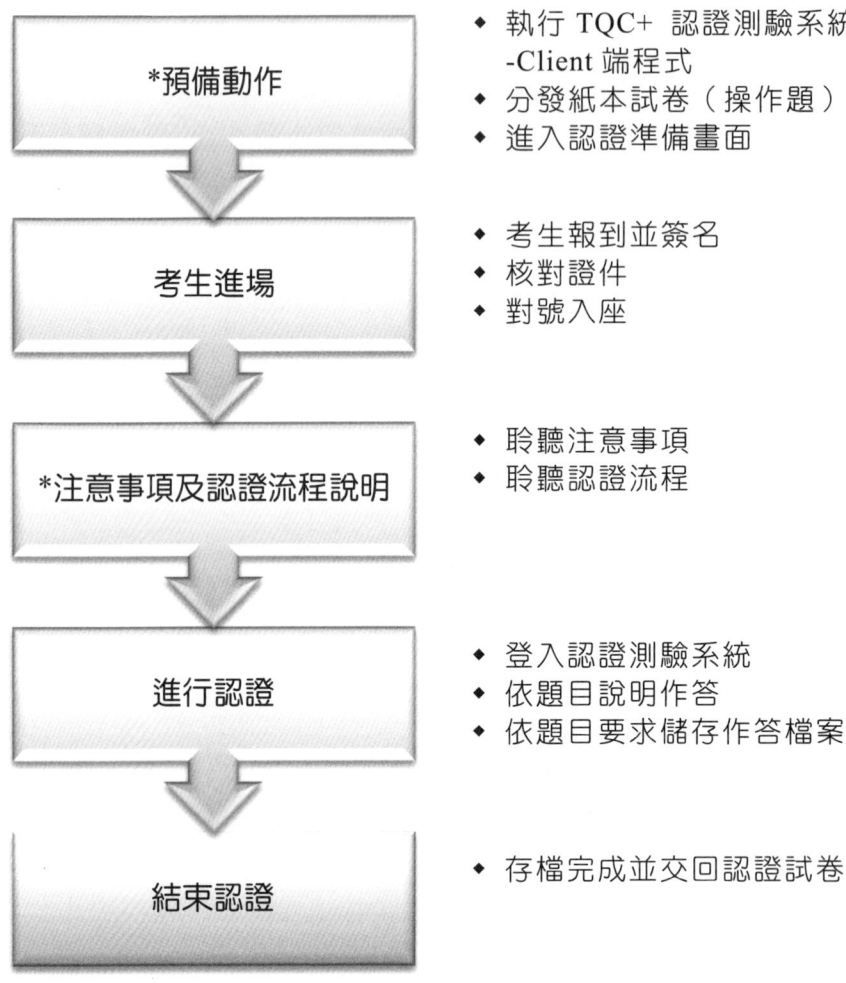

*標註該處，表示由監考人員執行

Chapter 3

範例題目練習系統安裝及操作說明

3-1 範例題目練習系統安裝流程

步驟一： 執行附書系統，選擇「TQCP_CAI_ATF_Setup.exe」開始安裝程序。
（附書系統下載連結及系統使用說明，請參閱「0-2-如何使用本書」）

步驟二： 在詳讀「授權合約」後，若您接受合約內容，請按「接受」鈕繼續安裝。

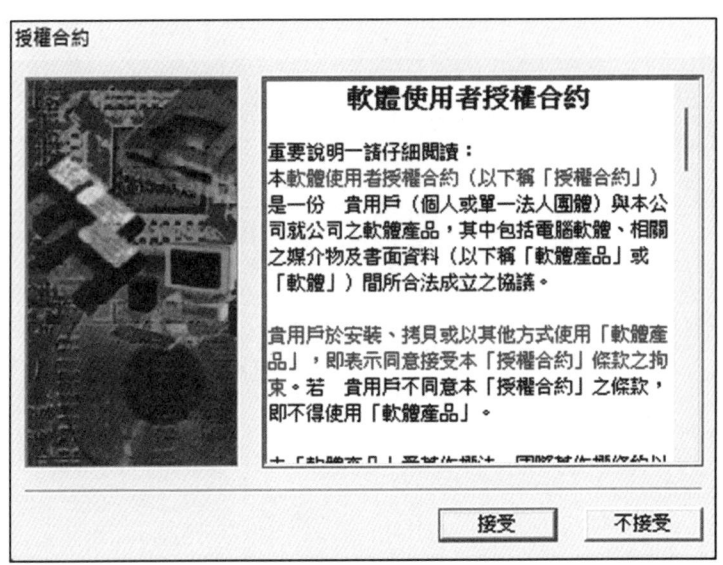

步驟三： 輸入「使用者姓名」與「單位名稱」後，請按「下一步」鈕繼續安裝。

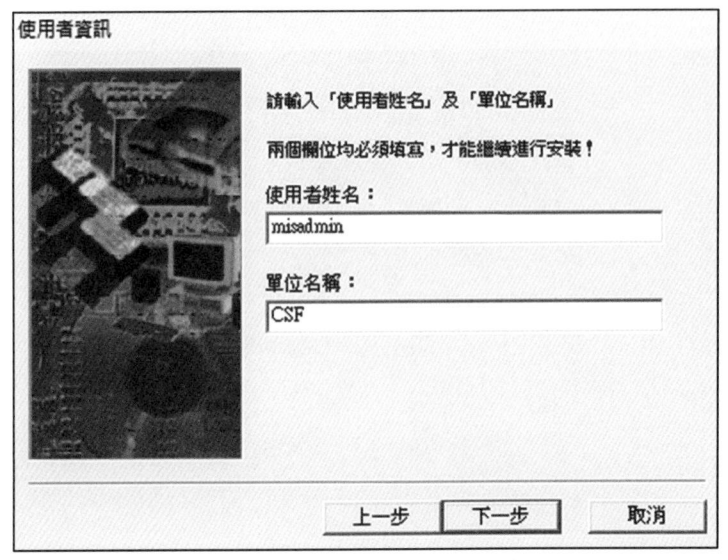

步驟四： 可指定安裝磁碟路徑將系統安裝至任何一台磁碟機，惟安裝路徑必須為該磁碟機根目錄下的《TQCPCAI.csf》資料夾。安裝所需的磁碟空間約 116MB。

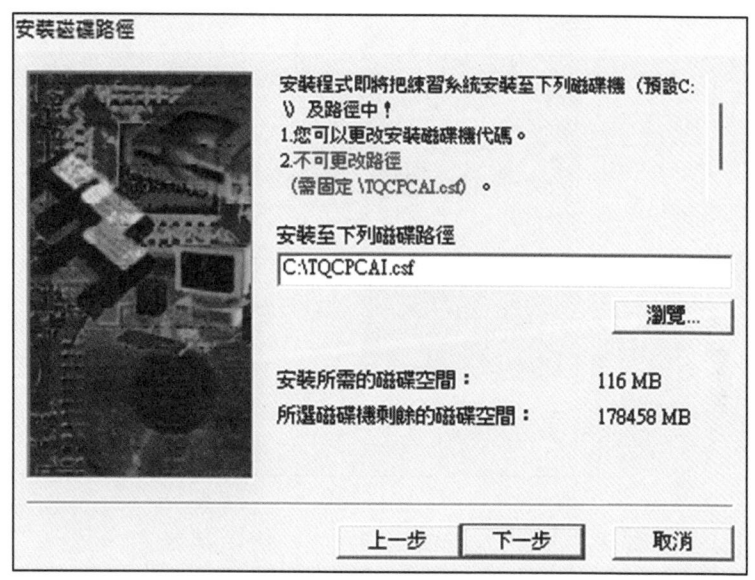

步驟五： 本系統預設之「程式集捷徑」在「開始/所有程式」資料夾第一層，名稱為「TQC+ 認證範例題目練習系統」。

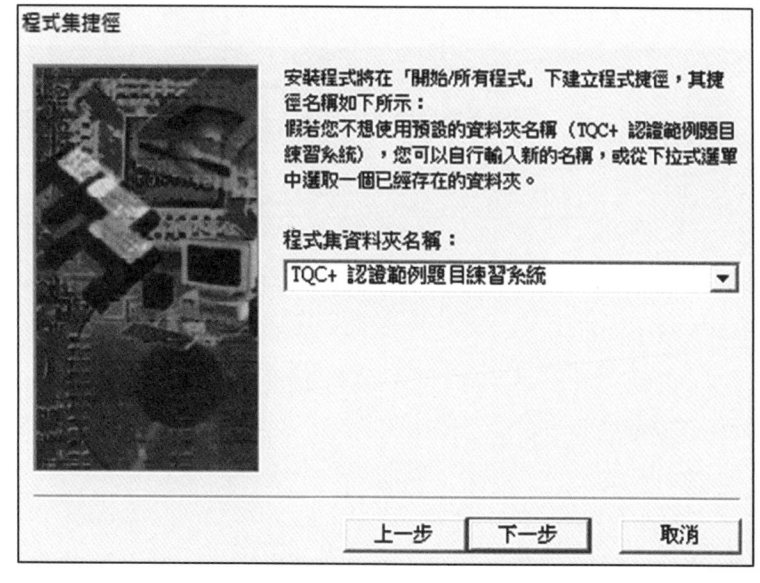

步驟六： 安裝前相關設定皆完成後，請按「安裝」鈕，開始安裝。

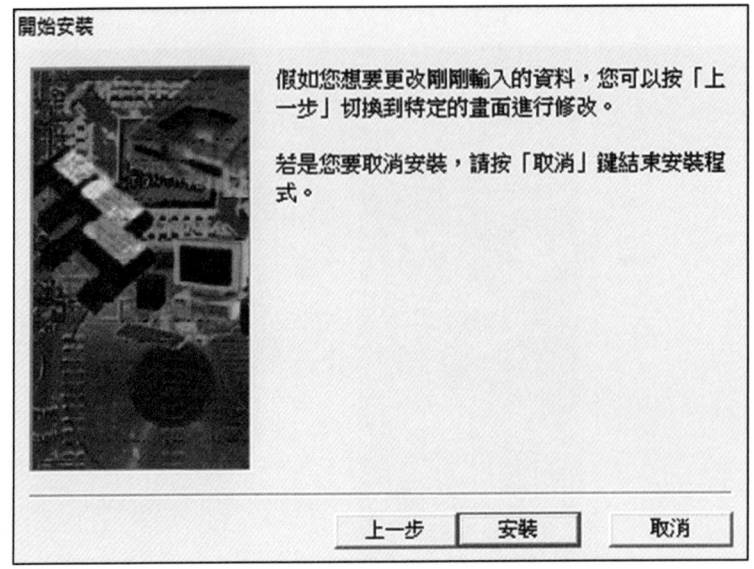

步驟七： 安裝程式開始進行安裝動作，請稍待片刻。

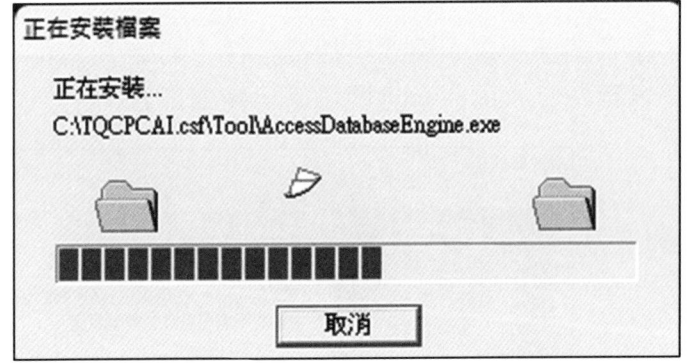

步驟八： 以上的項目在安裝完成之後，安裝程式會詢問您是否要進行版本的更新檢查，請按「下一步」鈕。建議您執行本項操作，以確保「TQC+ 認證範例題目練習系統（工程設計 ED 領域 電腦輔助平面製圖 AutoCAD 2024）」為最新的版本。

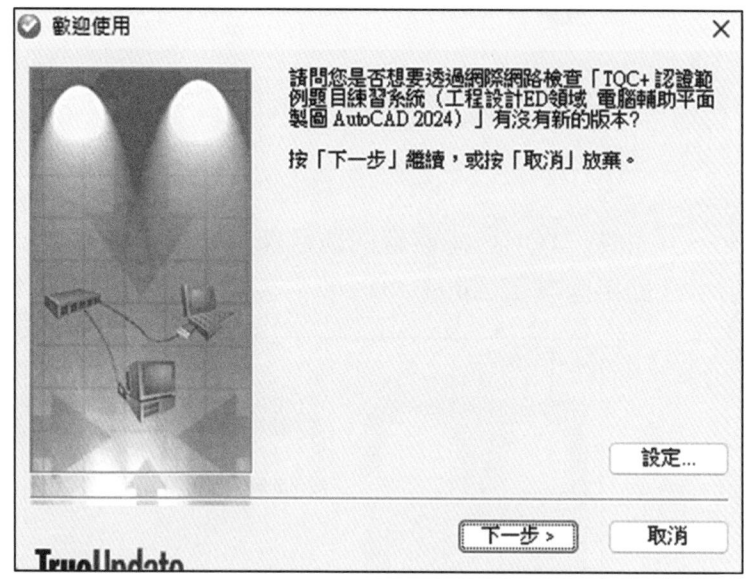

步驟九： 接下來進行線上更新，請按下「下一步」鈕。

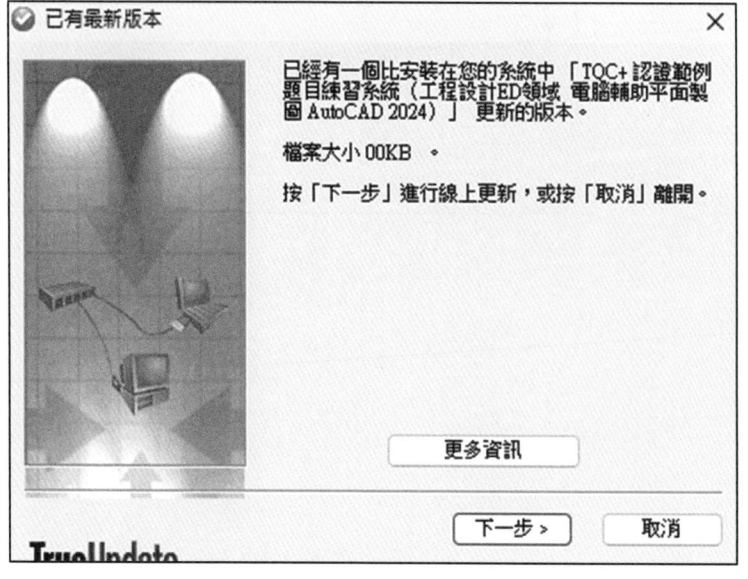

步驟十： 更新完成後，出現如下訊息，請按下「確定」鈕。

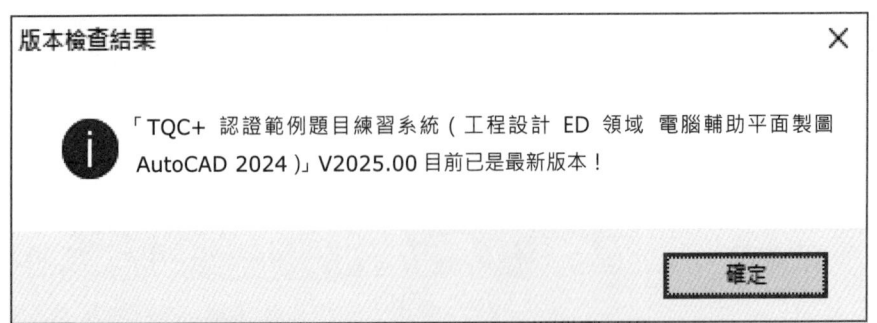

步驟十一：完成「TQC+ 認證範例題目練習系統（工程設計 ED 領域 電腦輔助平面製圖 AutoCAD 2024）」更新後，請按下「關閉」鈕。

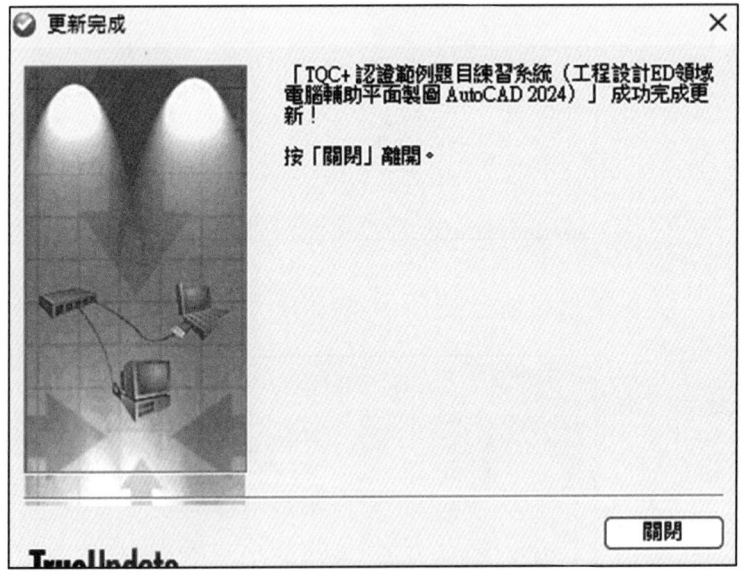

步驟十二：安裝完成！您可以透過提示視窗內的客戶服務機制說明，取得關於本項產品的各項服務。按下「完成」鈕離開安裝畫面。

3-2 範例題目練習系統操作程序

一、操作題練習程式，操作流程如下圖所示：

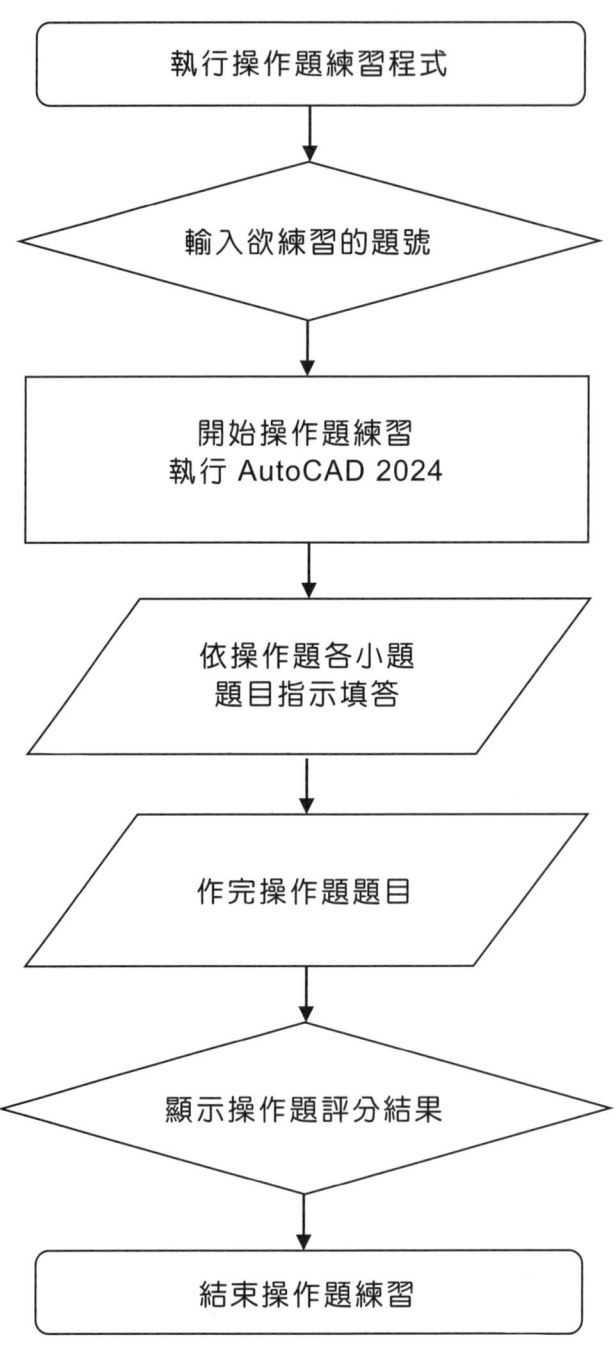

二、操作題詳細操作介面及步驟，說明如下：

步驟一： 執行桌面的「TQC+ 認證範例題目練習系統」程式項目。此時會開啟「TQC+ 認證範例題目練習系統 單機版」，請點選功能列中的「操作題練習」鈕。

步驟二： 在「操作題練習」窗格中，選擇欲練習的科目、類別、題目後，按「開始練習」鈕。系統會將您選擇的題目作答相關檔案，一併複製到「C:\ANS.csf」資料夾之中。參考答案檔存放於「C:\STD.csf\類別」資料夾之中。

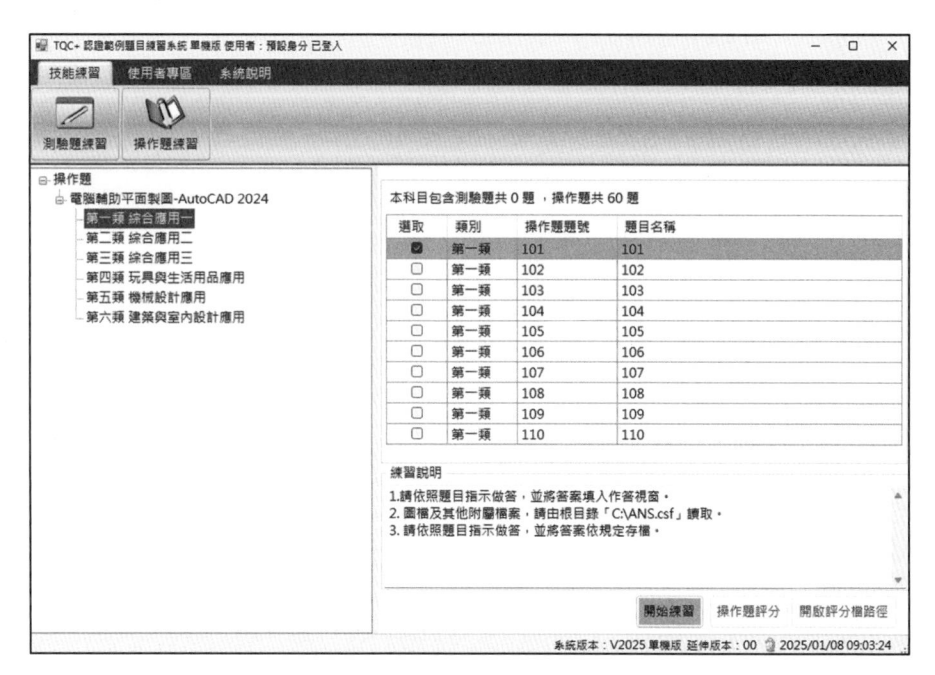

步驟三： 接著請依欲練習的題號，參考第四章操作題範例題目的內容，開啟 AutoCAD 2024 程式，並繪製題目圖面求取各問題的答案值。

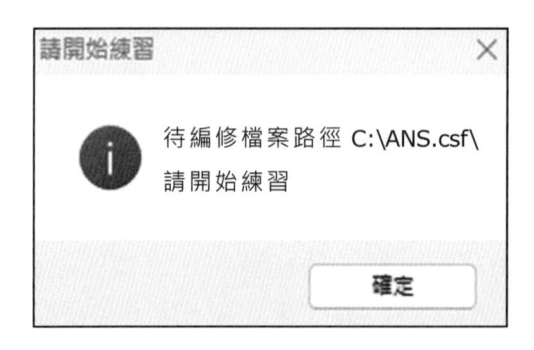

步驟四： 請將各題求取的答案值，填入作答視窗中。依試題指示將實體檔案存入指定位置。

步驟五： 按下「結束練習」後，會出現確認訊息，若要再次確認先前之答案可按「否」，若不需確認請按「是」以結束練習。

步驟六： 按下「是」選項，即可確認評分結果。

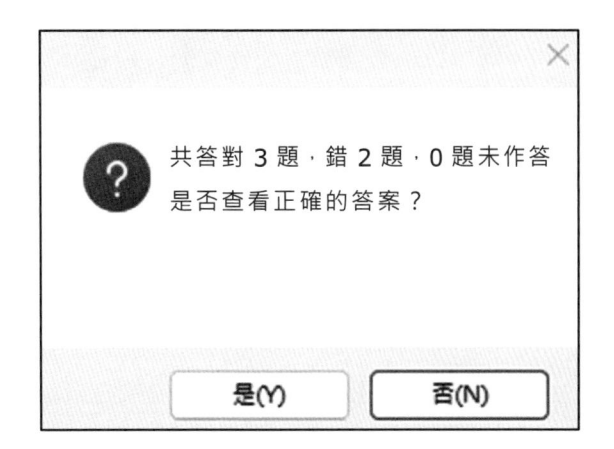

共答對 3 題，錯 2 題，0 題未作答
是否查看正確的答案？

是(Y)　否(N)

心得筆記

TQC+

Chapter 4

電腦輔助平面製圖範例題目

4-1 操作題技能規範及分類範例題目

類　別	技　能　內　容
第　一　類	綜合應用一
	1. 線、圓、弧之繪製技巧 2. 物件鎖點追蹤之應用技巧 3. 相對座標之綜合應用技巧 4. 編修指令之綜合應用技巧 5. 特殊弧與建構線之應用技巧 6. 等分與點型式之應用技巧 7. 掣點作圖法之綜合應用技巧 8. 查詢距離、半徑、直徑、角度、周長、面積之應用
第　二　類	綜合應用二
	1. 線、圓、弧之綜合繪製技巧 2. 物件鎖點追蹤與相對座標之綜合應用技巧 3. 編修指令之綜合應用技巧 4. 特殊編修（對齊）之應用技巧 5. 編修指令（旋轉、比例、倒角）之進階應用技巧 6. 掣點作圖法之綜合應用技巧 7. 特殊角度之計算機應用技巧 8. 查詢距離、半徑、直徑、角度、周長、面積之應用

類　　別	技　能　內　容
第　三　類	綜合應用三
	1. 線、圓、弧之綜合繪製技巧 2. 物件鎖點追蹤與相對座標之應用技巧 3. 編修指令之綜合應用技巧 4. 角平分線繪製與對齊之應用技巧 5. 特殊正方形之繪製 6. 特殊幾何：比例縮放+軌跡變化觀察之應用技巧 7. 逆向作圖法之應用技巧 8. 查詢距離、半徑、直徑、角度、周長、面積之應用
第　四　類	玩具與生活用品應用
	玩具與生活用品相關： 　會客茶几、噴霧器、向日葵、遙控器、桌墊、影音遙控器、 　電腦喇叭、計算機、桌上檯燈、電話筒之繪製
第　五　類	機械設計應用
	機械設計相關： 　組合成品、元件、造型板、展示架、扣片、支軸、 　造型板 2、桌上用品、沖孔板、百頁扇側片之繪製
第　六　類	建築與室內設計應用
	建築與室內設計相關： 　樓梯立面、別墅立面、萬用刀具、母子雙開門、載貨卡車、 　清潔用具、交通工具、雙開門、建築立面、住宅立面之繪製

項　目	標　準　答　案　容　許　誤　差　值
全　　部	±0.1

4-1-1 第一類：綜合應用一

本書範例題目內容為認證題型與命題方向之示範，正式測驗試題不以範例題目為限。

101. 試繪出下圖並回答下列五個問題 ☑易 □中 □難

完成結果請依下表之資訊，儲存於指定路徑及檔名：

路徑	檔名
C:\ANS.CSF\ED01	**ATA01.dwg**

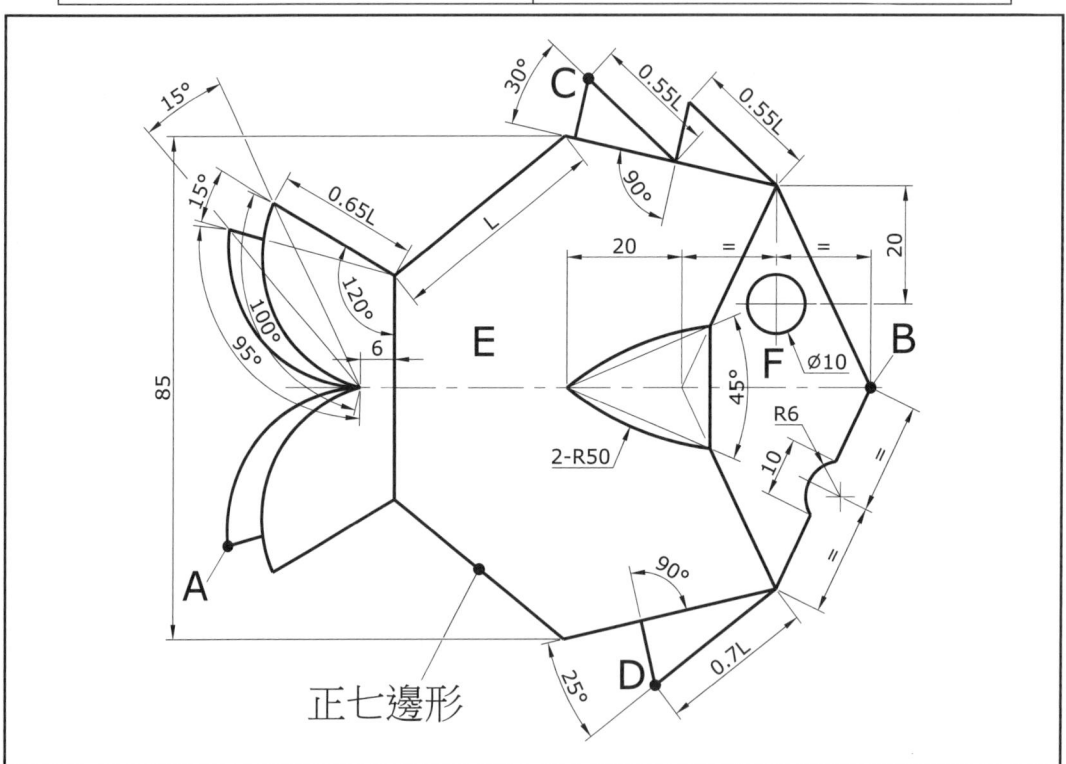

正七邊形

1. 交點 A 至交點 B 距離為何？
2. 交點 C 至交點 D 垂直距離為何？
3. 區域 E 面積為何？
4. 區域 F 扣除內孔面積為何？
5. 圖形最外圍面積為何？

答案：❶115.3927 ❷102.5763 ❸3806.9340 ❹969.8071 ❺6757.5430

102. 試繪出下圖並回答下列五個問題 ☑易 □中 □難

完成結果請依下表之資訊，儲存於指定路徑及檔名：

路徑	檔名
C:\ANS.CSF\ED01	**ATA01.dwg**

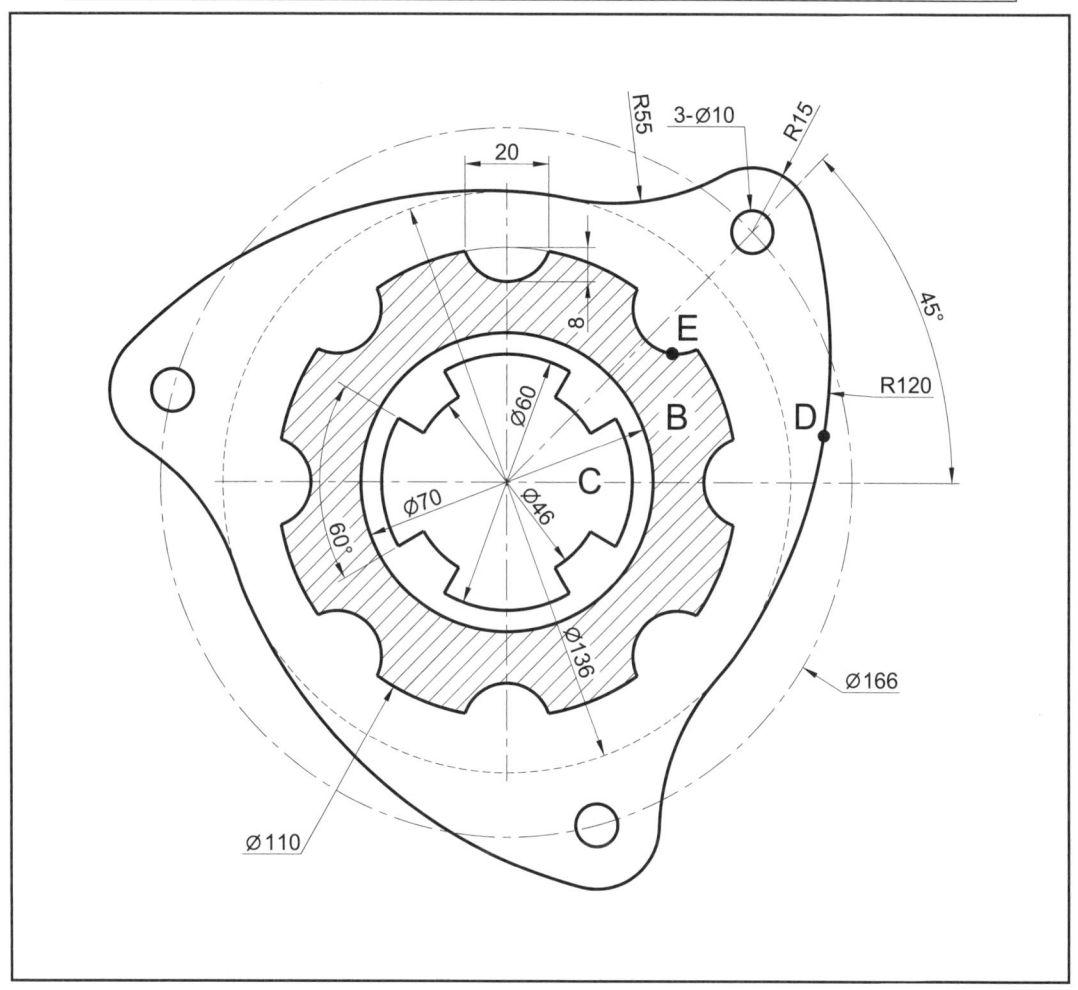

1. 圖形最外圍周長為何？
2. 斜線 B 區域面積為何？
3. C 區域周長為何？
4. 弧 D 夾角為何？
5. 弧 E 半徑為何？

答案：❶541.4946 ❷4730.2428 ❸229.8348 ❹51.2169 ❺10.6005

103. 試繪出下圖並回答下列五個問題 ☑易 □中 □難

完成結果請依下表之資訊，儲存於指定路徑及檔名：

路徑	檔名
C:\ANS.CSF\ED01	**ATA01.dwg**

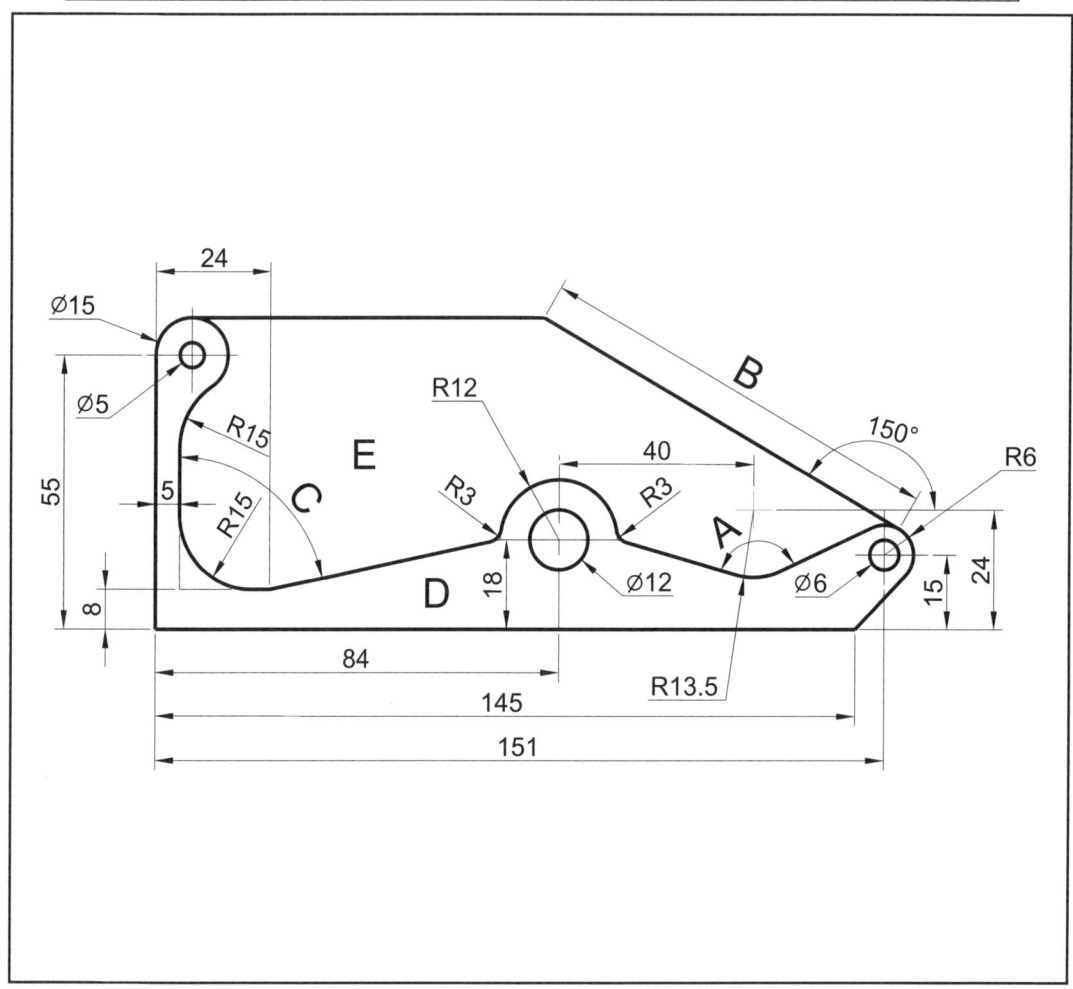

1. A 夾角為何？
2. 尺寸 B 長度為何？
3. C 夾角為何？
4. D 區域扣除內孔面積為何？
5. E 區域周長為何？

答案：❶139.1537 ❷84.6077 ❸78.2317 ❹2618.3895 ❺379.4917

104. 試繪出下圖並回答下列五個問題　☑易 □中 □難

完成結果請依下表之資訊，儲存於指定路徑及檔名：

路徑	檔名
C:\ANS.CSF\ED01	**ATA01.dwg**

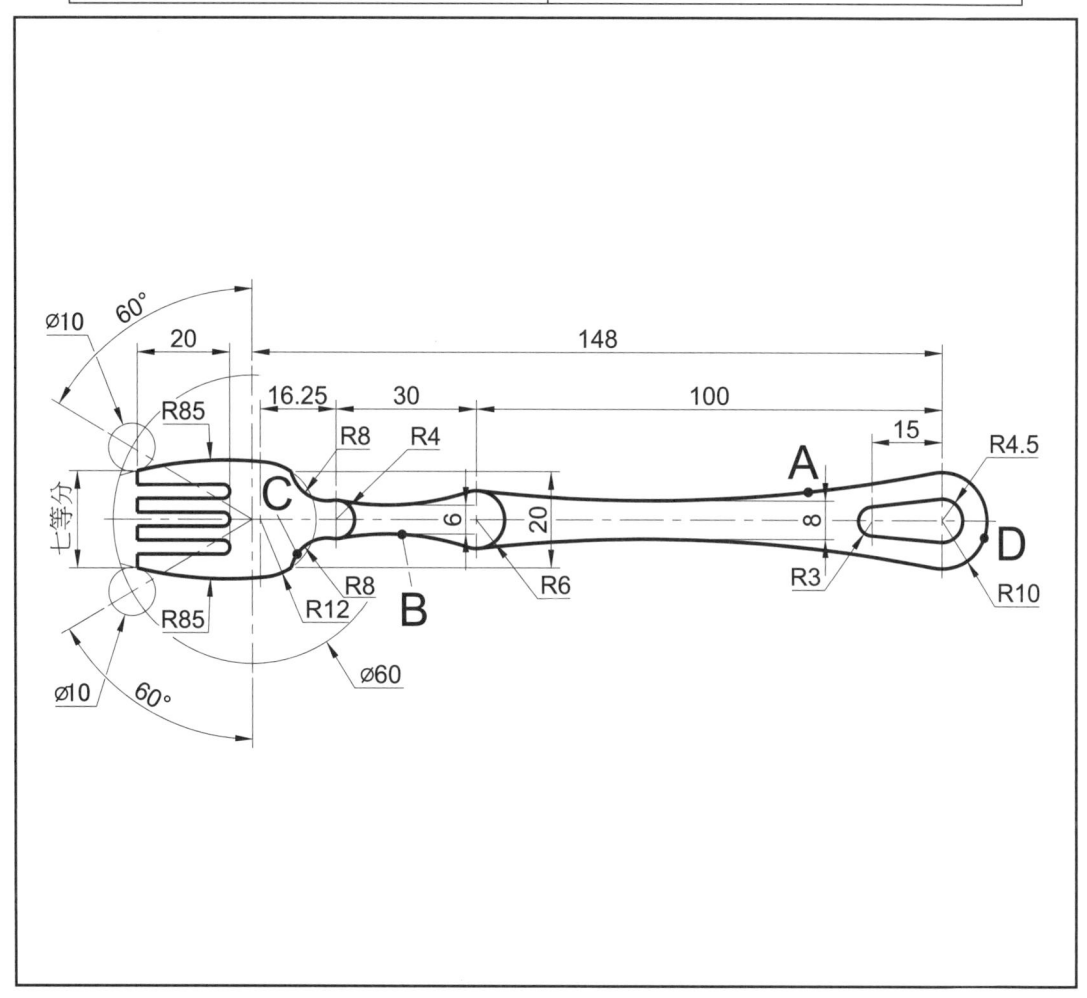

1. 弧 A 的直徑為何？
2. 弧 A 至弧 B 兩中心點距離為何？
3. 弧 C 與弧 D 兩中心點距離為何？
4. 圖形水平總長度為何？
5. 圖形最外圍扣除內孔面積為何？

答案：❶657.3385 ❷395.7514 ❸132.3680 ❹182.8430 ❺2043.4146

105. 試繪出下圖並回答下列五個問題 ☑易 □中 □難

完成結果請依下表之資訊，儲存於指定路徑及檔名：

路徑	檔名
C:\ANS.CSF\ED01	**ATA01.dwg**

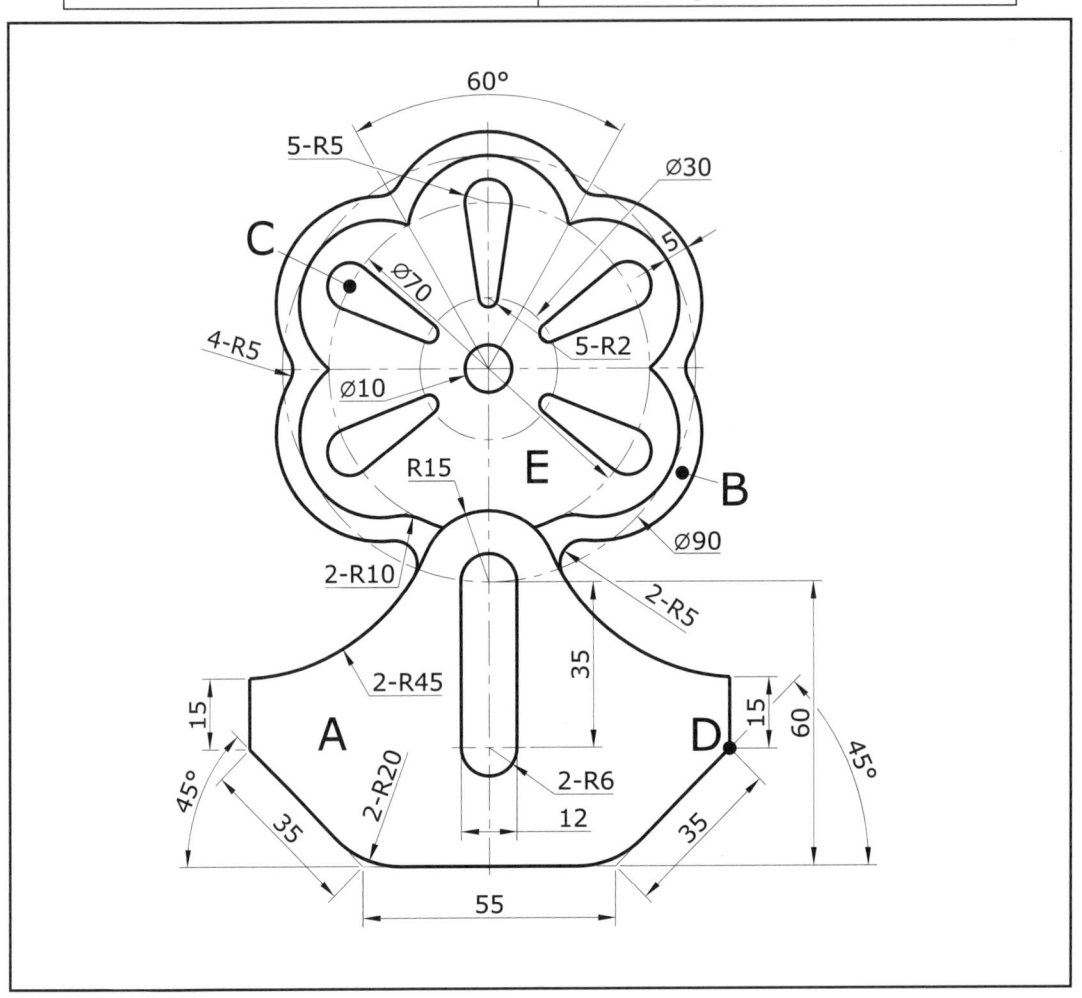

1. 區域 A 扣除內孔面積為何？
2. 區域 B 面積為何？
3. 中心點 C 與交點 D 距離為何？
4. 區域 E 扣除內孔面積為何？
5. 圖形最外圍面積為何？

答案：❶4491.5889 ❷1391.3578 ❸127.9508 ❹4151.0745 ❺11581.3137

106. 試繪出下圖並回答下列五個問題 ☑易 □中 □難

完成結果請依下表之資訊，儲存於指定路徑及檔名：

路徑	檔名
C:\ANS.CSF\ED01	**ATA01.dwg**

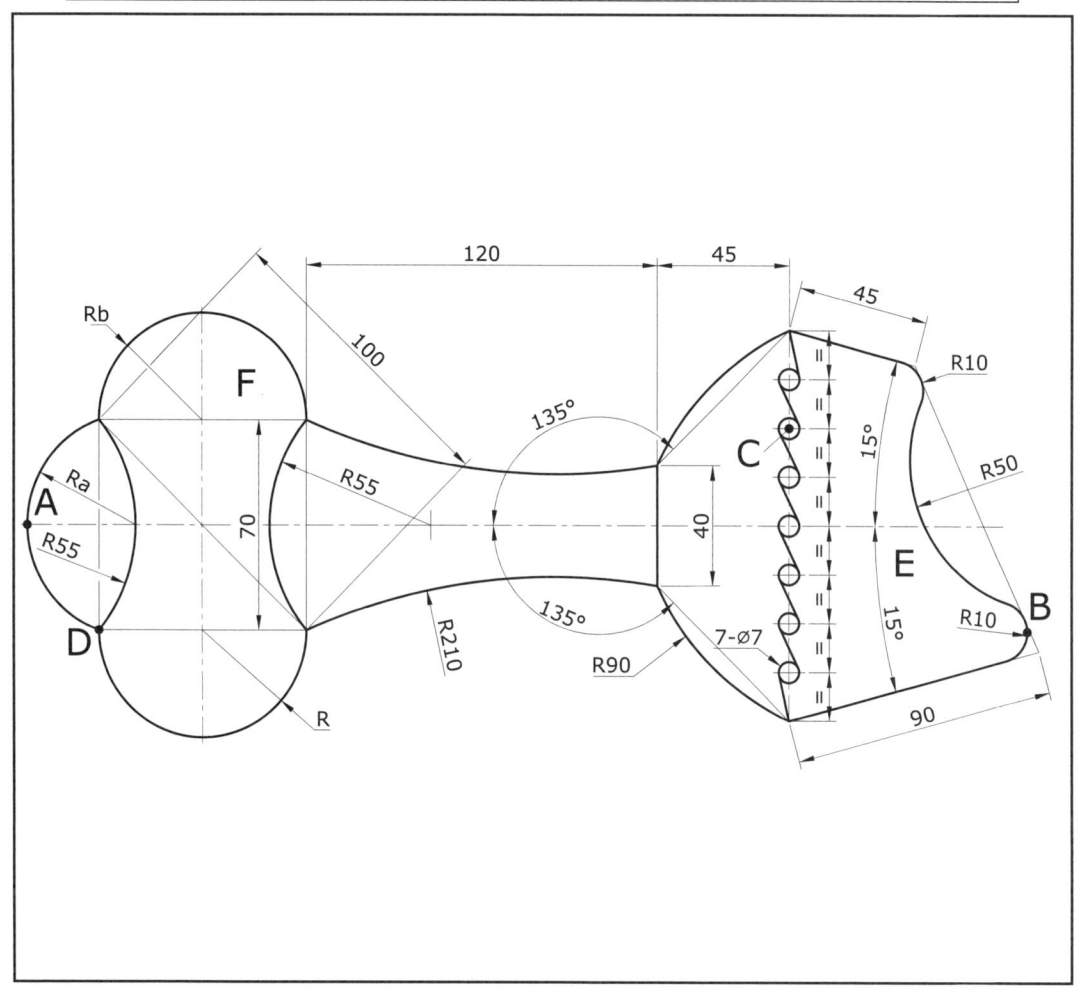

1. 中點 A 至四分點 B 水平距離為何？
2. 中心點 C 至交點 D 距離為何？
3. 區域 E 面積為何？
4. 區域 F 周長為何？
5. 圖形最外圍面積為何？

答案：❶343.9512 ❷245.8617 ❸6233.9321 ❹376.1051 ❺26109.8830

107. 試繪出下圖並回答下列五個問題 ☑易 □中 □難

完成結果請依下表之資訊，儲存於指定路徑及檔名：

路徑	檔名
C:\ANS.CSF\ED01	**ATA01.dwg**

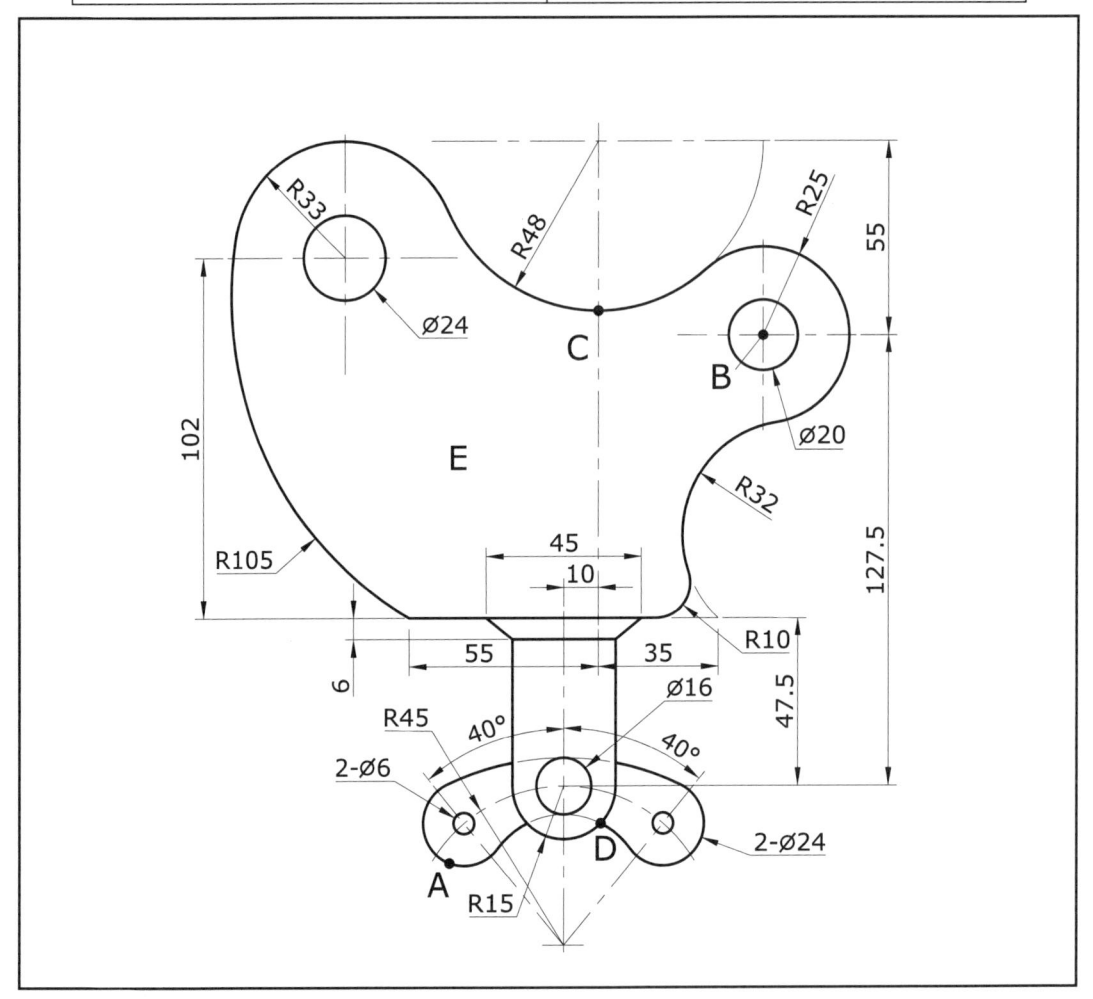

1. 圖形最大高度為何？

2. 弧 A 中心點至中心點 B 距離為何？

3. 區域 E 扣除內孔面積為何？

4. 弧 C 中心點至交點 D 距離為何？

5. 圖形最外圍周長為何？

答案：❶205.0280 ❷163.1189 ❸14672.9551 ❹193.0122 ❺758.2307

108. 試繪出下圖並回答下列五個問題 ☑易 □中 □難

完成結果請依下表之資訊，儲存於指定路徑及檔名：

路徑	檔名
C:\ANS.CSF\ED01	**ATA01.dwg**

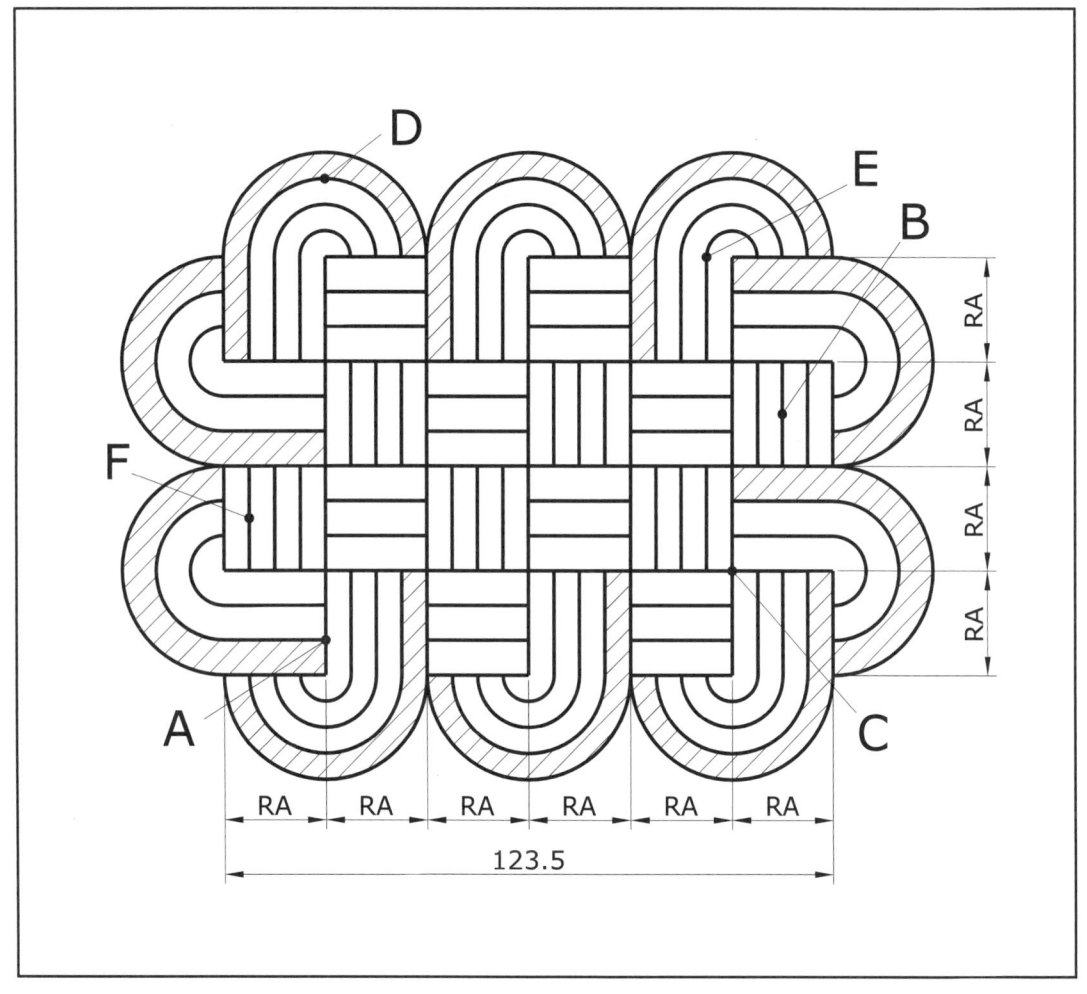

1. 交點 A 至中點 B 距離為何？
2. 交點 C 至四分點 D 角度為何？
3. 交點 E 至中點 F 距離為何？
4. 斜線區域總面積為何？
5. 圖形最外圍面積為何？

答案：❶102.8023 ❷136.8476 ❸105.9592 ❹4426.2590 ❺16823.2162

109. 試繪出下圖並回答下列五個問題 ☑易 □中 □難

完成結果請依下表之資訊，儲存於指定路徑及檔名：

路徑	檔名
C:\ANS.CSF\ED01	**ATA01.dwg**

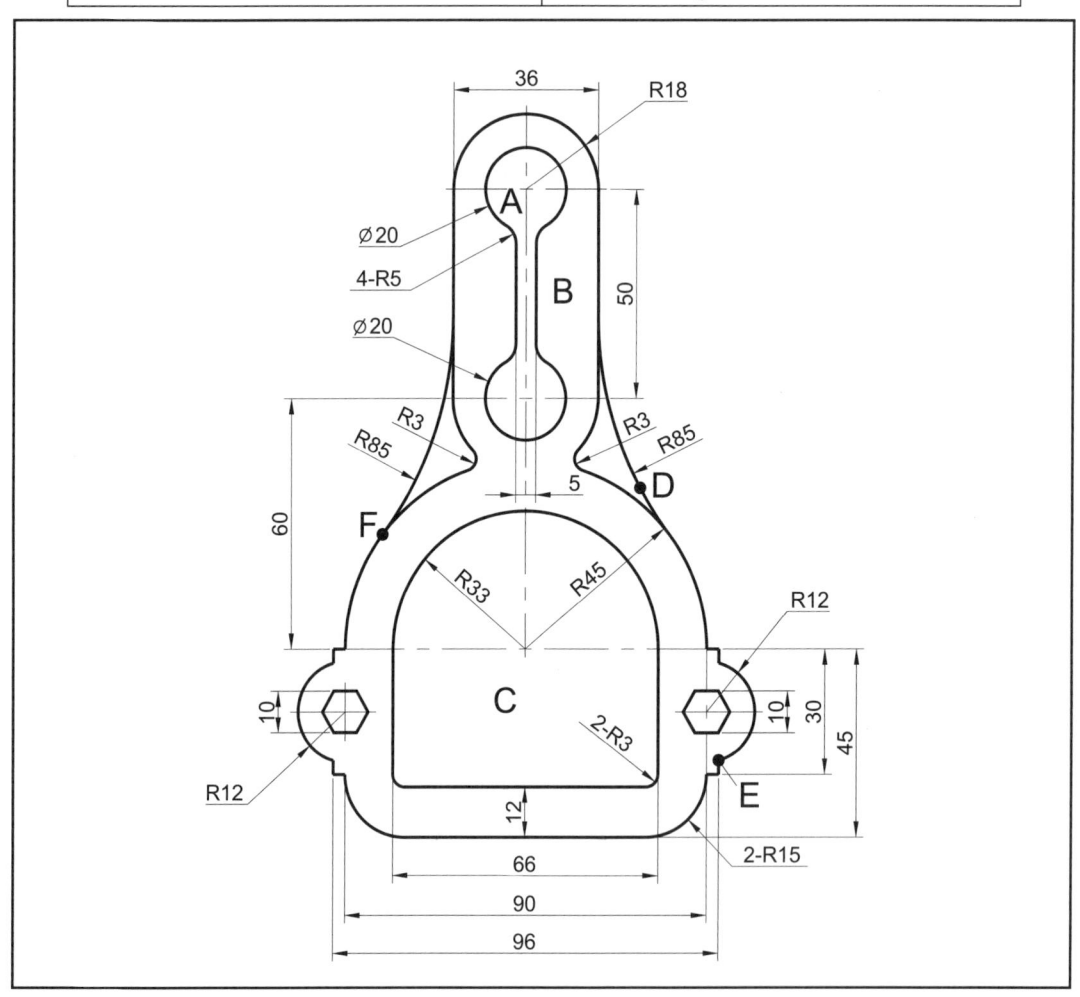

1. A 區域周長為何？
2. B 區域扣除內孔面積為何？
3. C 區域周長為何？
4. 弧 D 夾角為何？
5. 交點 E 至交點 F 距離為何？

答案：❶173.7022 ❷5577.0670 ❸233.0973 ❹37.5983 ❺99.6093

110. 試繪出下圖並回答下列五個問題 ☑易 □中 □難

完成結果請依下表之資訊，儲存於指定路徑及檔名：

路徑	檔名
C:\ANS.CSF\ED01	**ATA01.dwg**

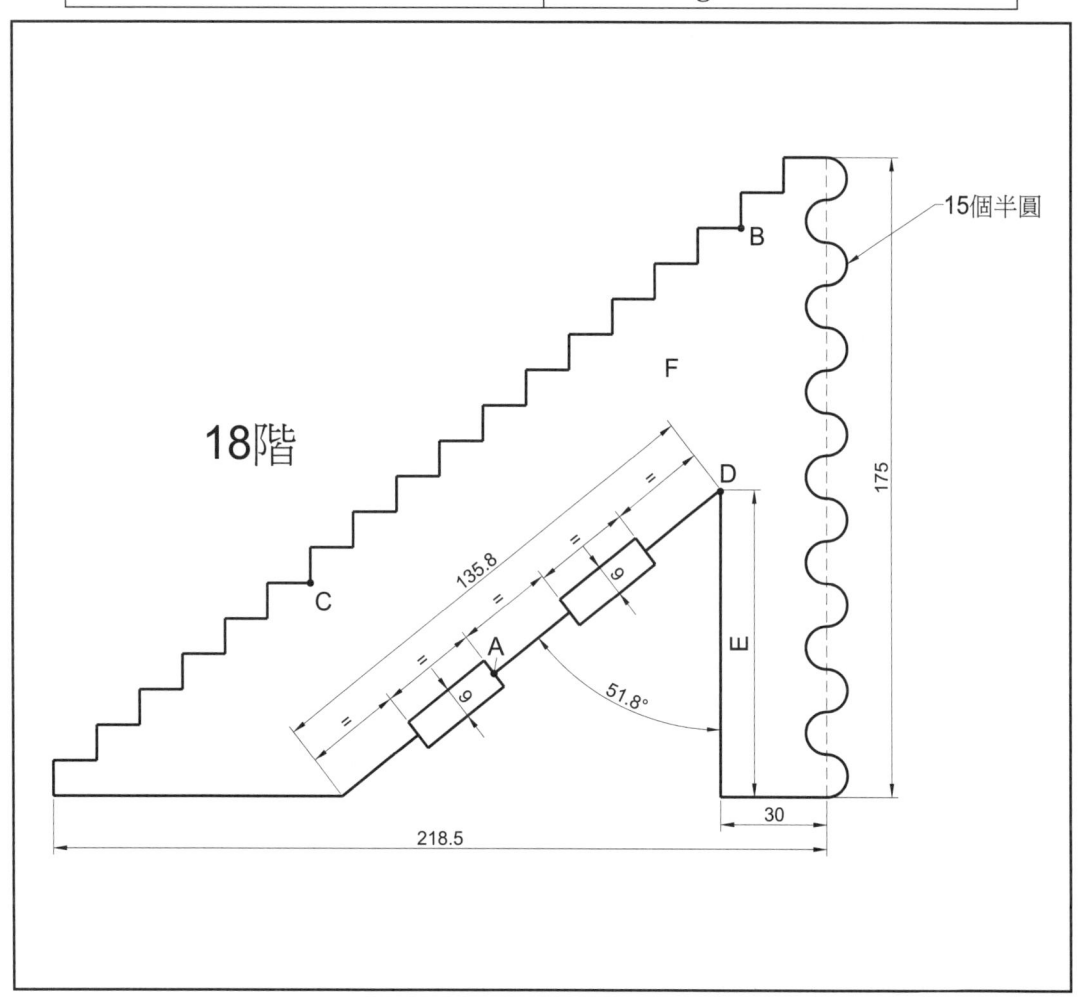

1. 交點 A 至交點 B 距離為何？
2. 15 個半圓弧總長為何？
3. 交點 C 至交點 D 水平距離為何？
4. 尺寸 E 為何？
5. 區域 F 的面積為何？

答案：❶140.5017 ❷274.8894 ❸115.6667 ❹83.9799 ❺15508.7748

4-1-2 第二類：綜合應用二

本書範例題目內容為認證題型與命題方向之示範，正式測驗試題不以範例題目為限。

201. 試繪出下圖並回答下列五個問題 ☑易 □中 □難

完成結果請依下表之資訊，儲存於指定路徑及檔名：

路徑	檔名
C:\ANS.CSF\ED02	**ATA02.dwg**

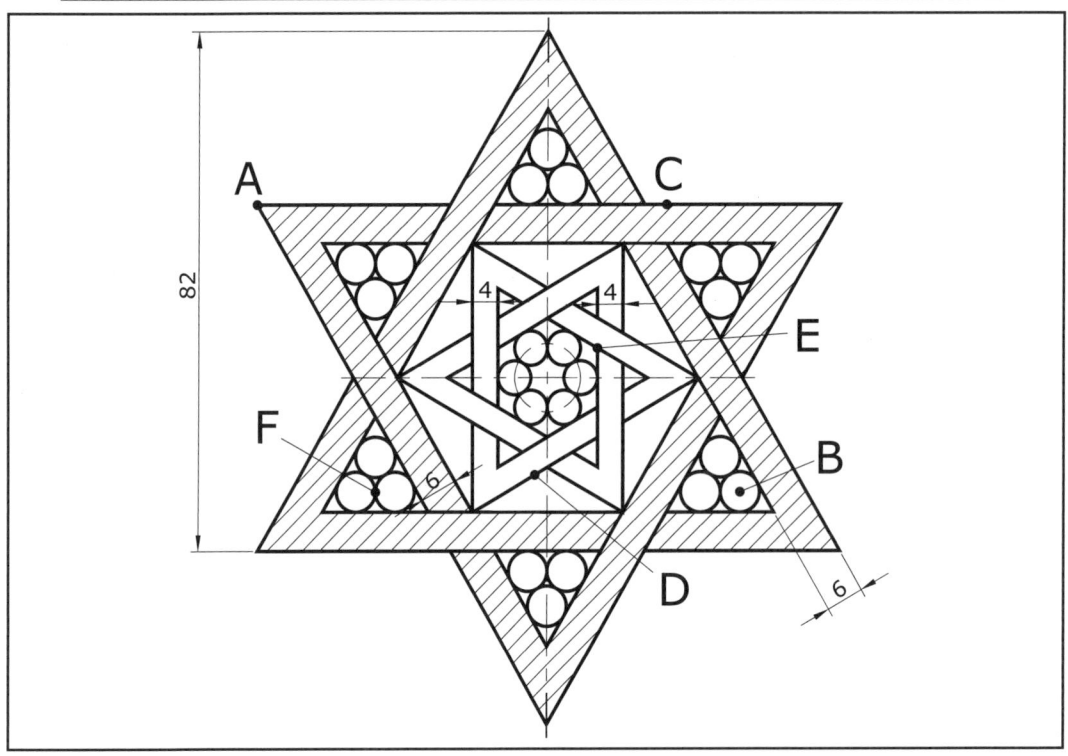

1. 交點 A 至中心點 B 距離為何？

2. 中點 C 至中點 D 角度為何？

3. 斜線區域面積為何？

4. 交點 E 至交點 F 角度為何？

5. 圖面中所有圓的總面積為何？

答案：❶90.8527 ❷243.5533 ❸2785.1377 ❹212.1586 ❺738.6083

202. 試繪出下圖並回答下列五個問題 ☑易 □中 □難

完成結果請依下表之資訊，儲存於指定路徑及檔名：

路徑	檔名
C:\ANS.CSF\ED02	**ATA02.dwg**

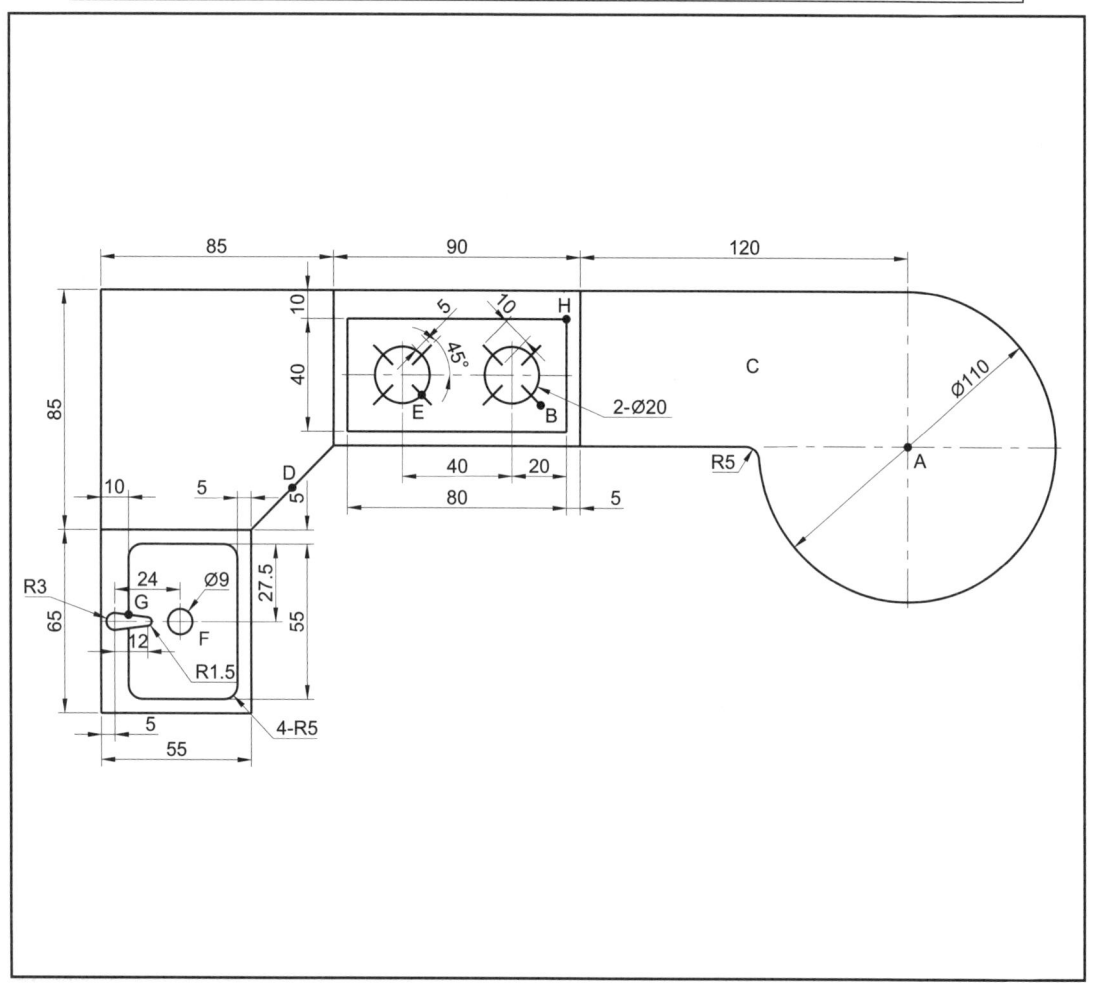

1. 中心點 A 至端點 B 距離為何？
2. C 周長為何？
3. 中點 D 至交點 E 角度為何？
4. F 區域淨面積為何？
5. 交點 G 至交點 H 距離為何？

答案：❶135.1620 ❷497.2383 ❸34.9750 ❹2084.0474 ❺191.4349

203. 試繪出下圖並回答下列五個問題 ☑易 □中 □難

完成結果請依下表之資訊，儲存於指定路徑及檔名：

路徑	檔名
C:\ANS.CSF\ED02	**ATA02.dwg**

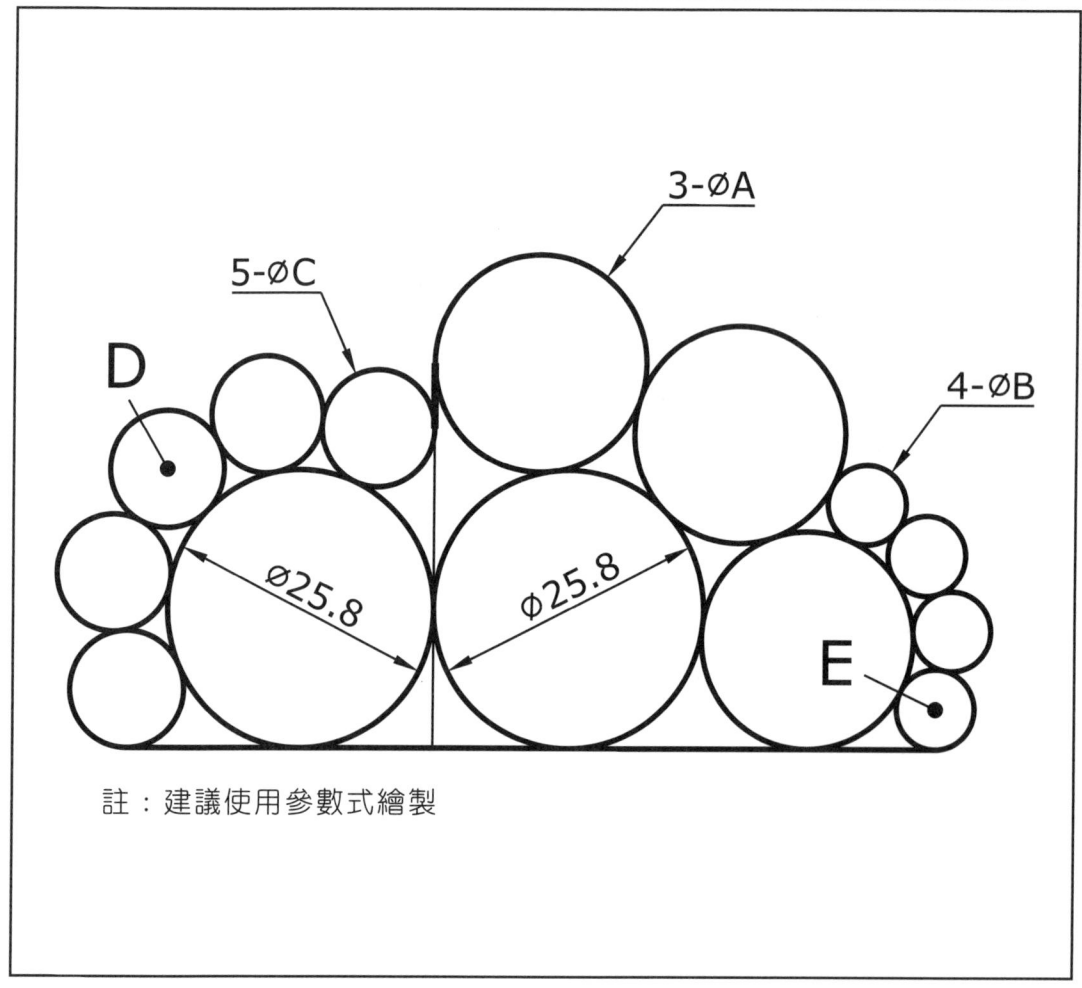

註：建議使用參數式繪製

1. 直徑 A 為何？

2. 直徑 B 為何？

3. 直徑 C 為何？

4. 中心點 D 至中心點 E 距離為何？

5. 圖形最外圍面積為何？

答案：❶20.1648 ❷7.4096 ❸10.8776 ❹77.0560 ❺2981.8262

204. 試繪出下圖並回答下列五個問題　　　☑易□中□難

完成結果請依下表之資訊，儲存於指定路徑及檔名：

路徑	檔名
C:\ANS.CSF\ED02	**ATA02.dwg**

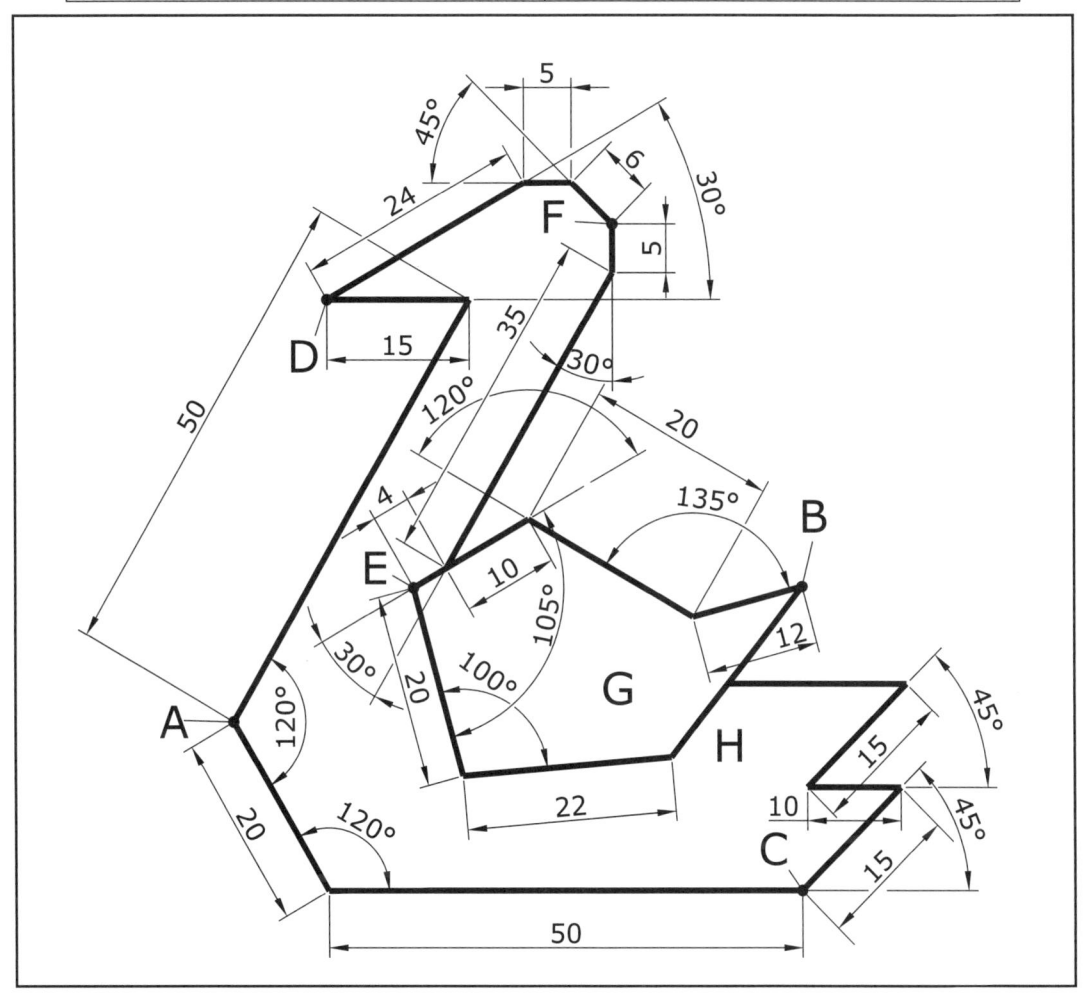

1. 交點 A 至交點 B 距離為何？
2. 交點 C 至交點 D 角度為何？
3. 交點 E 至交點 F 距離為何？
4. 區域 G 面積為何？
5. 區域 H 周長為何？

答案：❶61.6752 ❷129.5153 ❸42.7971 ❹633.2582 ❺324.6943

205. 試繪出下圖並回答下列五個問題 ☑易 □中 □難

完成結果請依下表之資訊，儲存於指定路徑及檔名：

路徑	檔名
C:\ANS.CSF\ED02	**ATA02.dwg**

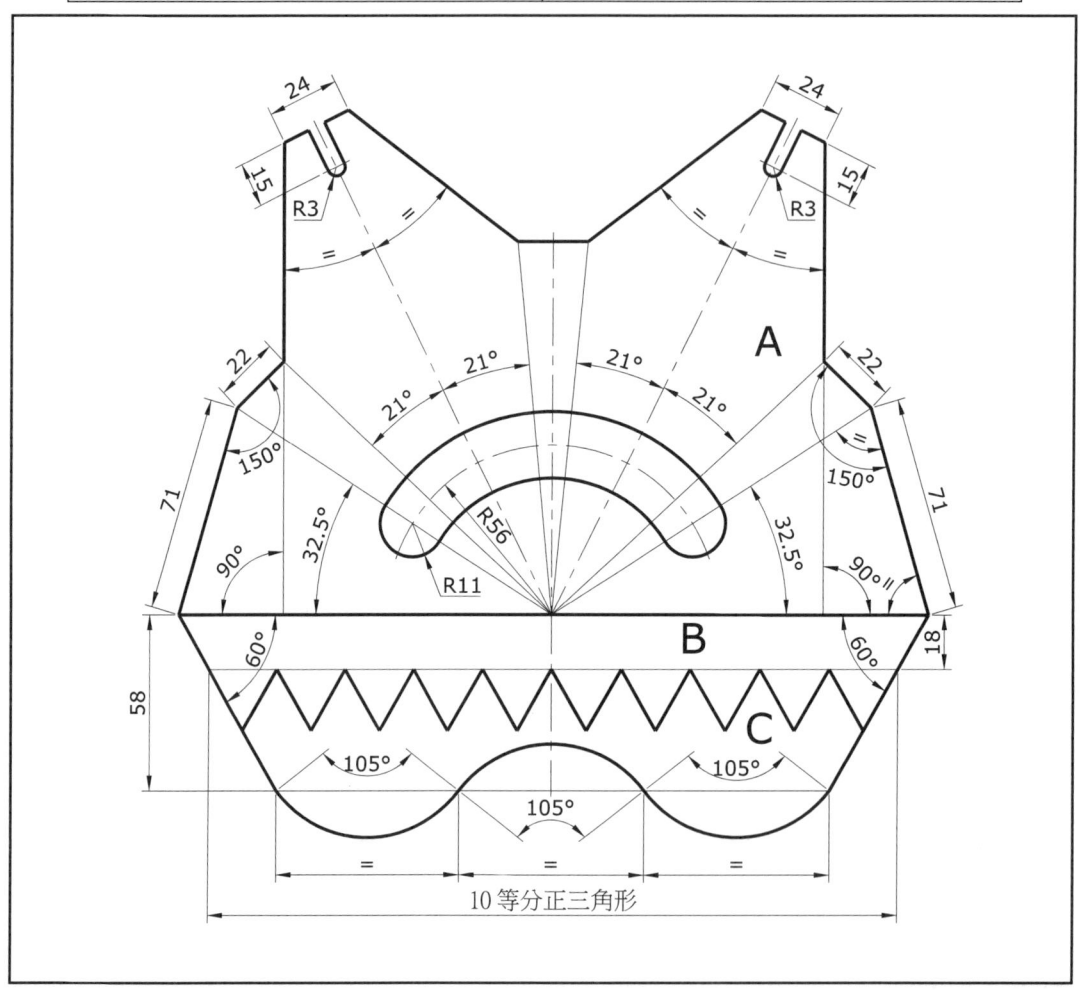

1. 圖形最大高度值為何？
2. 圖形最大寬度值為何？
3. A 區域扣除內孔面積為何？
4. B 區域周長為何？
5. C 區域面積為何？

答案：❶239.6524 ❷253.7264 ❸27235.0738 ❹761.1791 ❺6711.3034

206. 試繪出下圖並回答下列五個問題 ☑易□中□難

完成結果請依下表之資訊，儲存於指定路徑及檔名：

路徑	檔名
C:\ANS.CSF\ED02	**ATA02.dwg**

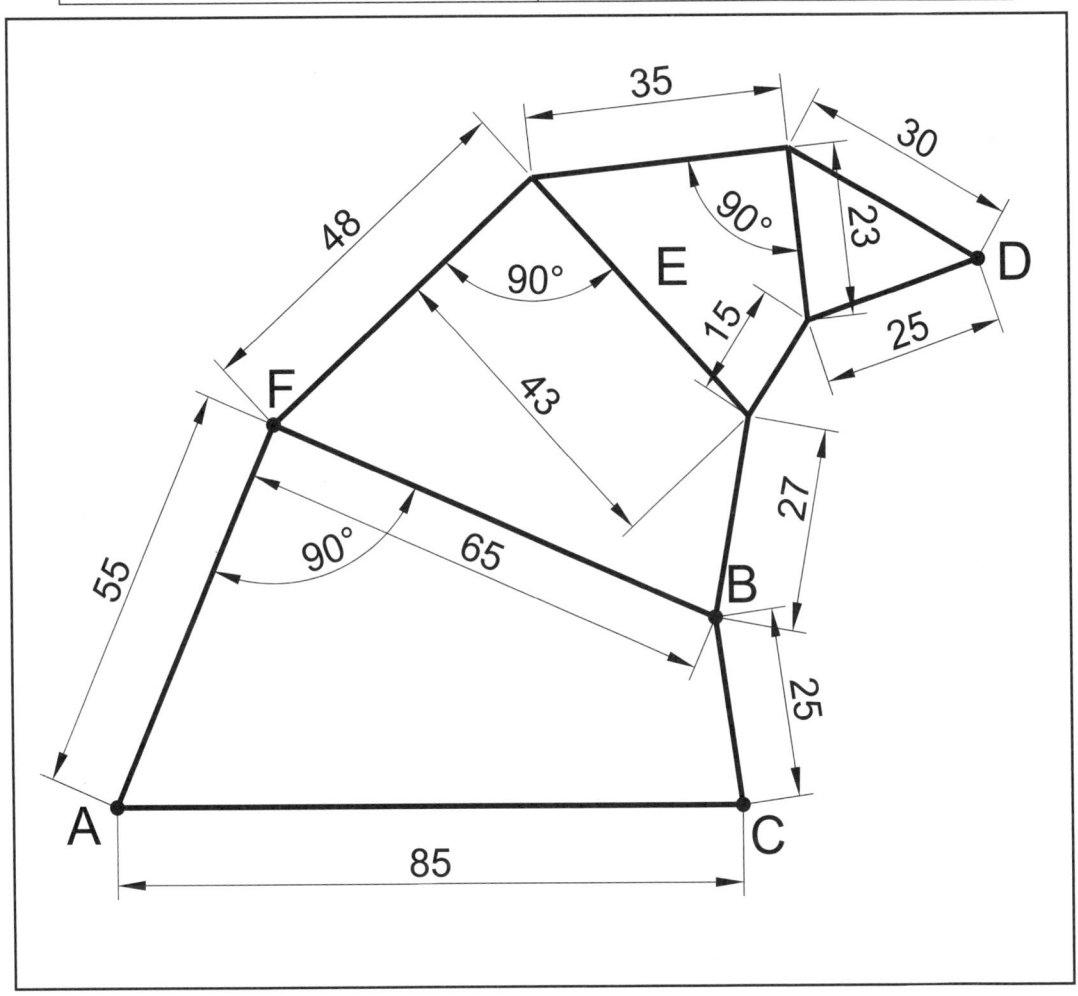

1. 交點 A 至交點 B 距離為何？
2. 交點 C 至交點 D 垂直距離為何？
3. 區域 E 面積為何？
4. 交點 F 至交點 D 距離為何？
5. 圖形最外圍面積為何？

答案：❶85.1469 ❷72.0247 ❸714.9200 ❹98.6386 ❺5721.0237

207. 試繪出下圖並回答下列五個問題 ☑易 □中 □難

完成結果請依下表之資訊，儲存於指定路徑及檔名：

路徑	檔名
C:\ANS.CSF\ED02	**ATA02.dwg**

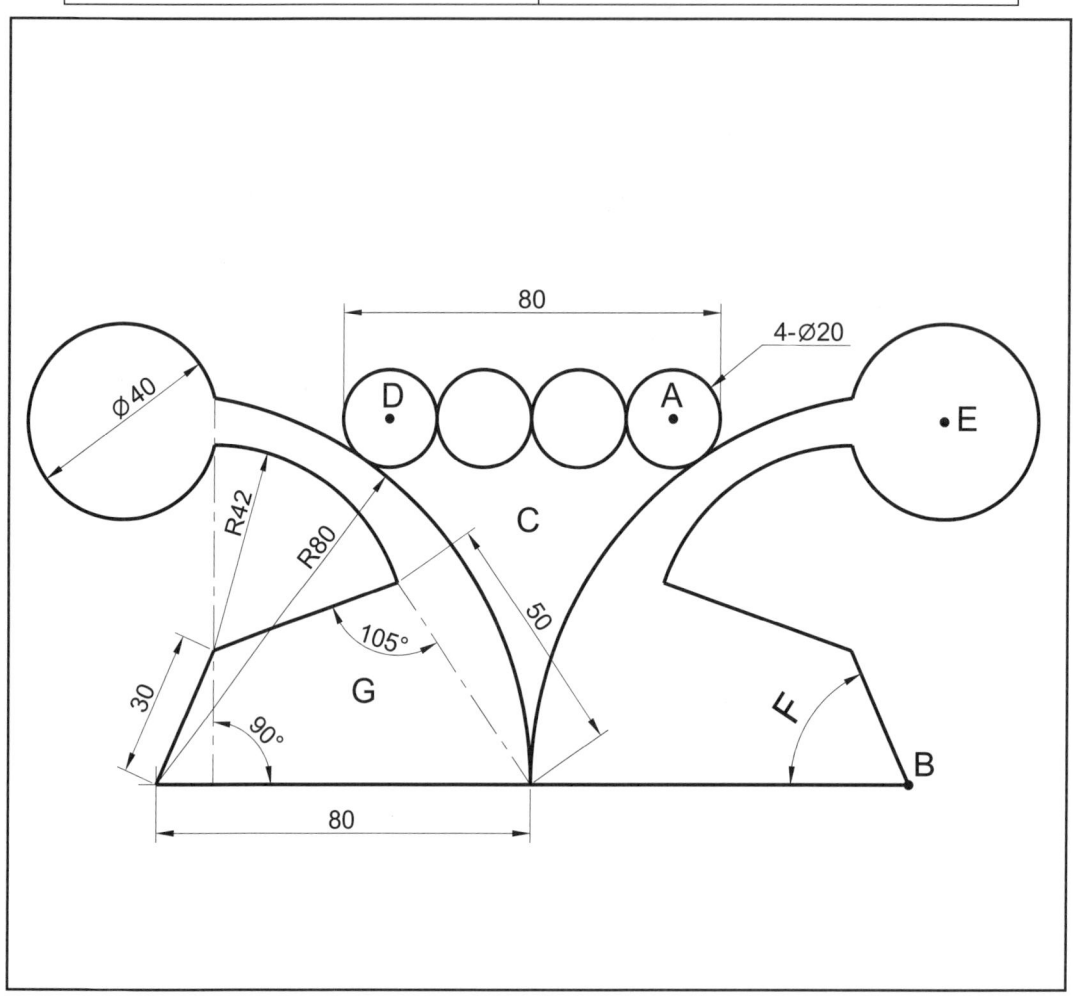

1. 中心點 A 至交點 B 垂直距離為何？
2. 區域 C 面積為何？
3. 中心點 D 至中心點 E 距離為何？
4. 尺寸 F 角度為何？
5. 區域 G 周長為何？

答案：❶74.8331 ❷1418.2060 ❸117.2296 ❹66.0441 ❺433.1723

208. 試繪出下圖並回答下列五個問題 ☑易 □中 □難

完成結果請依下表之資訊，儲存於指定路徑及檔名：

路徑	檔名
C:\ANS.CSF\ED02	**ATA02.dwg**

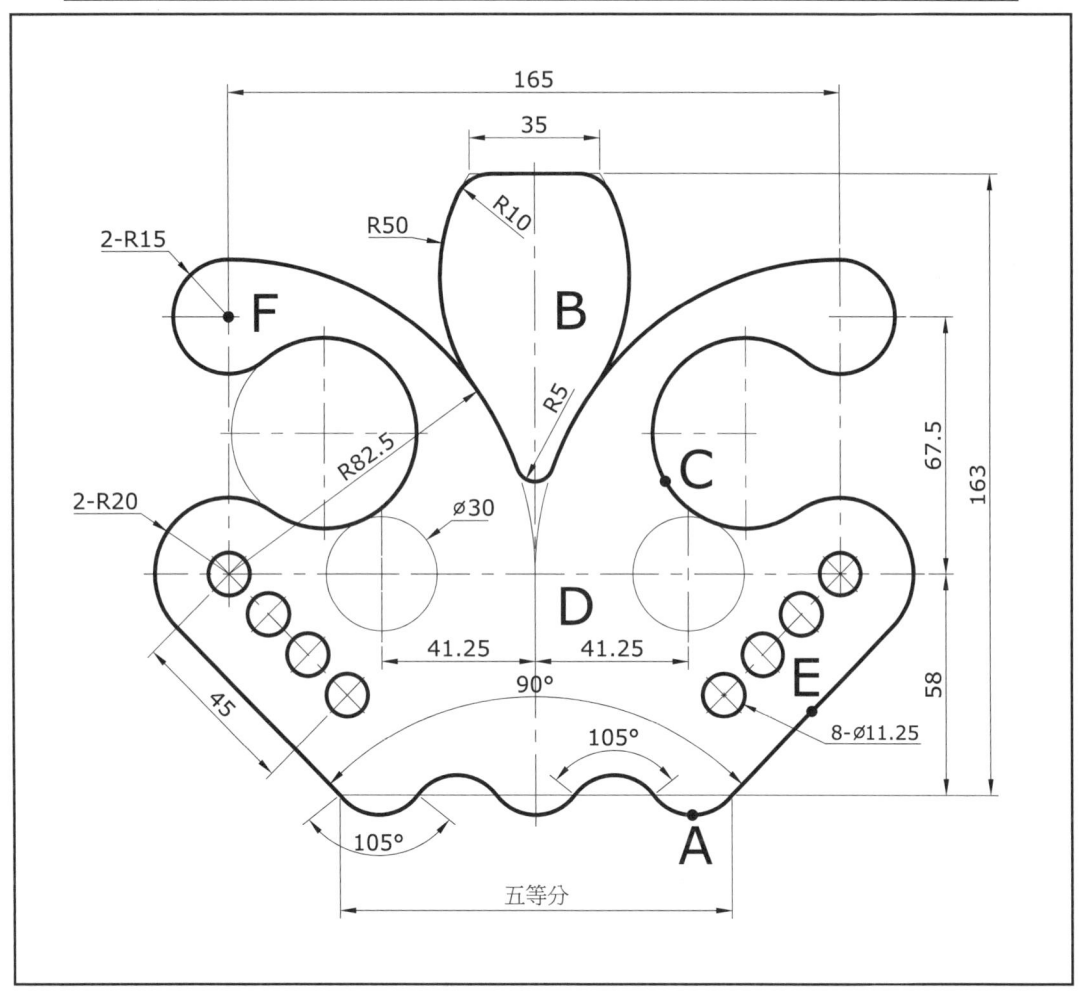

1. 弧 A 半徑為何？
2. B 區域周長為何？
3. 弧 C 長度為何？
4. D 區域扣除內孔之面積為何？
5. 中點 E 至中心點 F 距離為何？

答案：❶13.3066 ❷212.8395 ❸111.3373 ❹16648.2194 ❺188.2630

209. 試繪出下圖並回答下列五個問題 ☑易 □中 □難

完成結果請依下表之資訊，儲存於指定路徑及檔名：

路徑	檔名
C:\ANS.CSF\ED02	**ATA02.dwg**

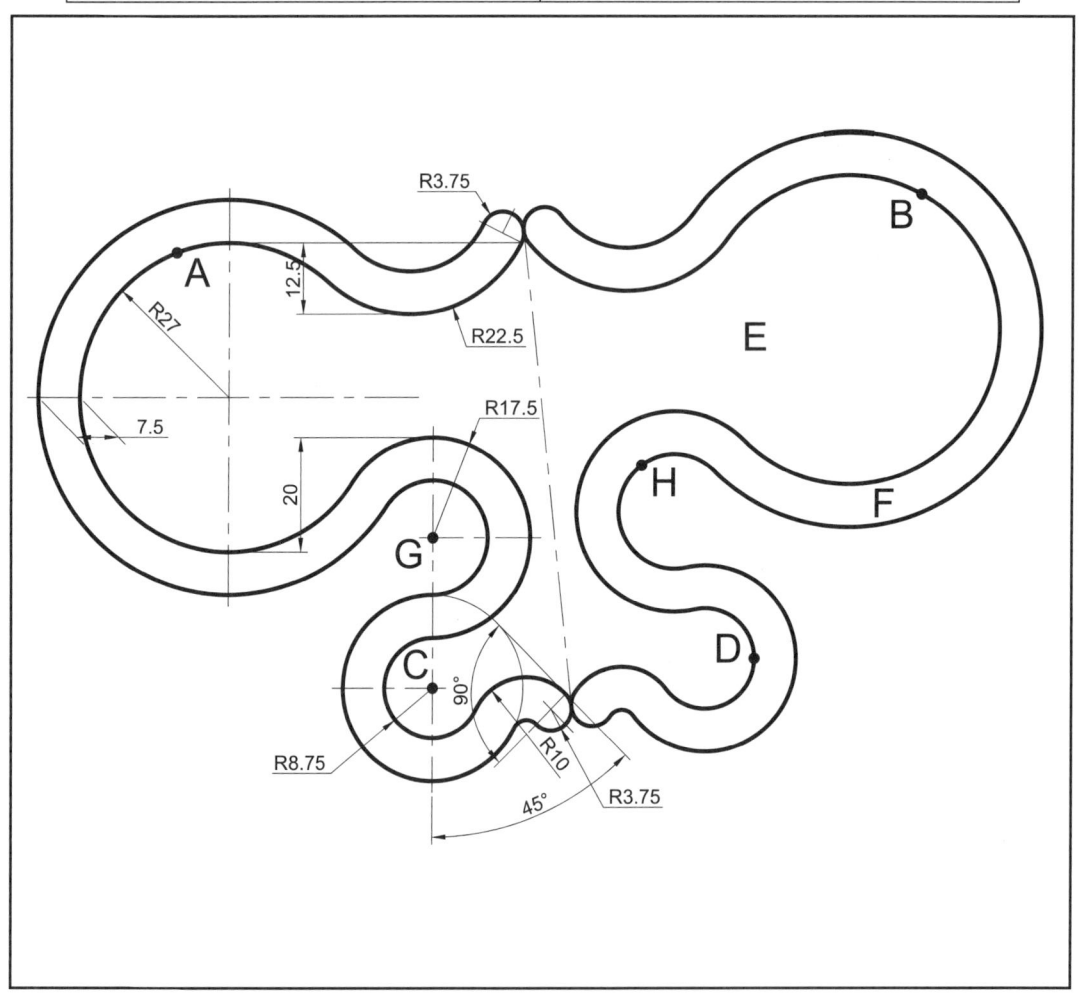

1. 弧 A 至弧 B 中心點距離為何？
2. 中心點 C 至弧 D 中心點距離為何？
3. 區域 E 面積為何？
4. 區域 F 周長為何？
5. 中心點 G 至弧 H 中心點距離為何？

答案：❶112.3486 ❷49.1678 ❸7447.6085 ❹635.1898 ❺43.6324

210. 試繪出下圖並回答下列五個問題 ☑易□中□難

完成結果請依下表之資訊，儲存於指定路徑及檔名：

路徑	檔名
C:\ANS.CSF\ED02	**ATA02.dwg**

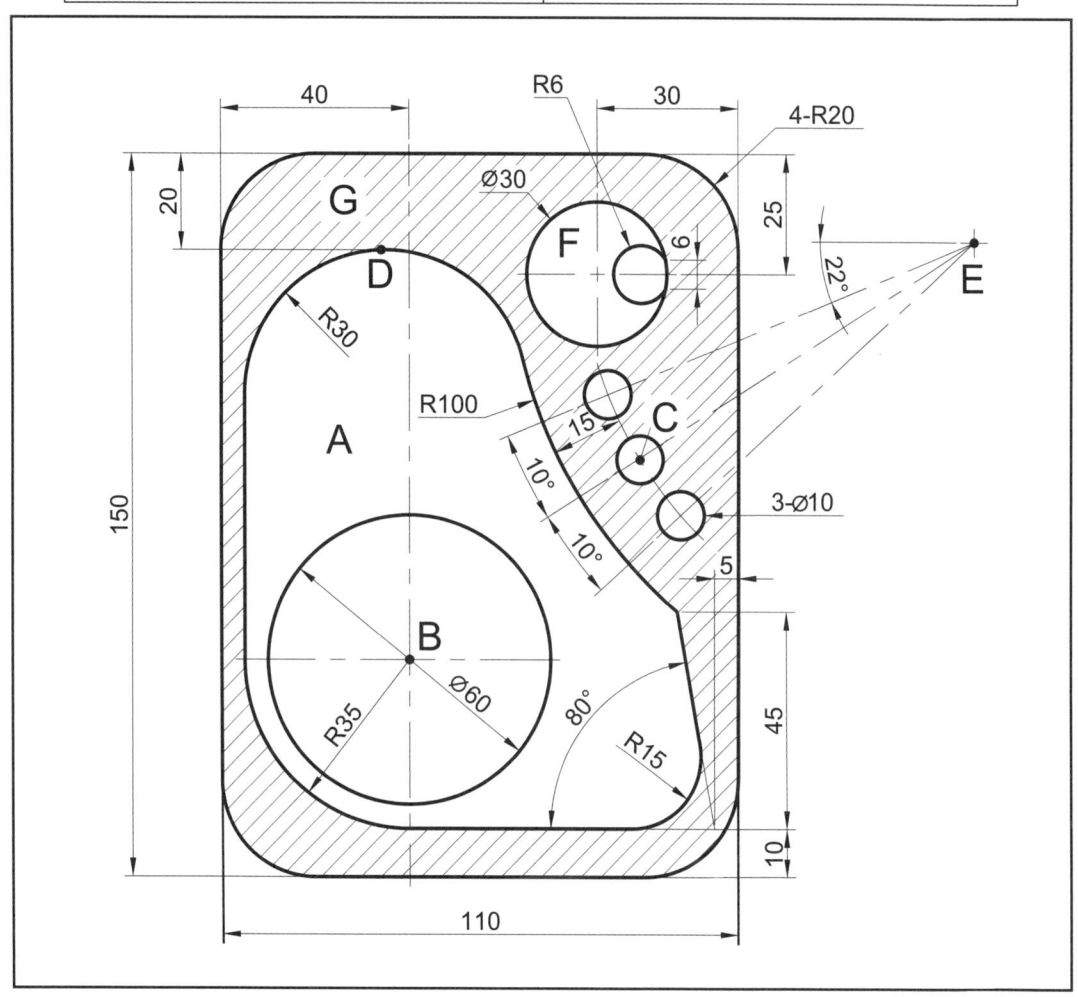

1. A 區域扣除內孔面積為何？

2. 中心點 B 至中心點 C 距離為何？

3. 弧 D 中心點至中心點 E 水平距離為何？

4. F 區域周長為何？

5. 斜線 G 區域面積為何？

答案：❶5887.3145 ❷64.3821 ❸126.0347 ❹119.6230 ❺6499.4114

4-1-3 第三類：綜合應用三

本書範例題目內容為認證題型與命題方向之示範，正式測驗試題不以範例題目為限。

🔧 301. 試繪出下圖並回答下列五個問題 .... ☐易 ☑中 ☐難

完成結果請依下表之資訊，儲存於指定路徑及檔名：

路徑	檔名
C:\ANS.CSF\ED03	ATA03.dwg

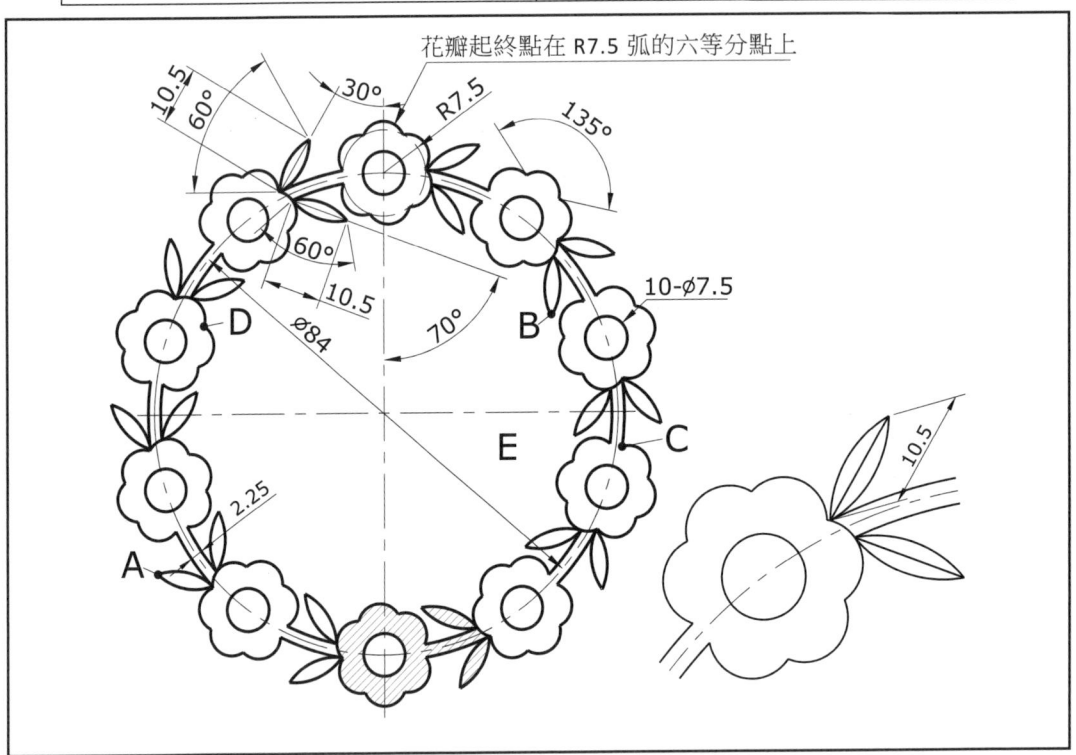

1. 交點 A 至交點 B 距離為何？

2. 交點 C 至交點 D 角度為何？

3. 斜線區域面積為何？

4. 區域 E 周長為何？

5. 圖形最外圍面積為何？

答案：❶84.1676 ❷164.0943 ❸244.2465 ❹561.7675 ❺7030.1534

302. 試繪出下圖並回答下列五個問題 ☐易 ☑中 ☐難

完成結果請依下表之資訊，儲存於指定路徑及檔名：

路徑	檔名
C:\ANS.CSF\ED03	**ATA03.dwg**

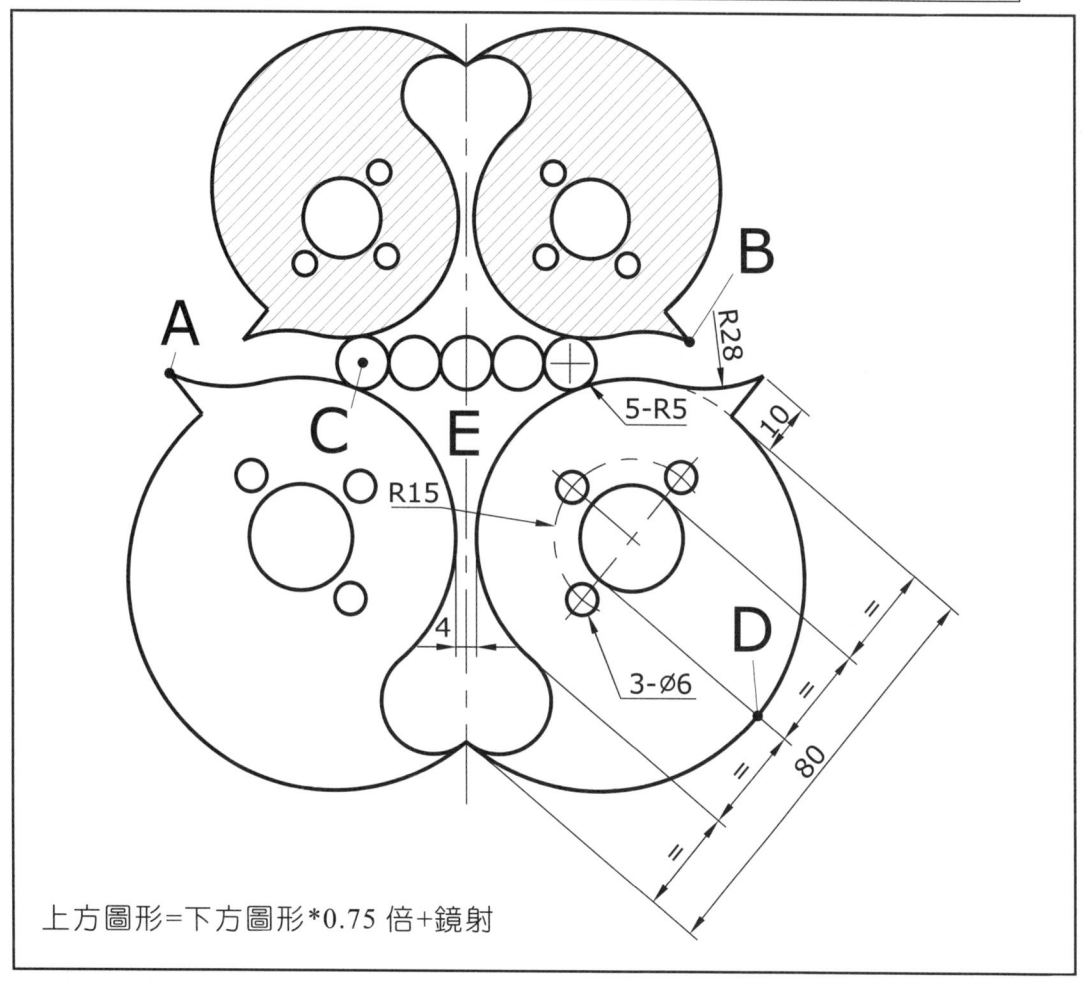

上方圖形=下方圖形*0.75倍+鏡射

1. 交點 A 至交點 B 距離為何？

2. 中心點 C 至中點 D 角度為何？

3. 區域 E 周長為何？

4. 斜線區域面積為何？

5. 圖形最外圍面積為何？

答案：❶100.9967 ❷319.0833 ❸254.9915 ❹3836.4734 ❺14236.0928

303. 試繪出下圖並回答下列五個問題 ☐易 ☑中 ☐難

完成結果請依下表之資訊，儲存於指定路徑及檔名：

路徑	檔名
C:\ANS.CSF\ED03	ATA03.dwg

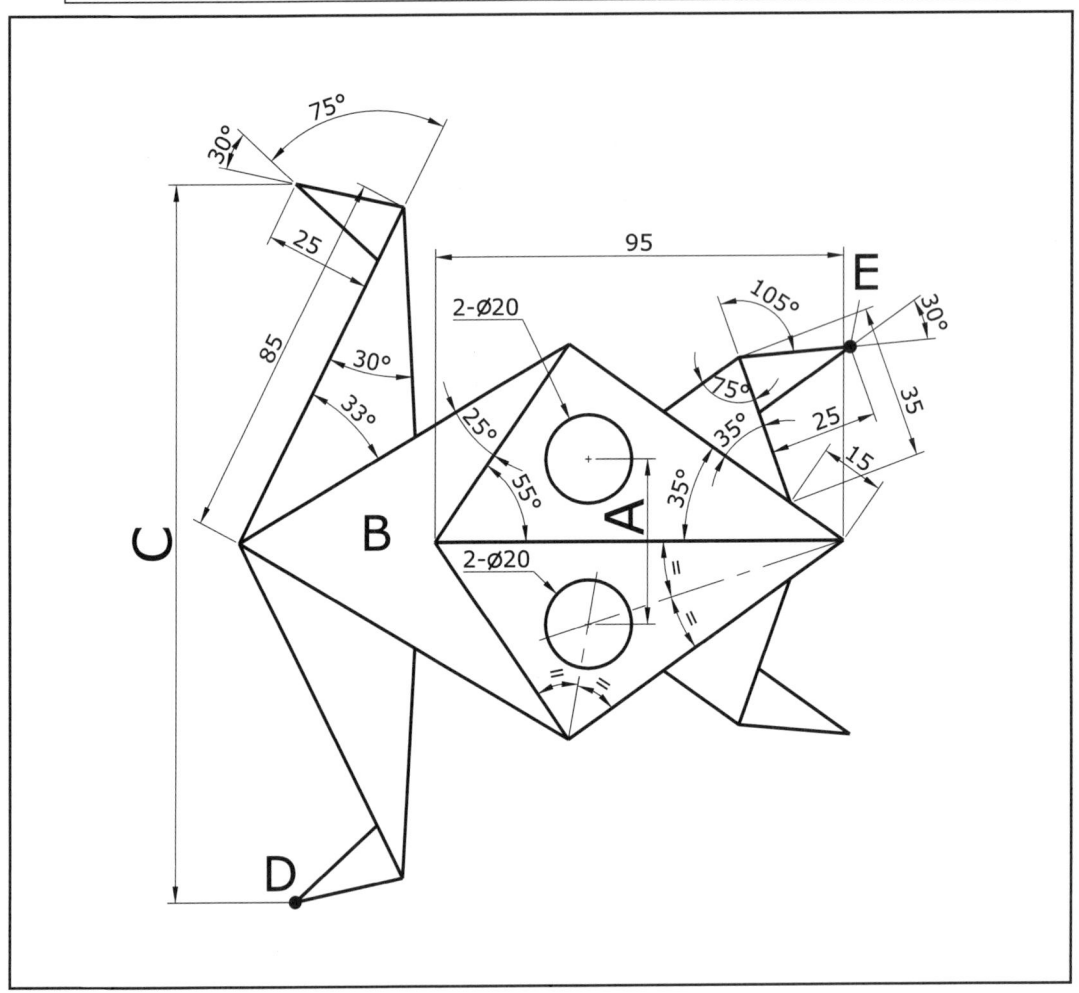

1. 尺寸 A 長度為何？
2. B 區域面積為何？
3. 尺寸 C 長度為何？
4. 端點 D 至端點 E 之距離為何？
5. 圖形所圍成最外圍面積為何？

答案：❶37.3092 ❷2055.7608 ❸162.2334 ❹179.7561 ❺9896.4295

304. 試繪出下圖並回答下列五個問題 .... □易 ☑中 □難

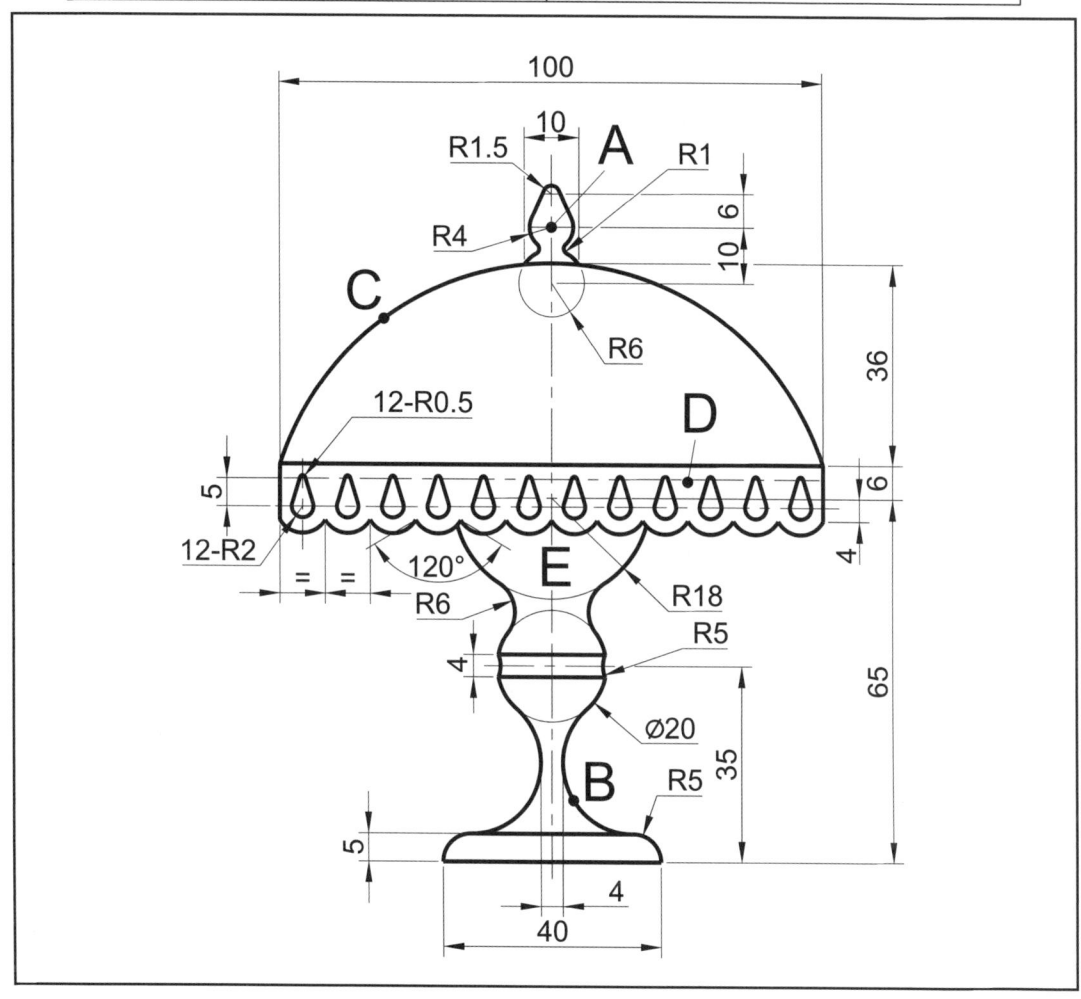

完成結果請依下表之資訊，儲存於指定路徑及檔名：

路徑	檔名
C:\ANS.CSF\ED03	**ATA03.dwg**

1. 中心點 A 至弧 B 中心點距離為何？
2. 弧 C 半徑為何？
3. 區域 D 扣除內孔面積為何？
4. 區域 E 周長為何？
5. 圖形最外圍面積為何？

答案：❶96.8661 ❷52.7222 ❸933.6942 ❹117.4651 ❺4909.0864

305. 試繪出下圖並回答下列五個問題 ☐易 ☑中 ☐難

完成結果請依下表之資訊，儲存於指定路徑及檔名：

路徑	檔名
C:\ANS.CSF\ED03	**ATA03.dwg**

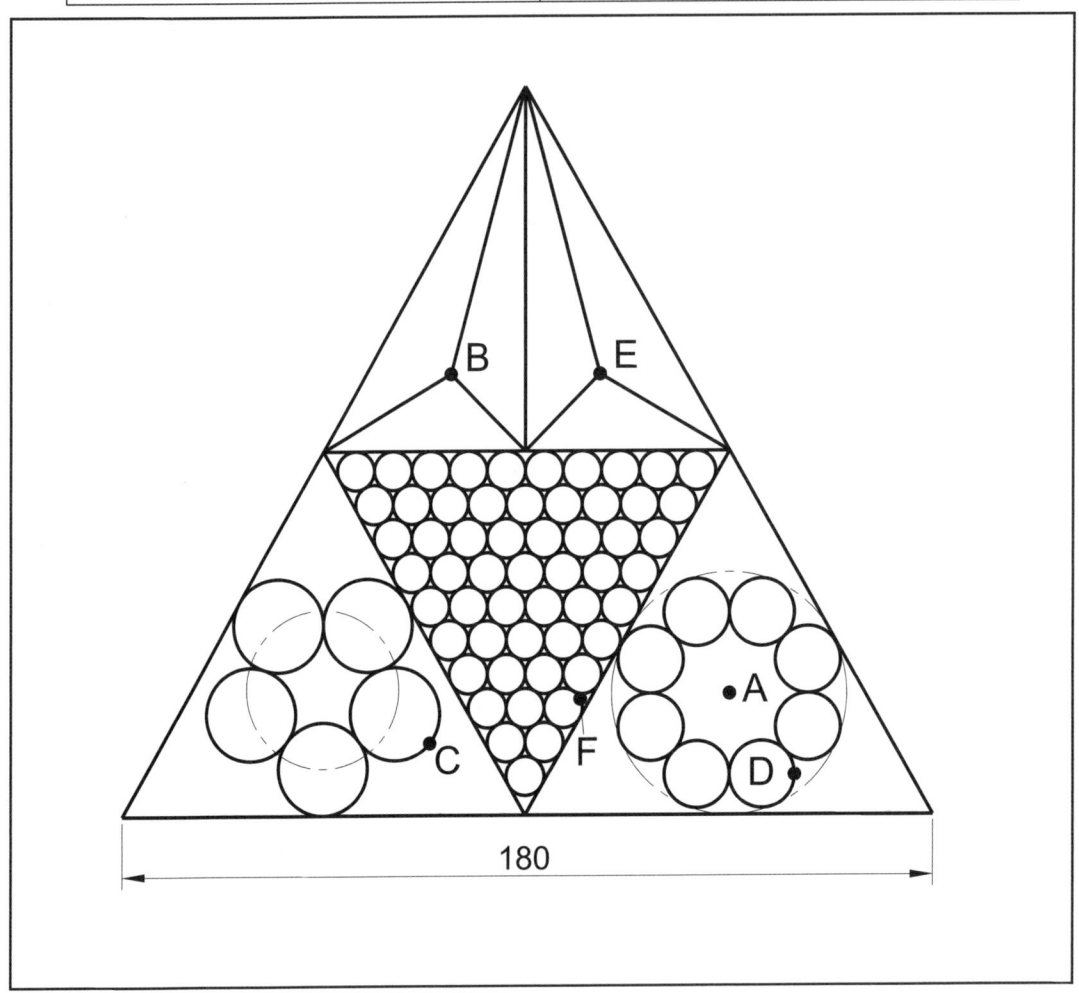

1. 中心點 A 至交點 B 距離為何？
2. 圓 C 半徑為何？
3. 圓 D 半徑為何？
4. 交點 B 至交點 E 距離為何？
5. 圓 F 直徑為何？

答案：❶91.9877 ❷9.9801 ❸7.1907 ❹32.9423 ❺8.3861

306. 試繪出下圖並回答下列五個問題　　　　　□易 ☑中 □難

完成結果請依下表之資訊，儲存於指定路徑及檔名：

路徑	檔名
C:\ANS.CSF\ED03	**ATA03.dwg**

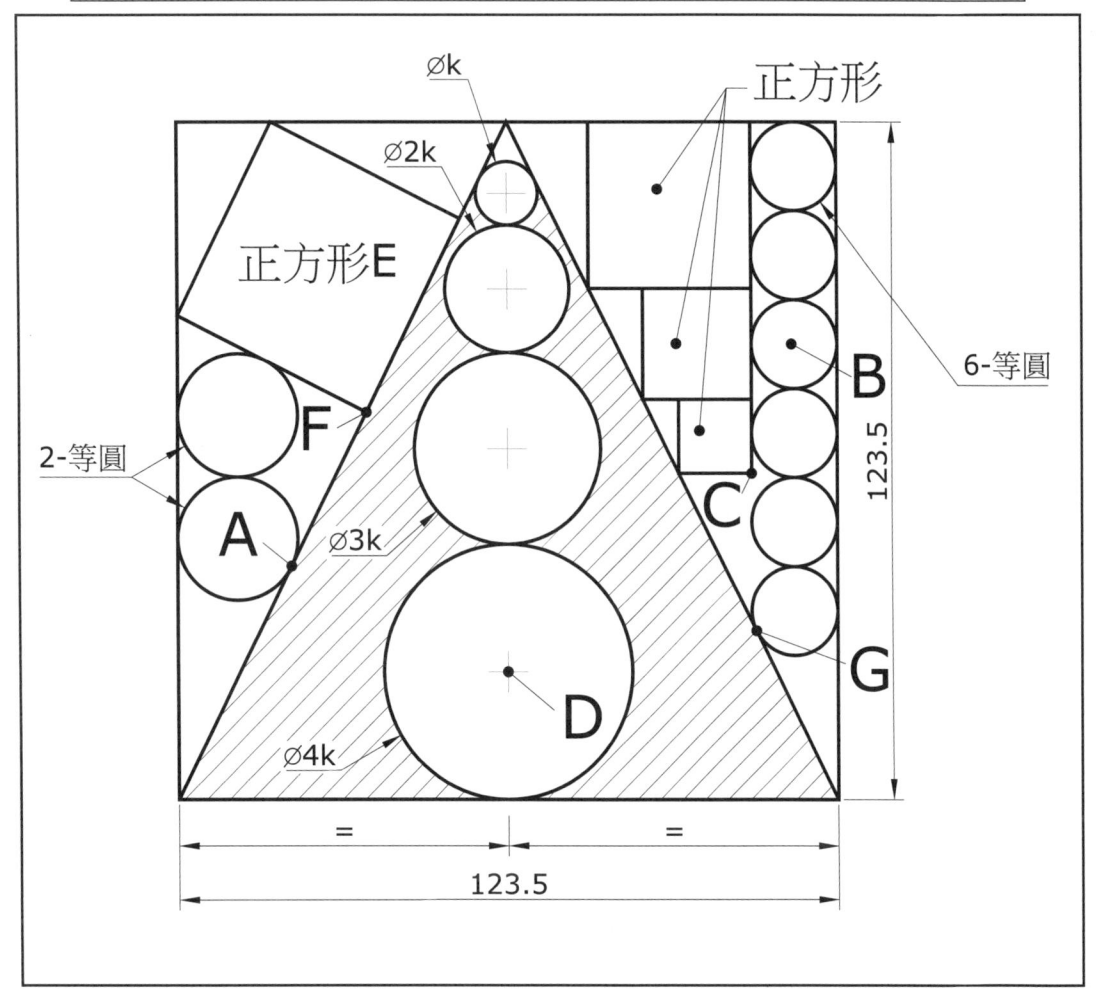

1. 交點 A 至中心點 B 距離為何？
2. 交點 C 至中心點 D 距離為何？
3. 正方形 E 周長為何？
4. 交點 F 至交點 G 距離為何？
5. 斜線區域面積為何？

答案：❶102.4277　❷58.1405　❸157.8025　❹83.0492　❺4408.3792

307. 試繪出下圖並回答下列五個問題 ☐易 ☑中 ☐難

完成結果請依下表之資訊，儲存於指定路徑及檔名：

路徑	檔名
C:\ANS.CSF\ED03	**ATA03.dwg**

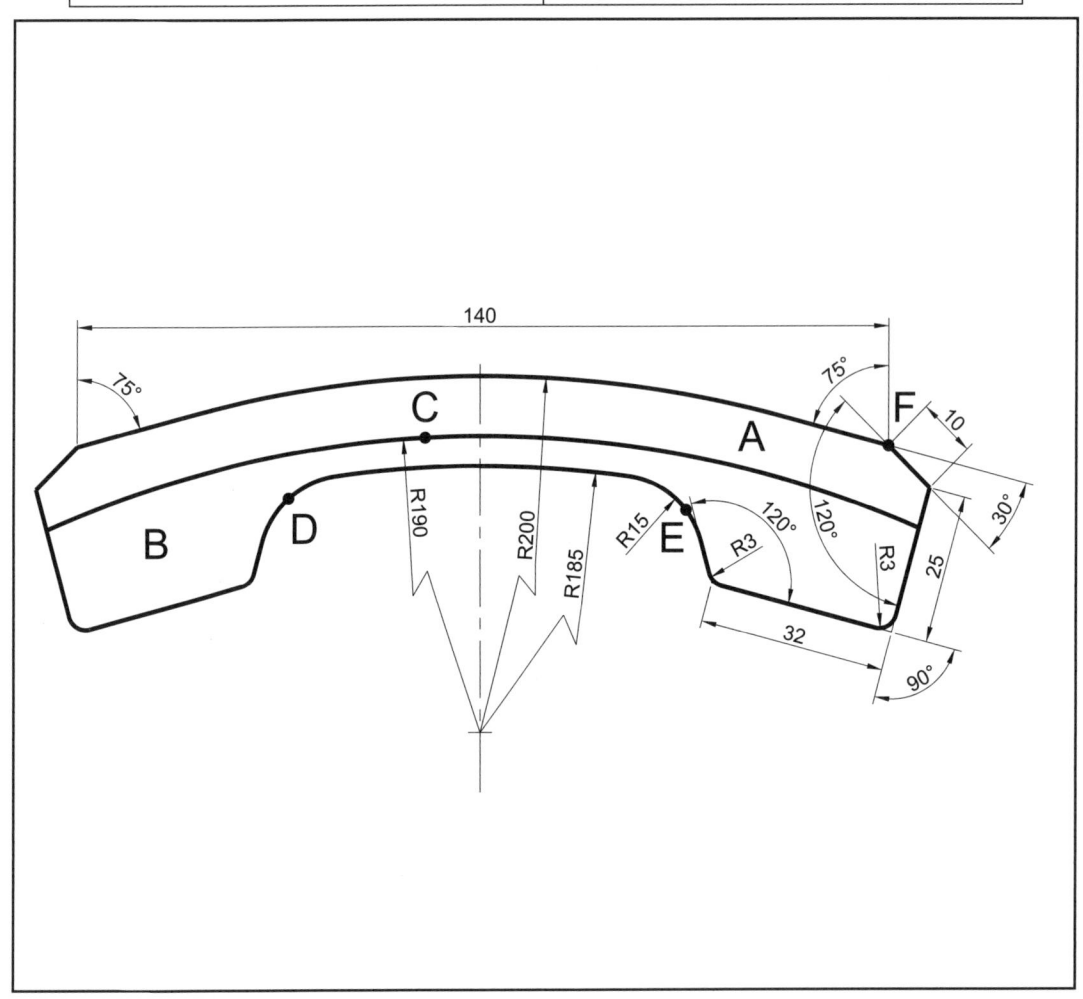

1. 區域 A 面積為何？
2. 區域 B 周長為何？
3. 弧 C 夾角為何？
4. 弧 D 至弧 E 中心點距離為何？
5. 交點 F 至弧 D 中心點距離為何？

答案：❶1565.2718 ❷351.9501 ❸46.6683 ❹46.7015 ❺95.4504

308. 試繪出下圖並回答下列五個問題　　□易 ☑中 □難

完成結果請依下表之資訊，儲存於指定路徑及檔名：

路徑	檔名
C:\ANS.CSF\ED03	**ATA03.dwg**

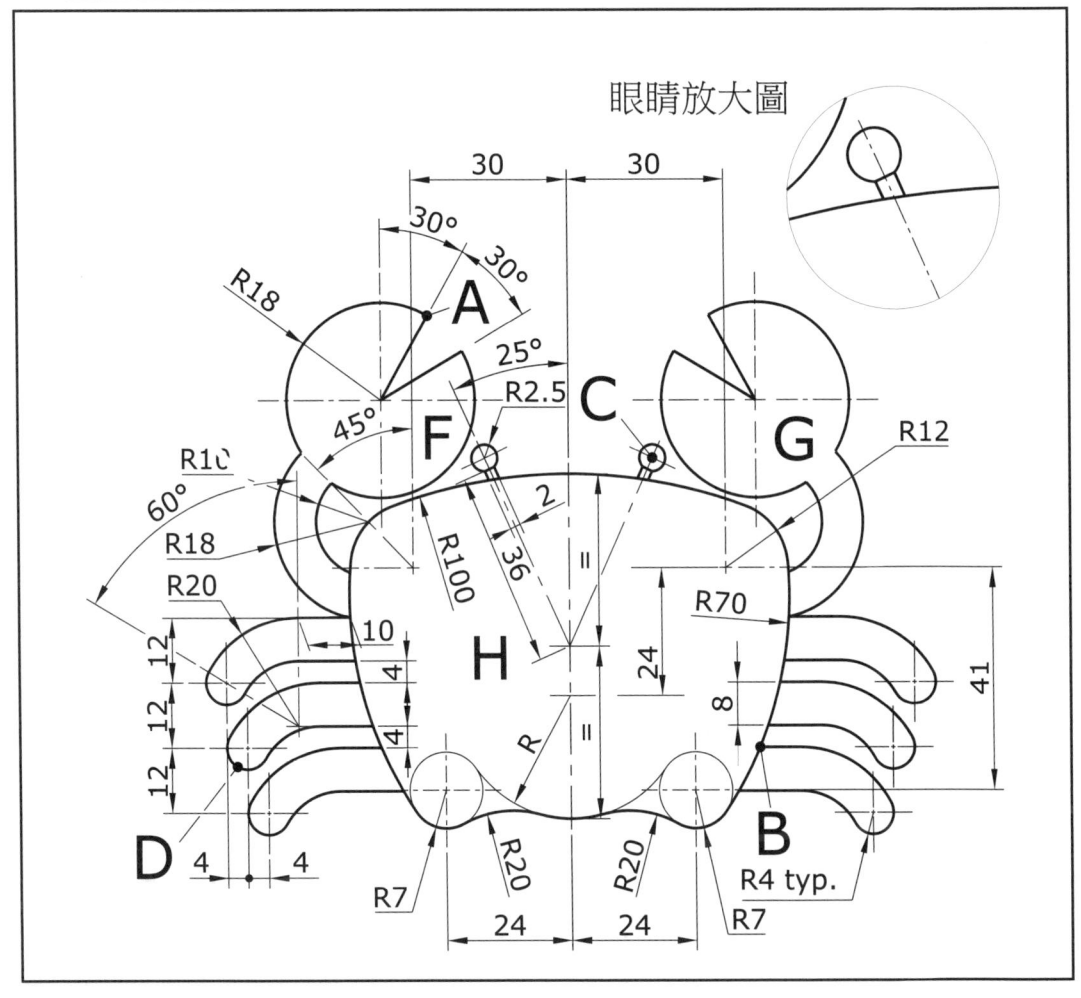

1. 交點 A 至交點 B 距離為何？

2. 中心點 C 至中點 D 距離為何？

3. F 與 G 區域面積總和為何？

4. H 區域周長為何？

5. 圖形所圍成的面積為何？

答案：❶101.6696 ❷98.2016 ❸2329.1227 ❹256.8325 ❺8516.0765

309. 試繪出下圖並回答下列五個問題　　　　　□易 ☑中 □難

完成結果請依下表之資訊，儲存於指定路徑及檔名：

路徑	檔名
C:\ANS.CSF\ED03	**ATA03.dwg**

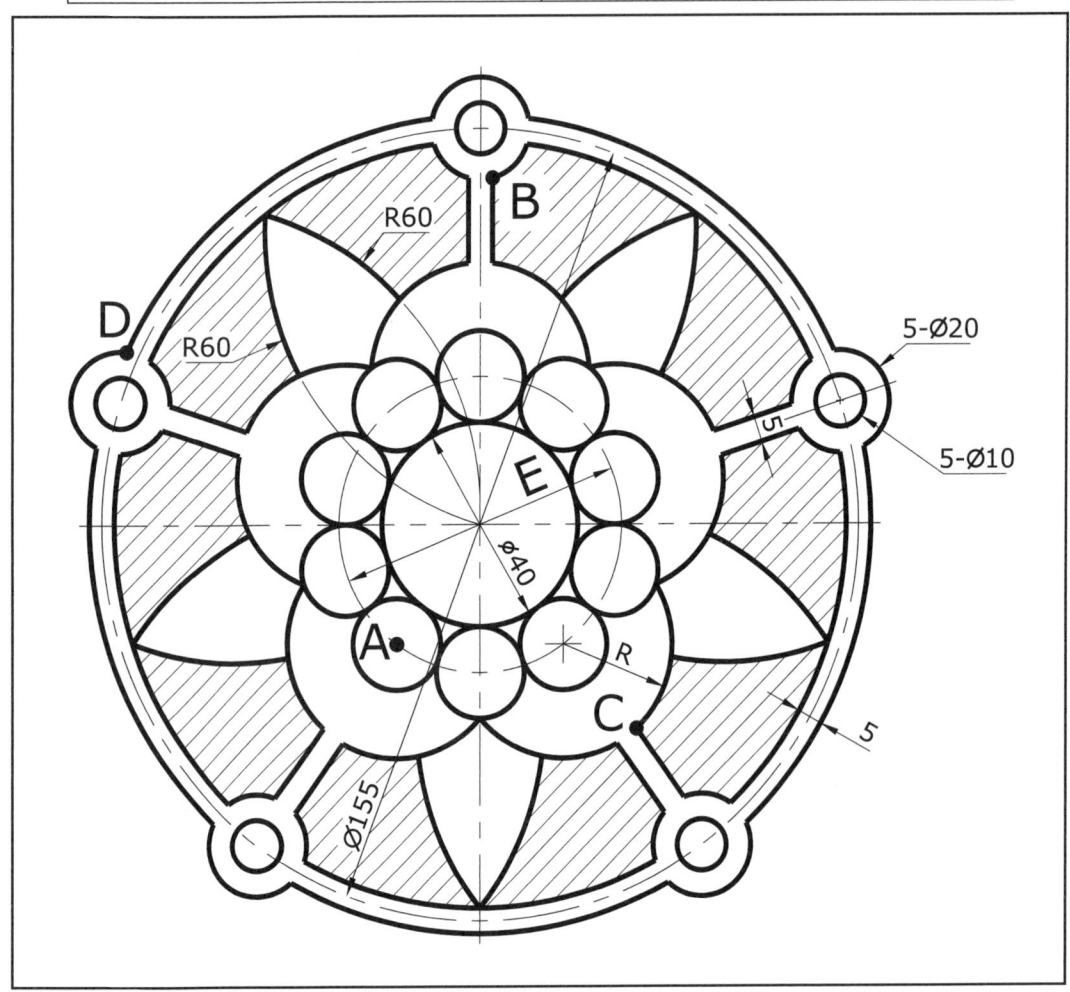

1. 中心點 A 至交點 B 垂直距離為何？

2. 交點 C 至交點 D 水平距離為何？

3. 斜線區域面積為何？

4. 尺寸 E 為何？

5. 圖形最外圍周長為何？

答案：❶91.2339 ❷104.5568 ❸7091.1787 ❹57.8885 ❺542.2316

310. 試繪出下圖並回答下列五個問題 ……………… □易 ☑中 □難

完成結果請依下表之資訊，儲存於指定路徑及檔名：

路徑	檔名
C:\ANS.CSF\ED03	**ATA03.dwg**

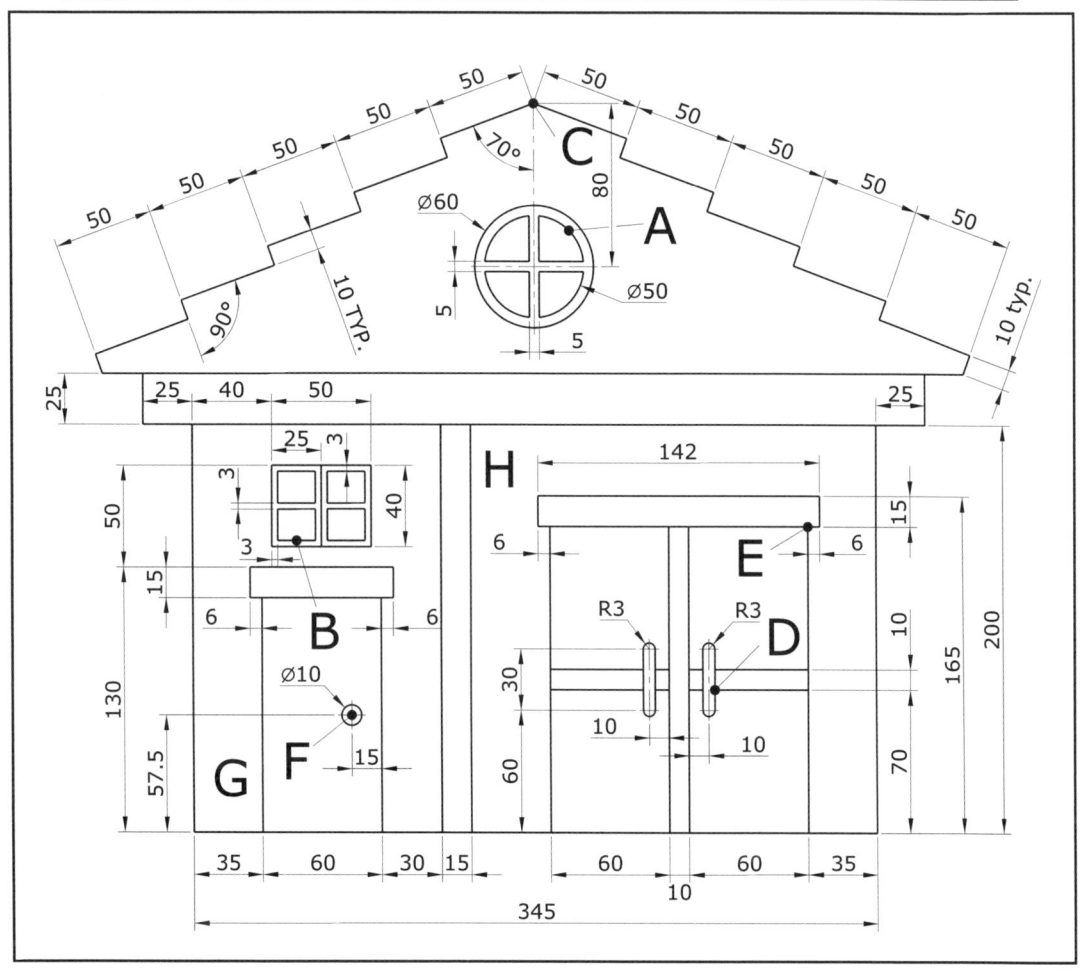

1. 中點 A 至中點 B 距離為何？
2. 交點 C 至交點 D 距離為何？
3. 交點 E 至中心點 F 距離為何？
4. G 區域與 H 區域面積總和為何？
5. 圖形最外圍周長為何？

答案：❶205.2073 ❷301.3977 ❸247.9037 ❹34390 ❺1485.6443

4-1-4 第四類：玩具與生活用品應用

本書範例題目內容為認證題型與命題方向之示範，正式測驗試題不以範例題目為限。

401. 試繪出下圖並回答下列五個問題 ……………… □易 ☑中 □難

完成結果請依下表之資訊，儲存於指定路徑及檔名：

路徑	檔名
C:\ANS.CSF\ED04	**ATA04.dwg**

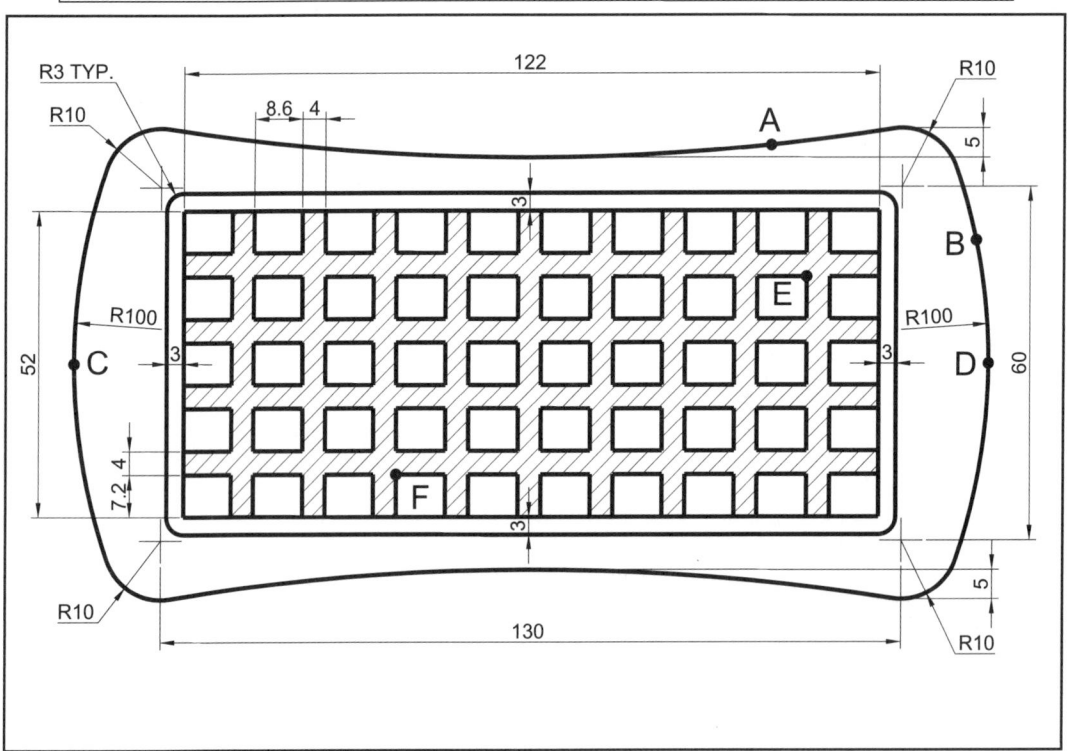

1. 弧 A 夾角為何？
2. 弧 B 長度為何？
3. 中點 C 至中點 D 水平距離為何？
4. 交點 E 至交點 F 距離為何？
5. 斜線區域面積為何？

答案：❶17.5948 ❷67.9674 ❸160.2944 ❹79.0918 ❺3248.0000

402. 試繪出下圖並回答下列五個問題 ...... □易 ☑中 □難

完成結果請依下表之資訊，儲存於指定路徑及檔名：

路徑	檔名
C:\ANS.CSF\ED04	**ATA04.dwg**

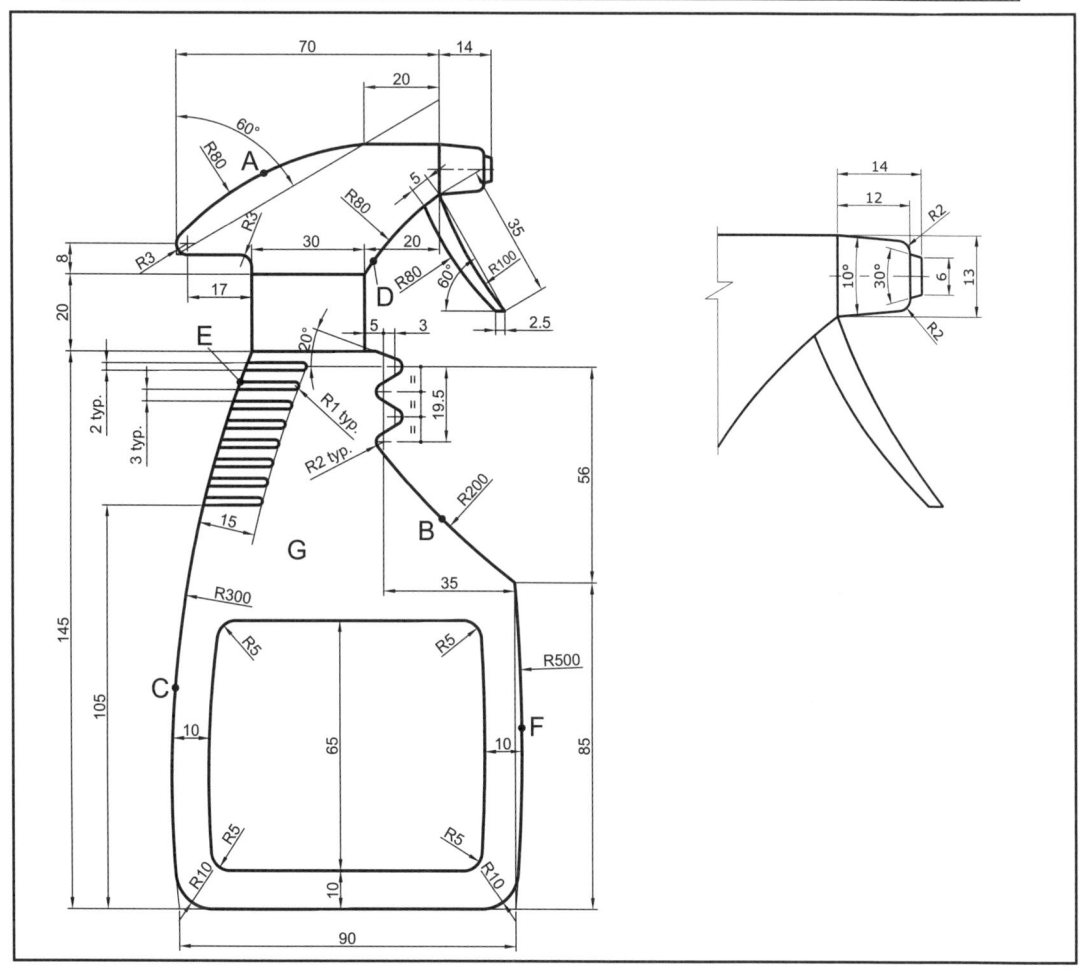

1. 中點 A 至中點 B 距離為何？

2. 弧 C 至弧 D 中心點距離為何？

3. 交點 E 至弧 F 中心點距離為何？

4. 區域 G 扣除內孔面積為何？

5. 圖形最外圍面積為何？

答案：❶101.5168 ❷201.7252 ❸435.4720 ❹6084.9363 ❺13512.1579

403. 試繪出下圖並回答下列五個問題 □易 ☑中 □難

完成結果請依下表之資訊，儲存於指定路徑及檔名：

路徑	檔名
C:\ANS.CSF\ED04	**ATA04.dwg**

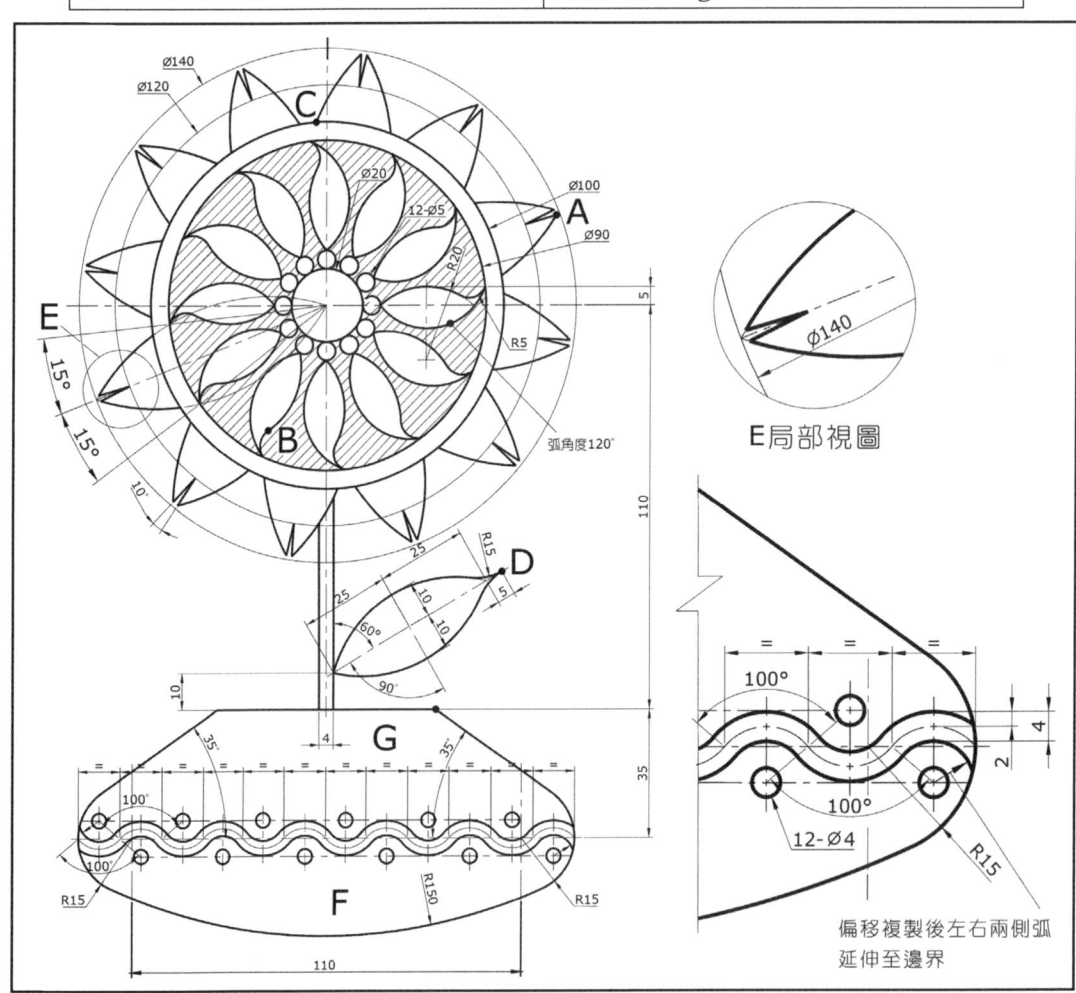

1. 交點 A 至端點 B 角度為何？

2. 交點 C 至端點 D 距離為何？

3. 區域 F 與區域 G 皆扣除內孔後面積為何？

4. 斜線區域面積為何？

5. 圖形最外圍面積為何？

答案：❶215.7375 ❷133.2786 ❸5956.5970 ❹3228.3231 ❺18373.4262

404. 試繪出下圖並回答下列五個問題 ☐易 ☑中 ☐難

完成結果請依下表之資訊，儲存於指定路徑及檔名：

路徑	檔名
C:\ANS.CSF\ED04	**ATA04.dwg**

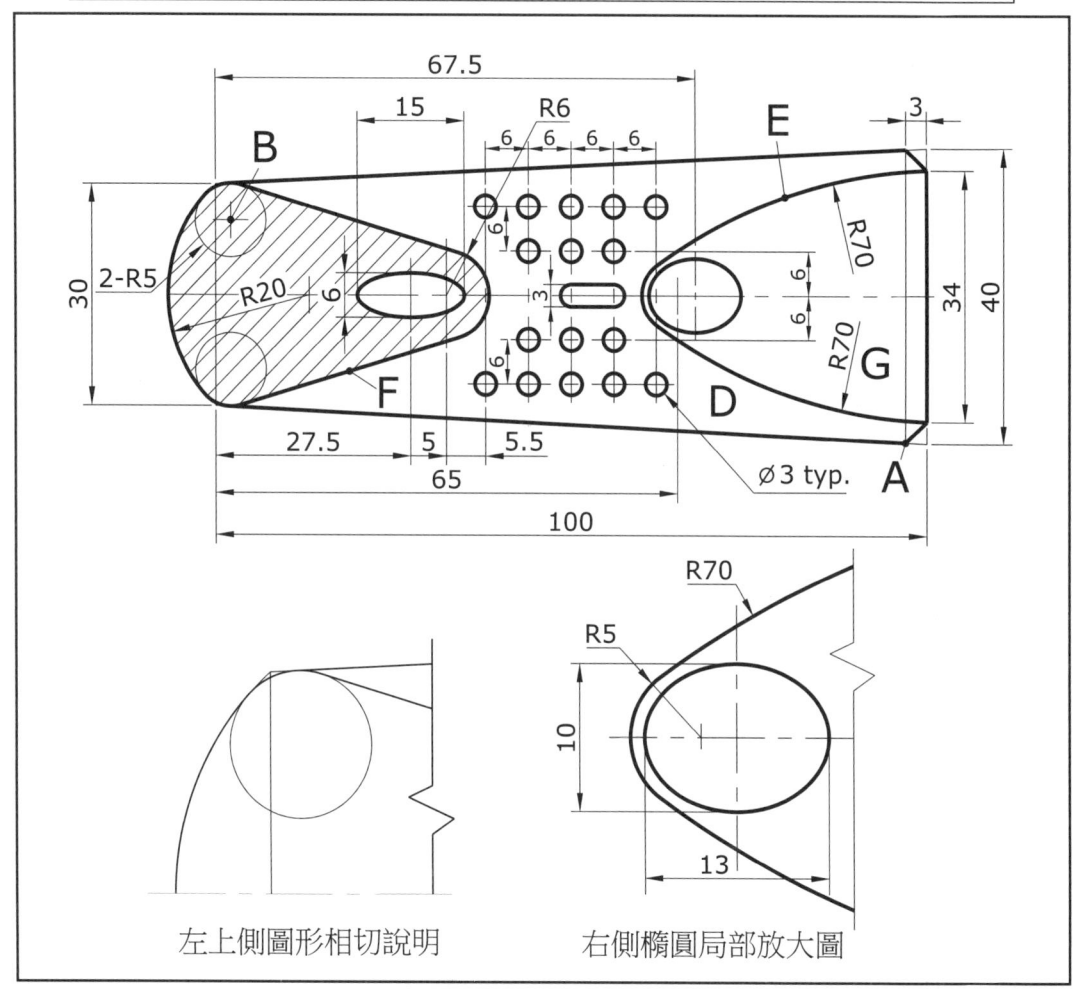

左上側圖形相切說明　　右側橢圓局部放大圖

1. 交點 A 至中心點 B 距離為何？
2. 斜線區域面積為何？
3. 區域 D 扣除內孔面積為何？
4. 弧 E 中心點至中點 F 距離為何？
5. 區域 G 扣除內部橢圓面積為何？

答案：❶99.4766 ❷845.4299 ❸1609.1404 ❹94.0286 ❺865.3672

405. 試繪出下圖並回答下列五個問題 ☐易 ☑中 ☐難

完成結果請依下表之資訊，儲存於指定路徑及檔名：

路徑	檔名
C:\ANS.CSF\ED04	**ATA04.dwg**

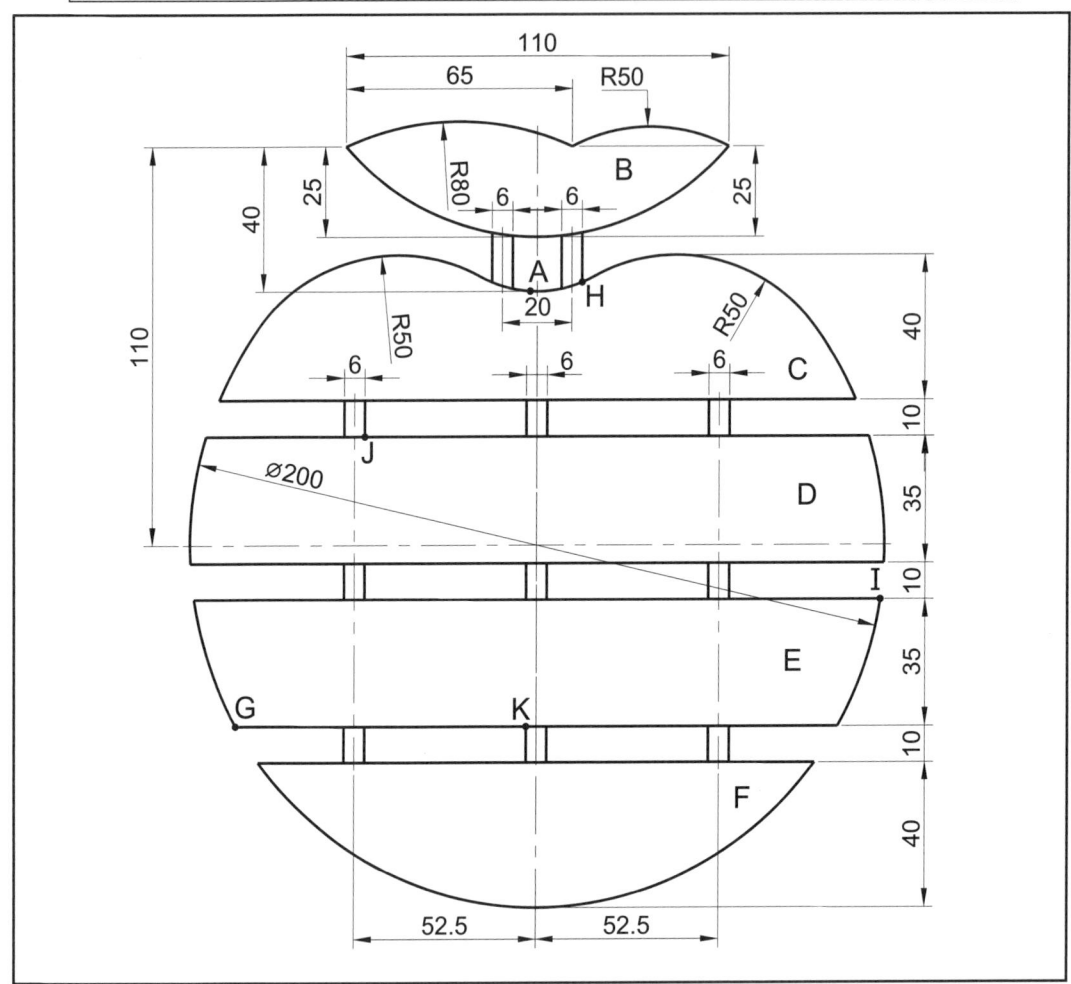

1. 弧 A 長度為何？

2. 區域 B 周長為何？

3. 區域 C+D+E+F 面積為何？

4. 交點 G 至交點 H 距離為何？

5. ∠IJK 角度為何？

答案：❶34.2970 ❷238.1872 ❸23755.3983 ❹157.8856 ❺42.9602

406. 試繪出下圖並回答下列五個問題 ……………… □易 ☑中 □難

完成結果請依下表之資訊，儲存於指定路徑及檔名：

路徑	檔名
C:\ANS.CSF\ED04	**ATA04.dwg**

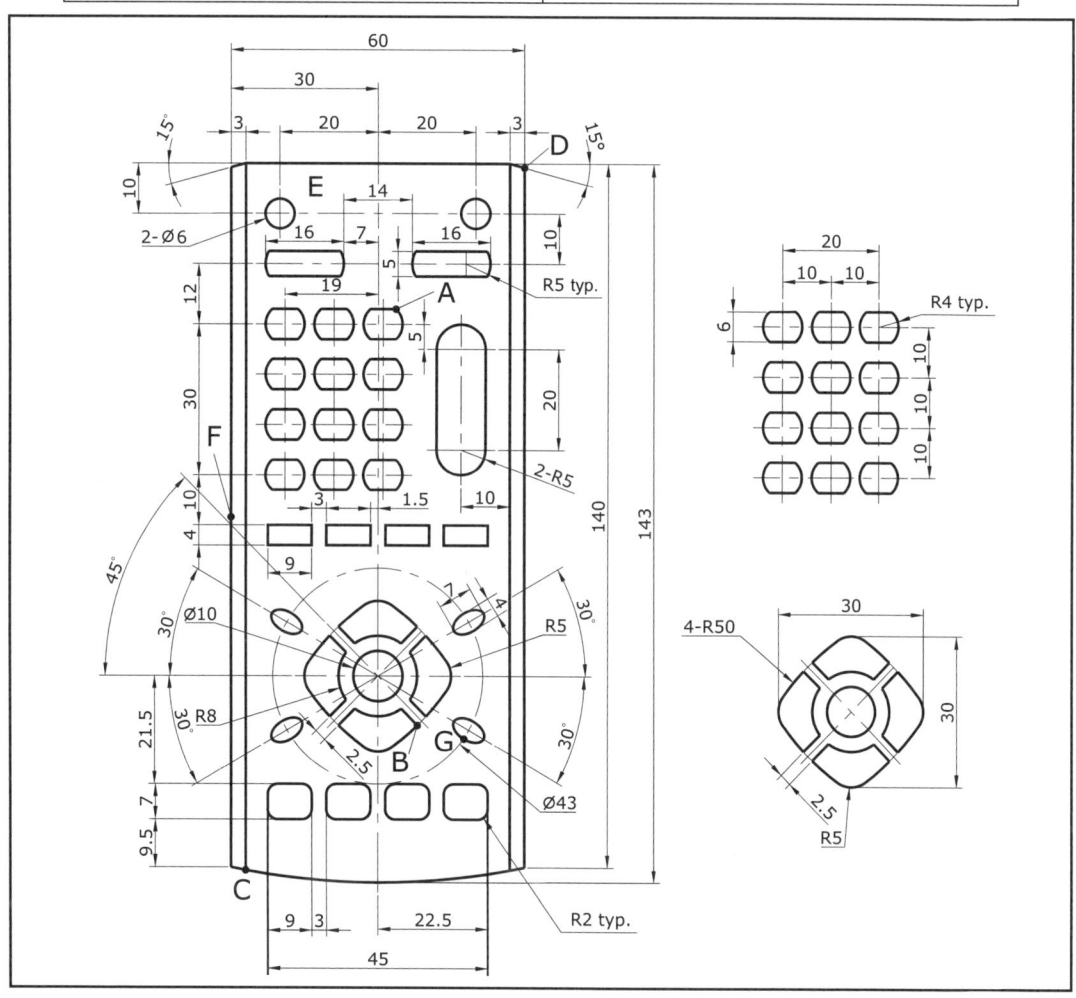

1. 交點 A 至交點 B 距離為何？
2. 交點 C 至交點 D 距離為何？
3. 區域 E 扣除內孔面積為何？
4. 中點 F 至交點 G 角度為何？
5. 圖形最外圍周長為何？

答案：❶82.9200 ❷150.9466 ❸5786.7842 ❹317.1928 ❺399.0032

407. 試繪出下圖並回答下列五個問題　　　□易 ☑中 □難

完成結果請依下表之資訊，儲存於指定路徑及檔名：

路徑	檔名
C:\ANS.CSF\ED04	**ATA04.dwg**

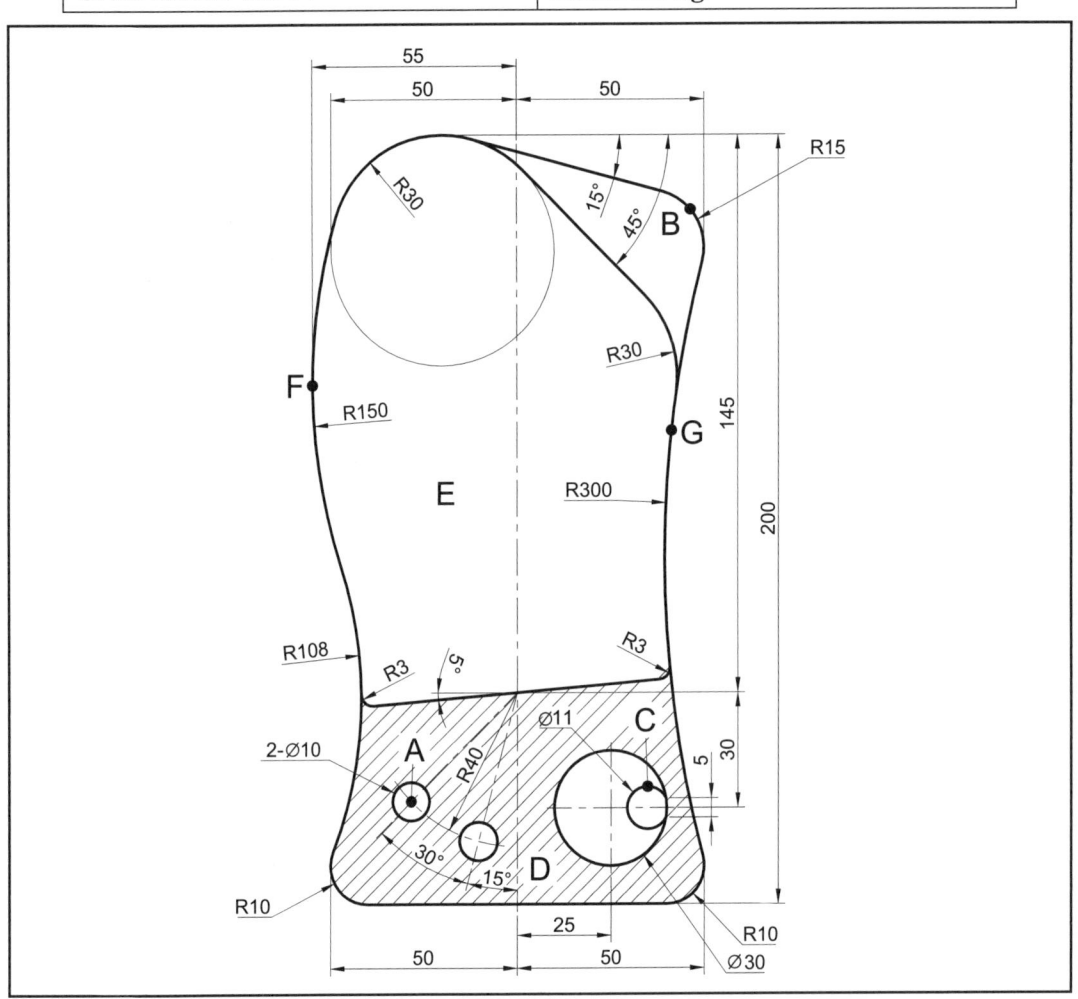

1. 中心點 A 至弧 B 中心點距離為何？

2. 弧 B 長度為何？

3. 區域 D 斜線面積為何？

4. 區域 E 周長為何？

5. 弧 F 至弧 G 中心點距離為何？

答案：❶157.3622　❷23.5223　❸4140.6799　❹420.2203　❺248.7071

408. 試繪出下圖並回答下列五個問題 .... ☐易 ☑中 ☐難

完成結果請依下表之資訊，儲存於指定路徑及檔名：

路徑	檔名
C:\ANS.CSF\ED04	**ATA04.dwg**

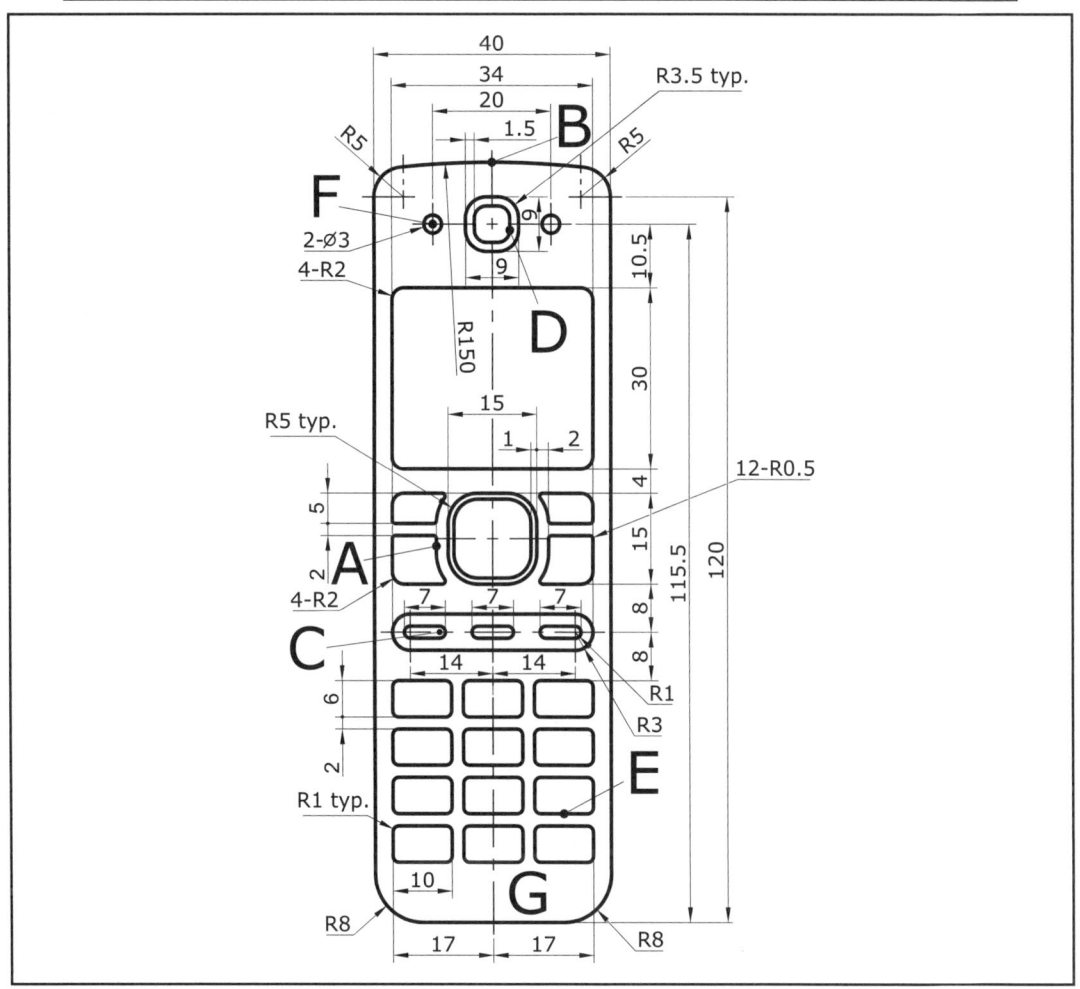

1. 中點 A 至中點 B 距離為何？

2. 中心點 C 至交點 D 距離為何？

3. 中點 E 至中心點 F 平面角度為何？

4. 圖形所圍成的周長為何？

5. G 區域扣除內孔面積為何？

答案：❶64.2343 ❷67.5740 ❸102.7153 ❹318.8945 ❺2563.7438

4-42　TQC+ 電腦輔助平面製圖認證指南・AutoCAD 2024

409. 試繪出下圖並回答下列五個問題 ……………… □易 ☑中 □難

完成結果請依下表之資訊，儲存於指定路徑及檔名：

路徑	檔名
C:\ANS.CSF\ED04	**ATA04.dwg**

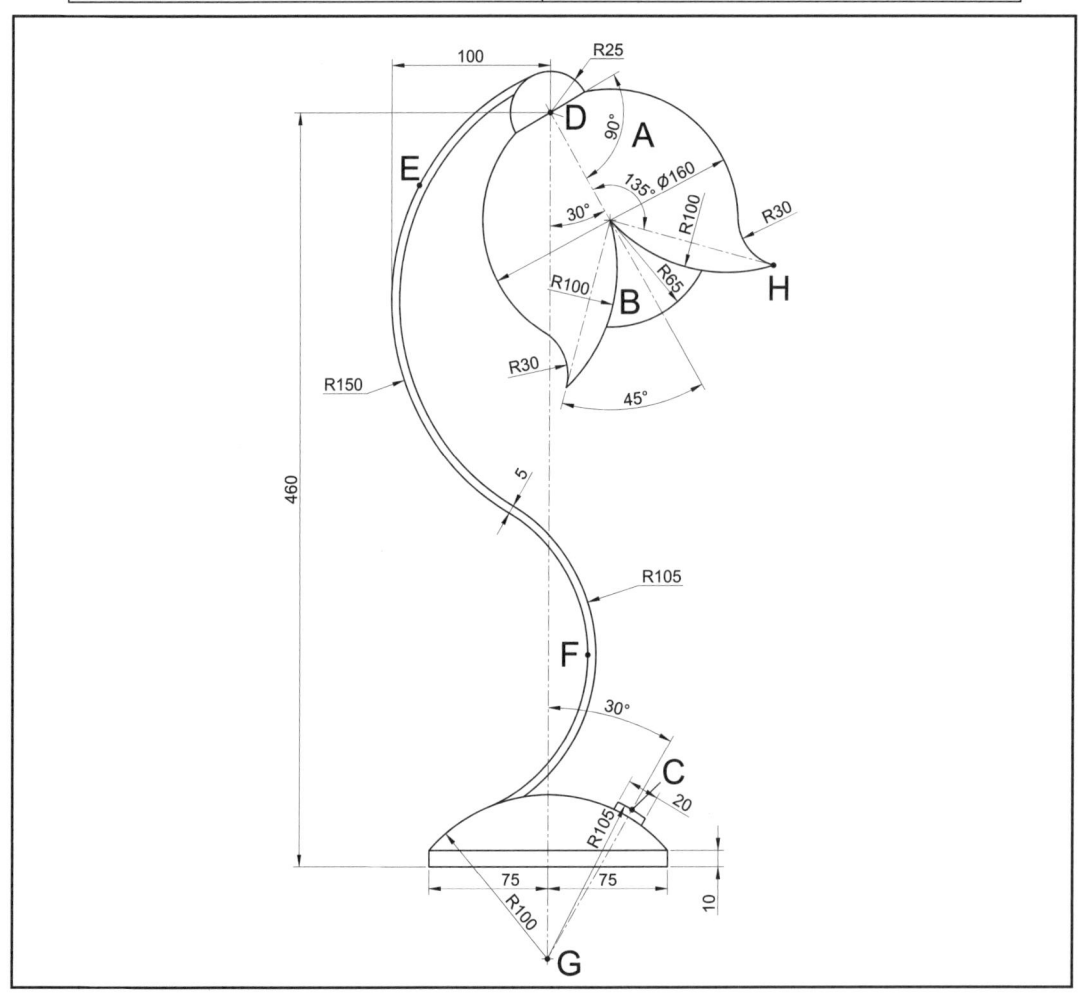

1. 區域 A 面積為何？
2. 區域 B 周長為何？
3. 中點 C 至中心點 D 距離為何？
4. 弧 E 中心點至弧 F 中心點垂直距離為何？
5. 中心點 G 至交點 H 距離為何？

答案：❶17359.3458 ❷205.0501 ❸428.4399 ❹216.3112 ❺445.5791

410. 試繪出下圖並回答下列五個問題 ☐易 ☑中 ☐難

完成結果請依下表之資訊，儲存於指定路徑及檔名：

路徑	檔名
C:\ANS.CSF\ED04	**ATA04.dwg**

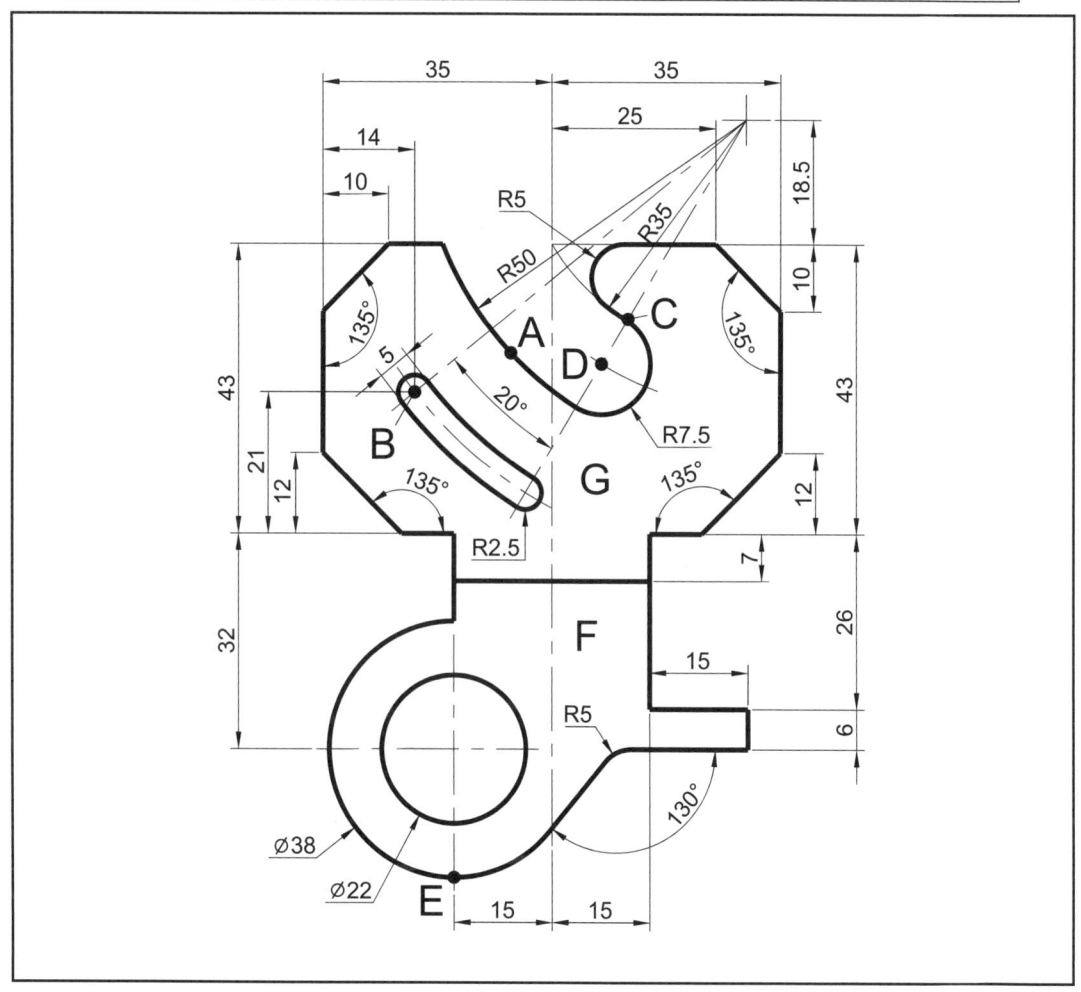

1. 弧 A 長度為何？
2. 中心點 B 至交點 C 距離為何？
3. 中心點 D 至四分點 E 高度為何？
4. F 區域扣除內孔面積為何？
5. G 區域扣除內孔面積為何？

答案：❶32.1984 ❷34.1748 ❸76.2193 ❹1336.6476 ❺2359.7822

4-1-5 第五類：機械設計應用

本書範例題目內容為認證題型與命題方向之示範，正式測驗試題不以範例題目為限。

501. 試繪出下圖並回答下列五個問題 ……………… □易 ☑中 □難

完成結果請依下表之資訊，儲存於指定路徑及檔名：

路徑	檔名
C:\ANS.CSF\ED05	**ATA05.dwg**

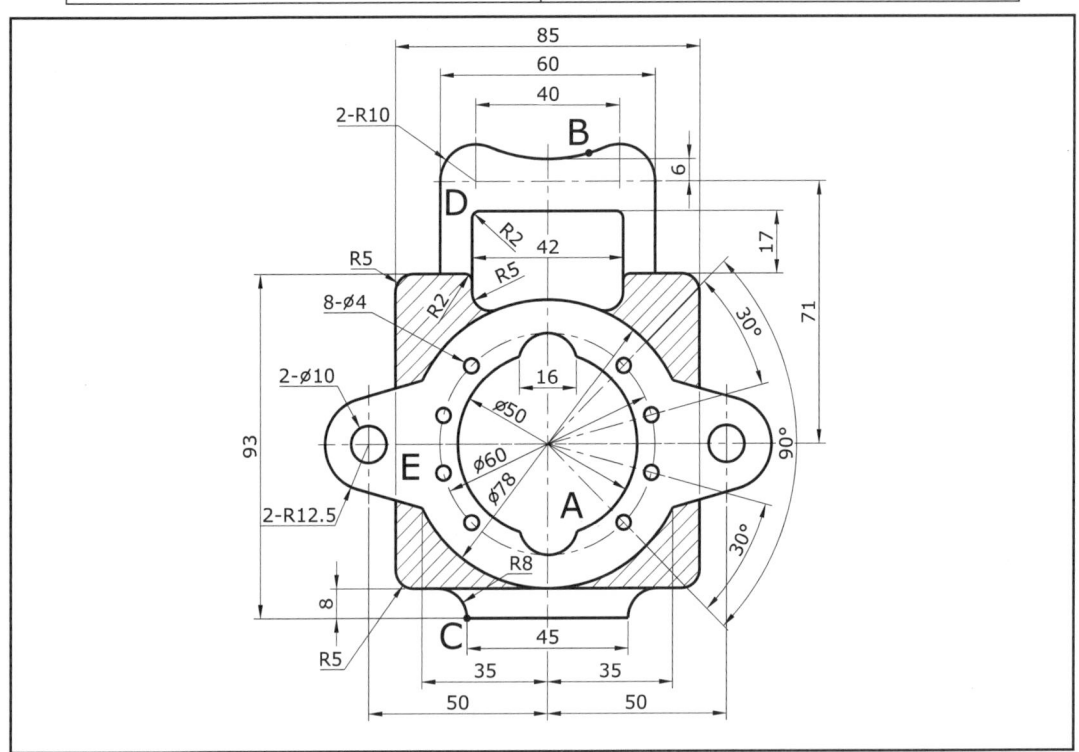

1. A 區域周長為何？

2. 弧 B 中心點至交點 C 距離為何？

3. D 區域面積為何？

4. E 區域扣除內孔面積為何？

5. 斜線區域總面積為何？

答案：❶168.4735 ❷167.5179 ❸1249.5808 ❹3648.5020 ❺1775.6296

502. 試繪出下圖並回答下列五個問題 ……………… □易 ☑中 □難

完成結果請依下表之資訊，儲存於指定路徑及檔名：

路徑	檔名
C:\ANS.CSF\ED05	**ATA05.dwg**

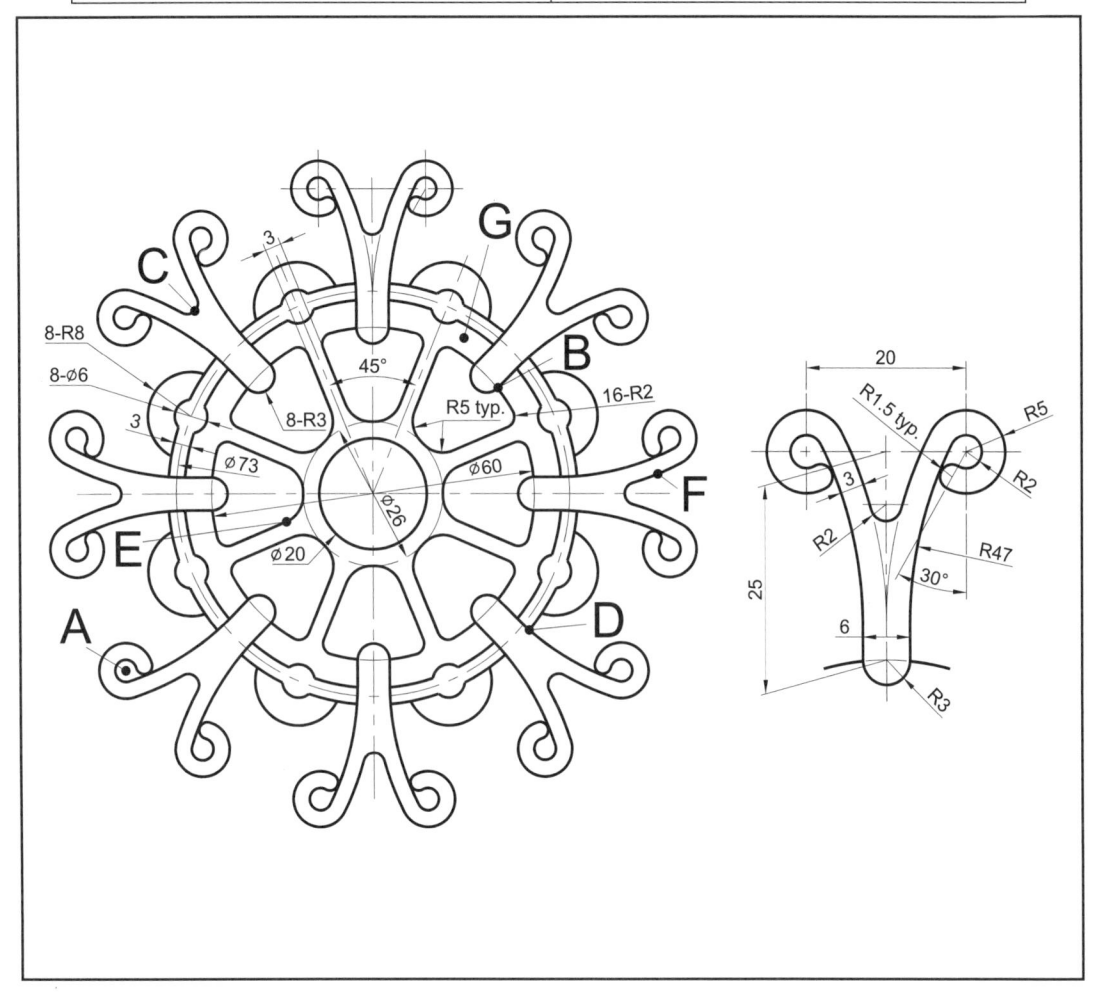

1. 弧 A 中心點至交點 B 距離為何？

2. 弧 C 中心點至交點 D 距離為何？

3. 交點 E 至弧 F 中心點距離為何？

4. 區域 G 扣除內孔面積為何？

5. 圖形最外圍周長為何？

答案：❶85.8395 ❷86.5948 ❸74.6725 ❹1421.6915 ❺1360.7194

503. 試繪出下圖並回答下列五個問題 ☐易 ☑中 ☐難

完成結果請依下表之資訊，儲存於指定路徑及檔名：

路徑	檔名
C:\ANS.CSF\ED05	**ATA05.dwg**

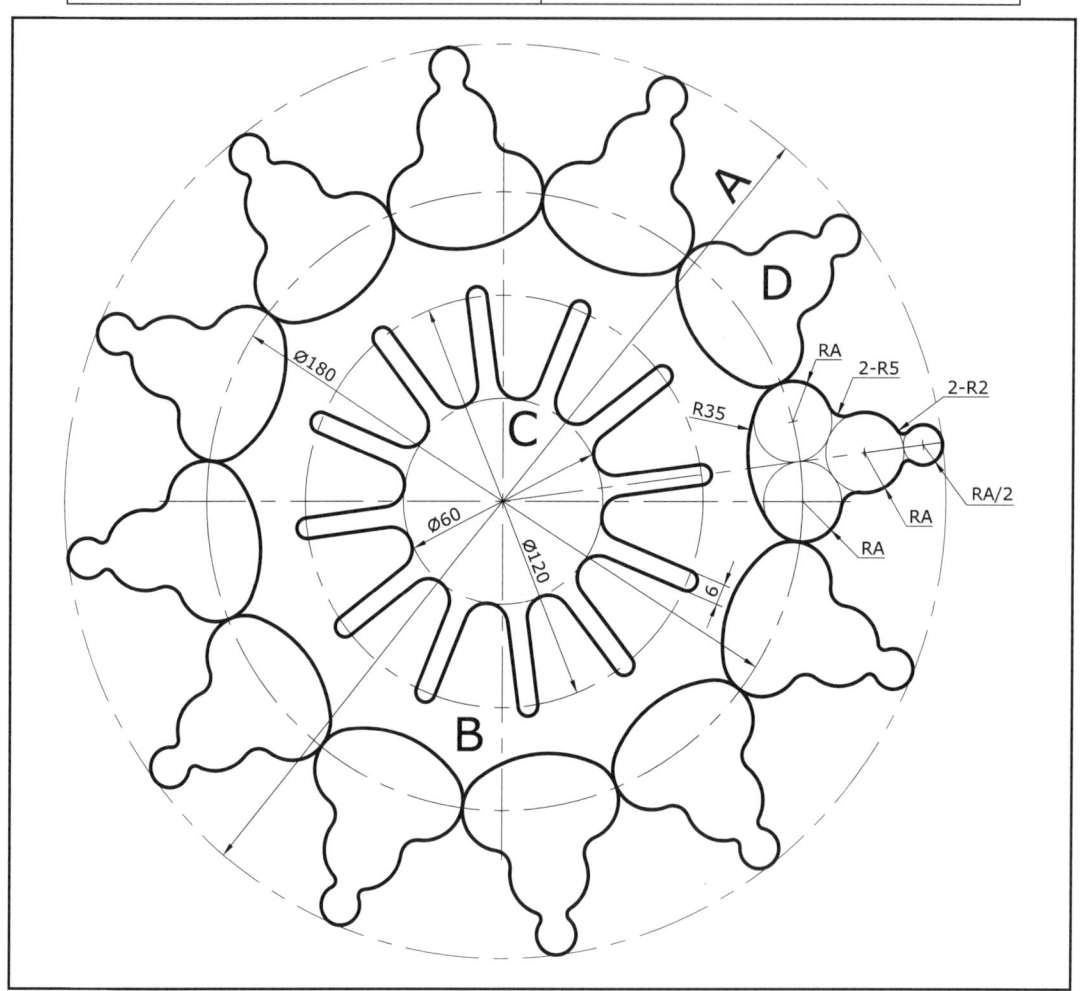

1. 圖形最大直徑 A 為何？
2. 區域 B 扣除內孔面積為何？
3. 區域 C 周長為何？
4. 區域 D 周長為何？
5. 圖形最外圍面積為何？

答案：❶266.1435 ❷13621.8213 ❸910.5599 ❹174.4251 ❺37908.0931

504. 試繪出下圖並回答下列五個問題　□易 ☑中 □難

完成結果請依下表之資訊，儲存於指定路徑及檔名：

路徑	檔名
C:\ANS.CSF\ED05	**ATA05.dwg**

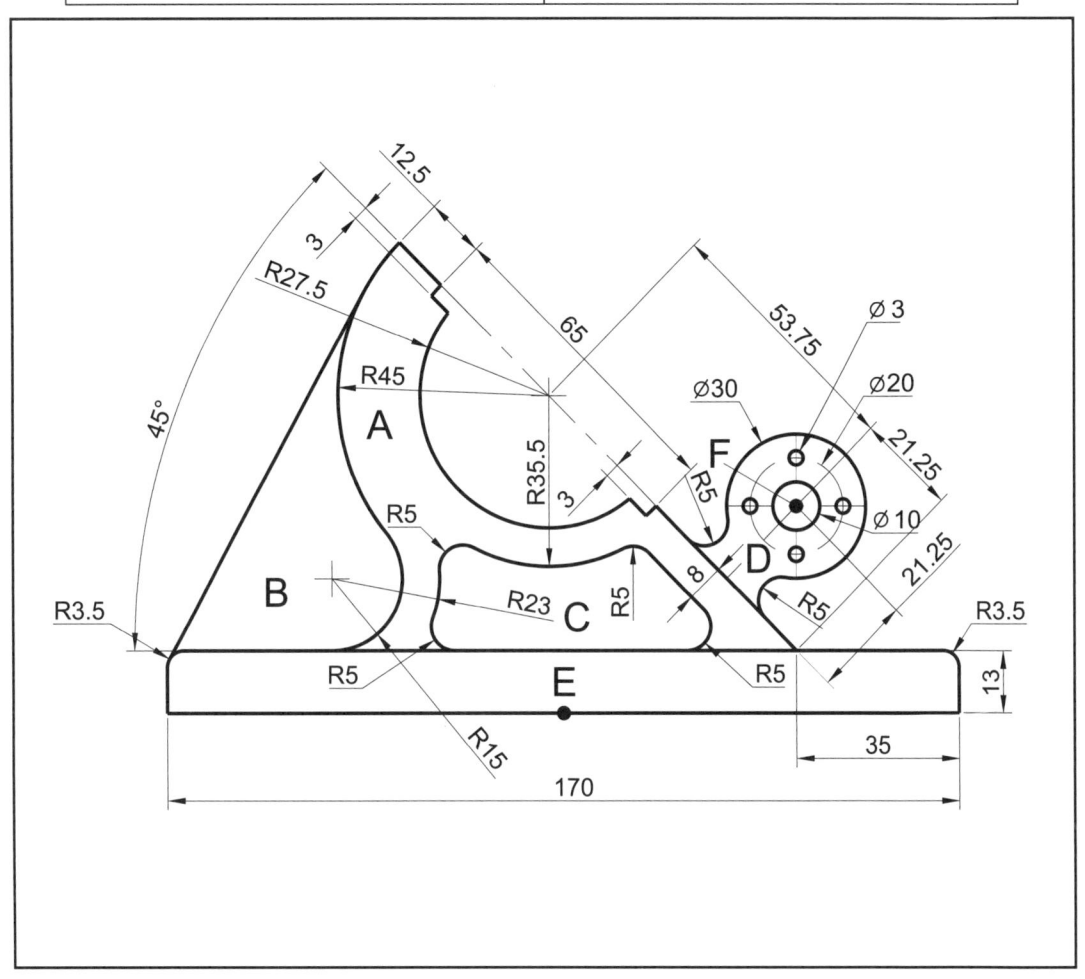

1. A 區域周長為何？

2. B 區域面積為何？

3. C 區域面積為何？

4. D 區域扣除內孔面積為何？

5. 中點 E 至中心點 F 距離為何？

答案：❶ 399.3165　❷ 1526.1634　❸ 1060.2966　❹ 703.0853　❺ 65.9809

505. 試繪出下圖並回答下列五個問題 ……………… ☐易 ☑中 ☐難

完成結果請依下表之資訊，儲存於指定路徑及檔名：

路徑	檔名
C:\ANS.CSF\ED05	**ATA05.dwg**

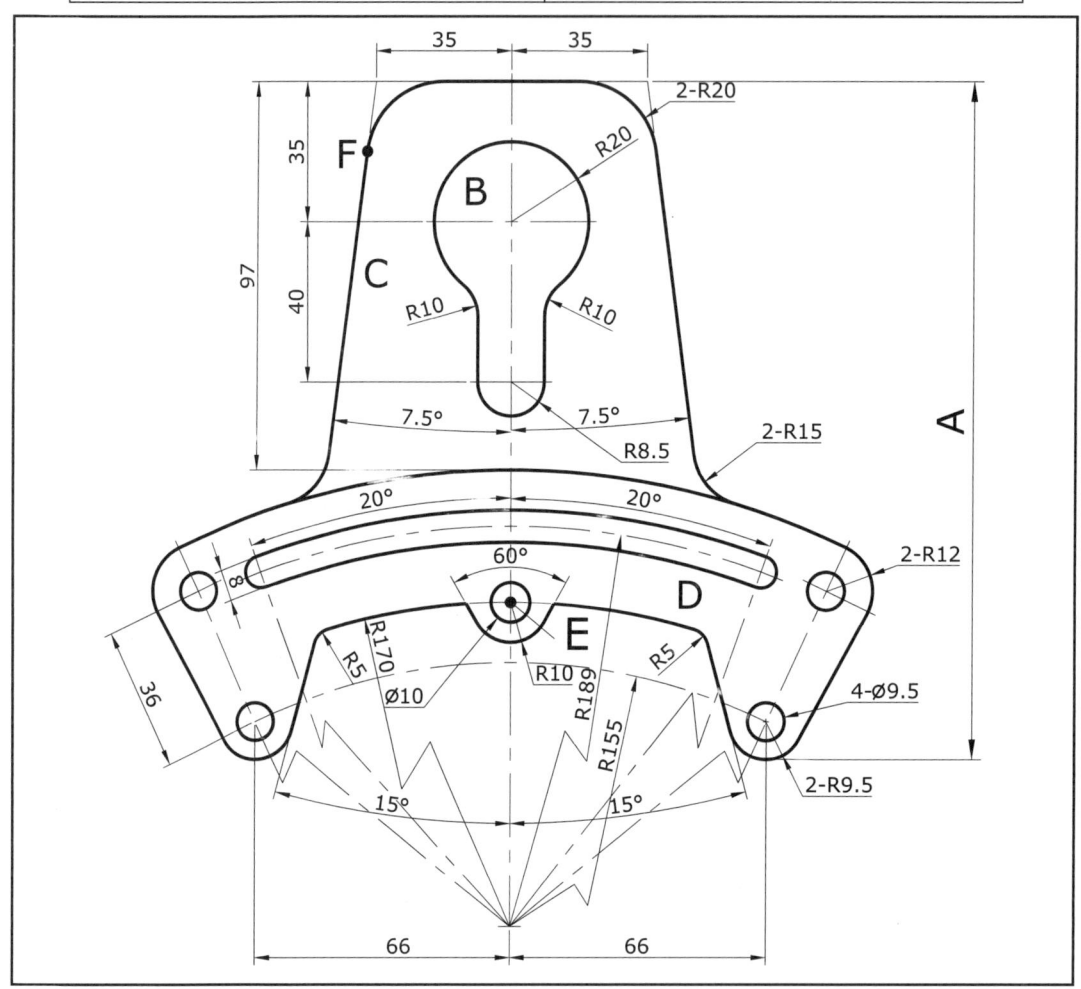

1. 尺寸 A 長度為何？
2. 區域 B 周長為何？
3. 區域 C 扣除內孔面積為何？
4. 區域 D 扣除內孔面積為何？
5. 中心點 E 至端點 F 距離為何？

答案：❶169.2538 ❷176.6796 ❸6393.3638 ❹5941.5174 ❺118.6239

506. 試繪出下圖並回答下列五個問題　　　　　　□易 ☑中 □難

完成結果請依下表之資訊，儲存於指定路徑及檔名：

路徑	檔名
C:\ANS.CSF\ED05	**ATA05.dwg**

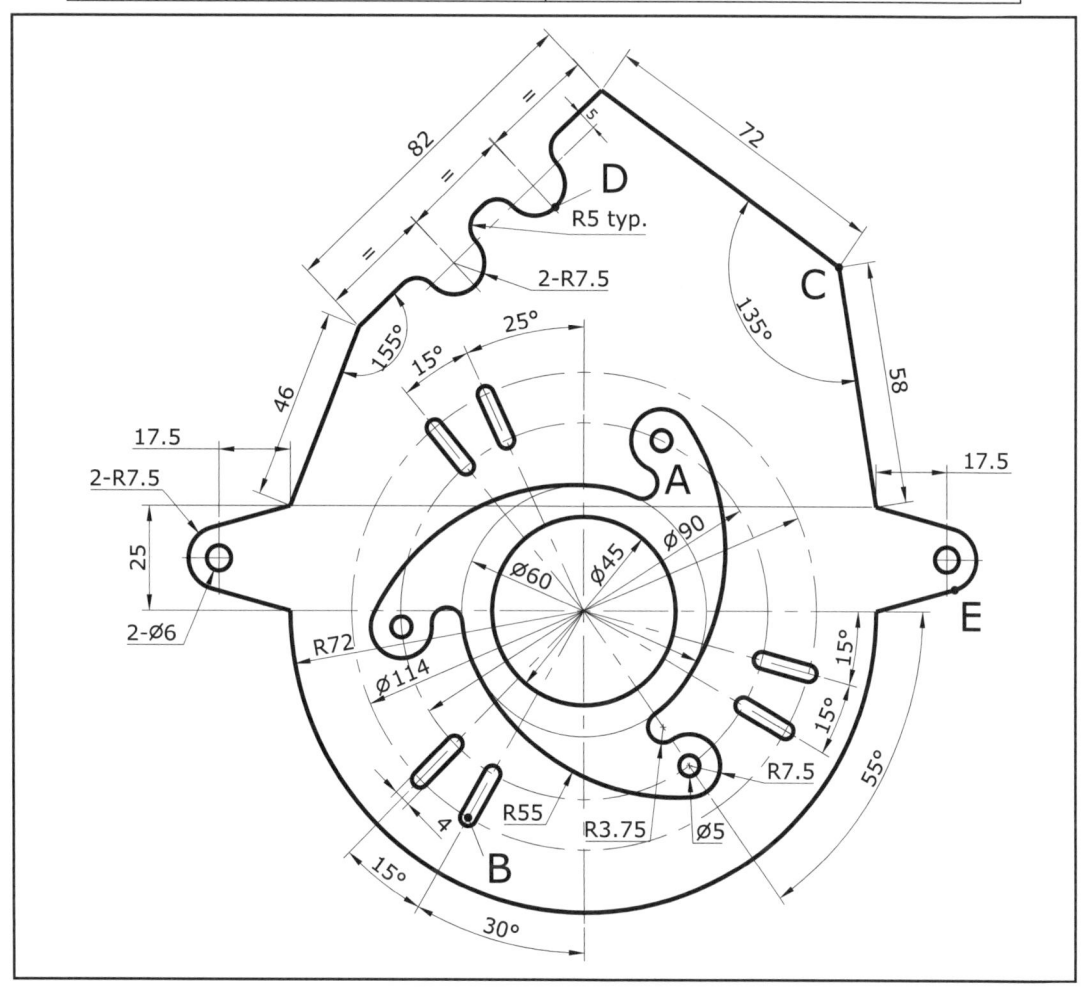

1. 圖形最大高度為何？

2. 區域 A 扣除內孔面積為何？

3. 中心點 B 至交點 C 距離為何？

4. 中點 D 至端點 E 距離為何？

5. 圖形最外圍面積為何？

答案：❶196.3148 ❷2857.2691 ❸160.1087 ❹134.1428 ❺21705.8414

507. 試繪出下圖並回答下列五個問題 □易 ☑中 □難

完成結果請依下表之資訊，儲存於指定路徑及檔名：

路徑	檔名
C:\ANS.CSF\ED05	**ATA05.dwg**

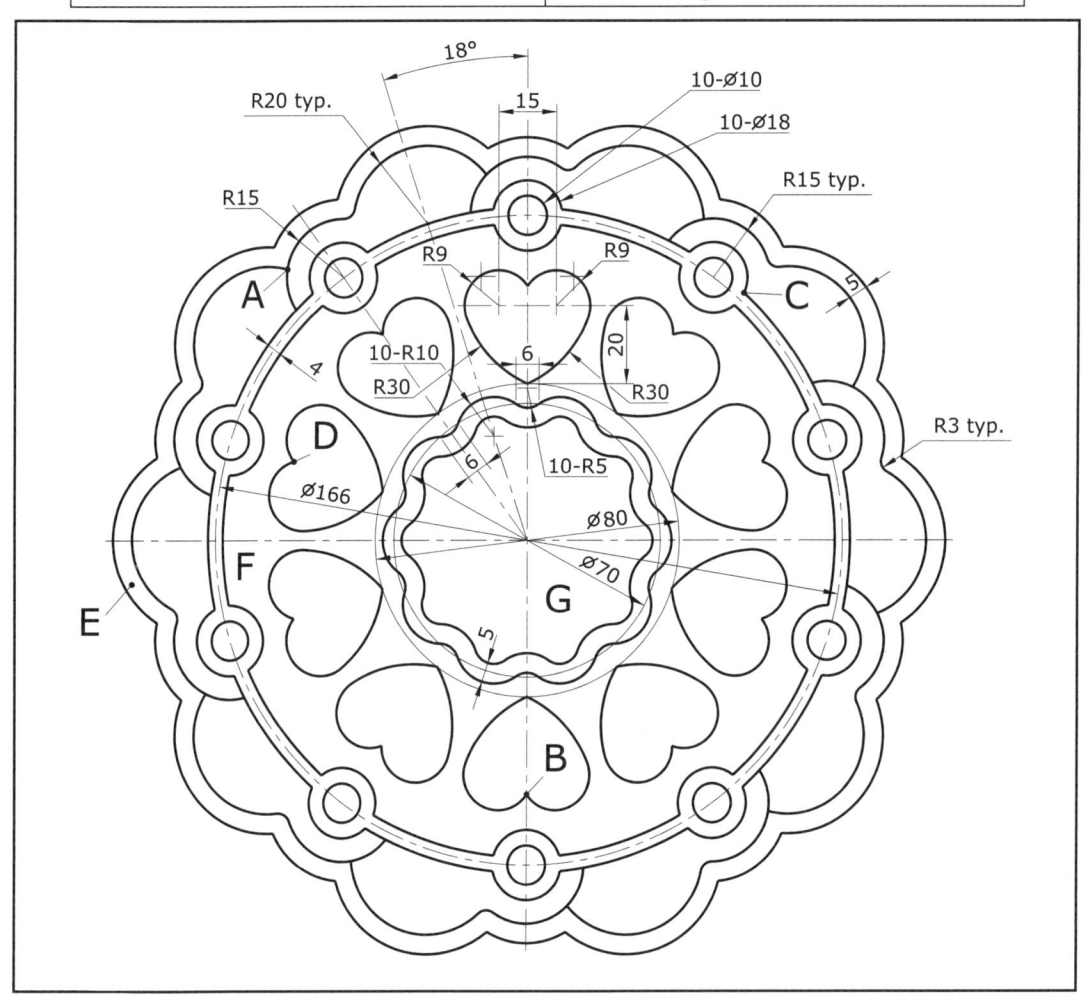

1. 交點 A 至交點 B 距離為何？
2. 交點 C 至交點 D 距離為何？
3. 區域 E 周長為何？
4. 區域 F 扣除內孔面積為何？
5. 區域 G 面積為何？

答案：❶148.5818 ❷126.2435 ❸1428.6497 ❹8704.7267 ❺2979.5704

508. 試繪出下圖並回答下列五個問題 ……………… □易 ☑中 □難

完成結果請依下表之資訊，儲存於指定路徑及檔名：

路徑	檔名
C:\ANS.CSF\ED05	**ATA05.dwg**

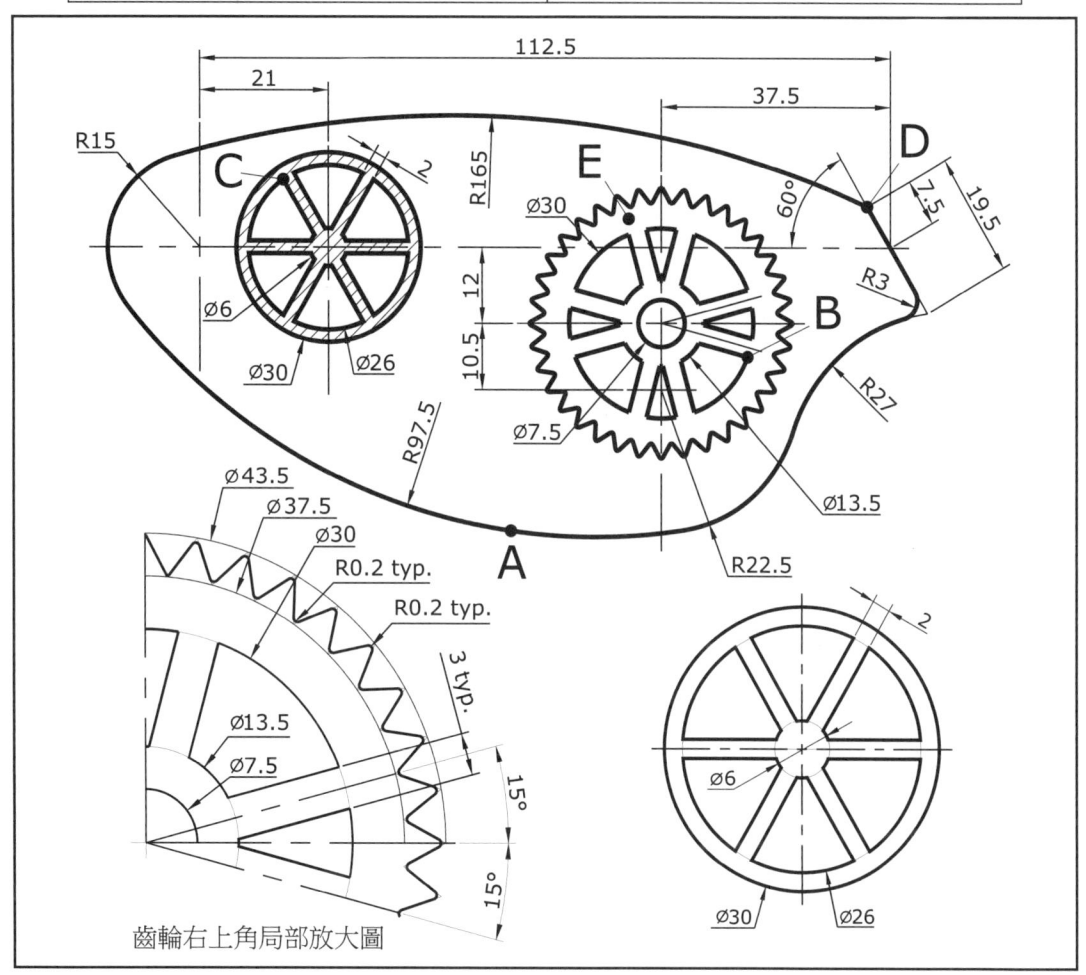

齒輪右上角局部放大圖

1. 弧 A 中心點至交點 B 距離為何？

2. 交點 C 至交點 D 距離為何？

3. 斜線區域面積為何？

4. 區域 E 扣除內孔面積為何？

5. 圖形最外圍周長為何？

答案：❶73.3454 ❷95.1908 ❸324.7278 ❹870.0348 ❺318.9190

509. 試繪出下圖並回答下列五個問題 ☐易 ☑中 ☐難

完成結果請依下表之資訊，儲存於指定路徑及檔名：

路徑	檔名
C:\ANS.CSF\ED05	**ATA05.dwg**

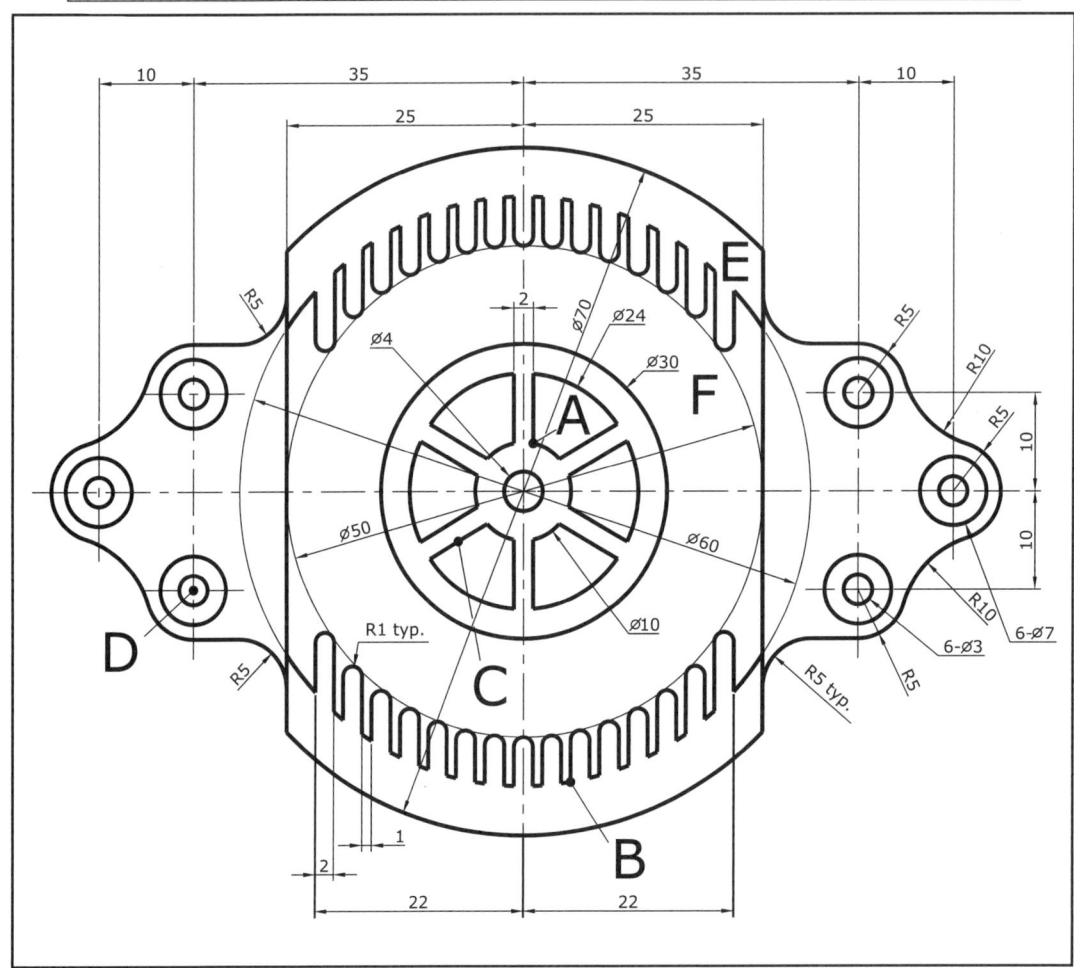

1. 交點 A 至交點 B 角度為何？

2. 中點 C 至中心點 D 距離為何？

3. 區域 E 面積為何？

4. 區域 F 扣除內孔面積為何？

5. 圖形最外圍面積為何？

答案：❶276.6174 ❷28.6265 ❸448.5265 ❹1570.0607 ❺4300.8730

510. 試繪出下圖並回答下列五個問題 .... □易 ☑中 □難

完成結果請依下表之資訊，儲存於指定路徑及檔名：

路徑	檔名
C:\ANS.CSF\ED05	**ATA05.dwg**

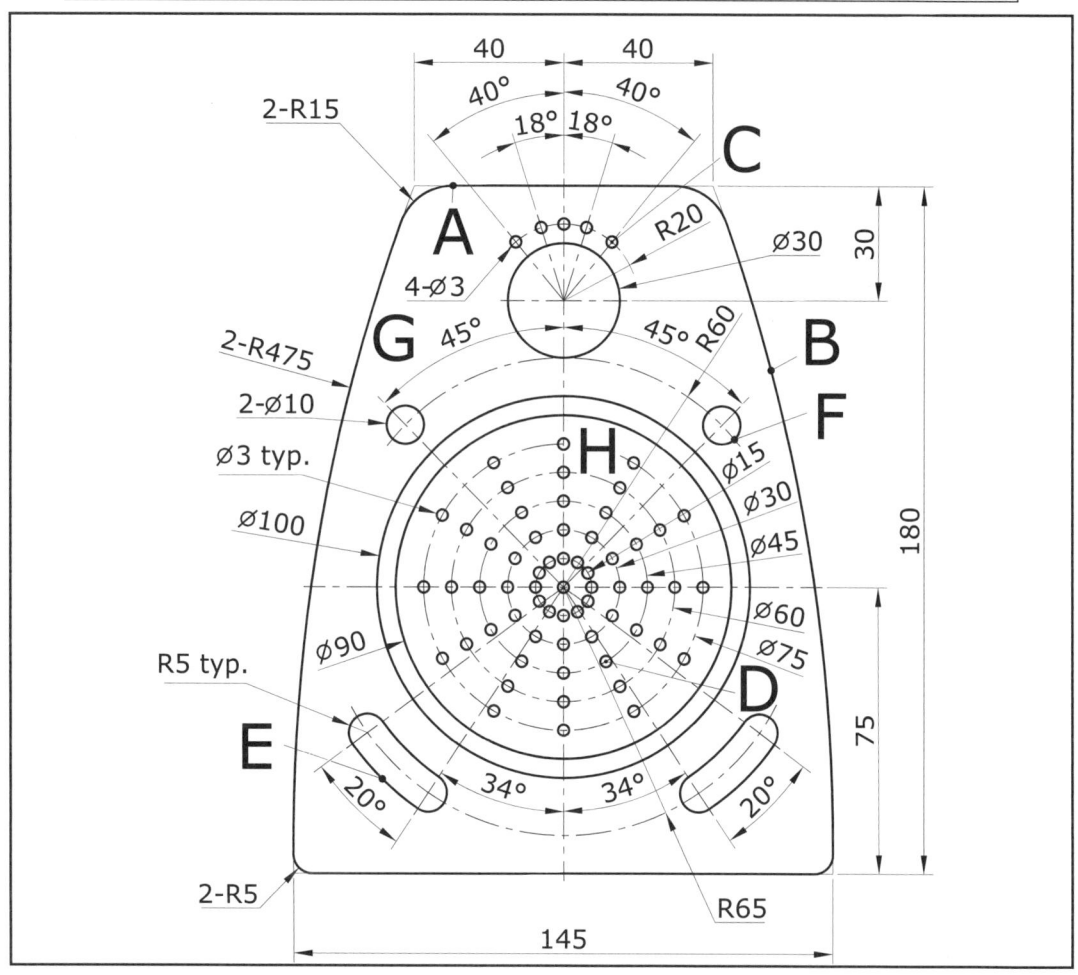

1. 端點 A 至弧 B 中心點距離為何？

2. 中心點 C 至中心點 D 距離為何？

3. 中點 E 至交點 F 距離為何？

4. G 區域扣除內孔的面積為何？

5. H 區域扣除內孔的面積為何？

答案：❶410.9202 ❷109.8182 ❸129.8359 ❹13007.6383 ❺5930.5415

4-1-6 第六類：建築與室內設計應用

本書範例題目內容為認證題型與命題方向之示範，正式測驗試題不以範例題目為限。

601. 試繪出下圖並回答下列五個問題 ……………… ☐易 ☐中 ☑難

完成結果請依下表之資訊，儲存於指定路徑及檔名：

路徑	檔名
C:\ANS.CSF\ED06	**ATA06.dwg**

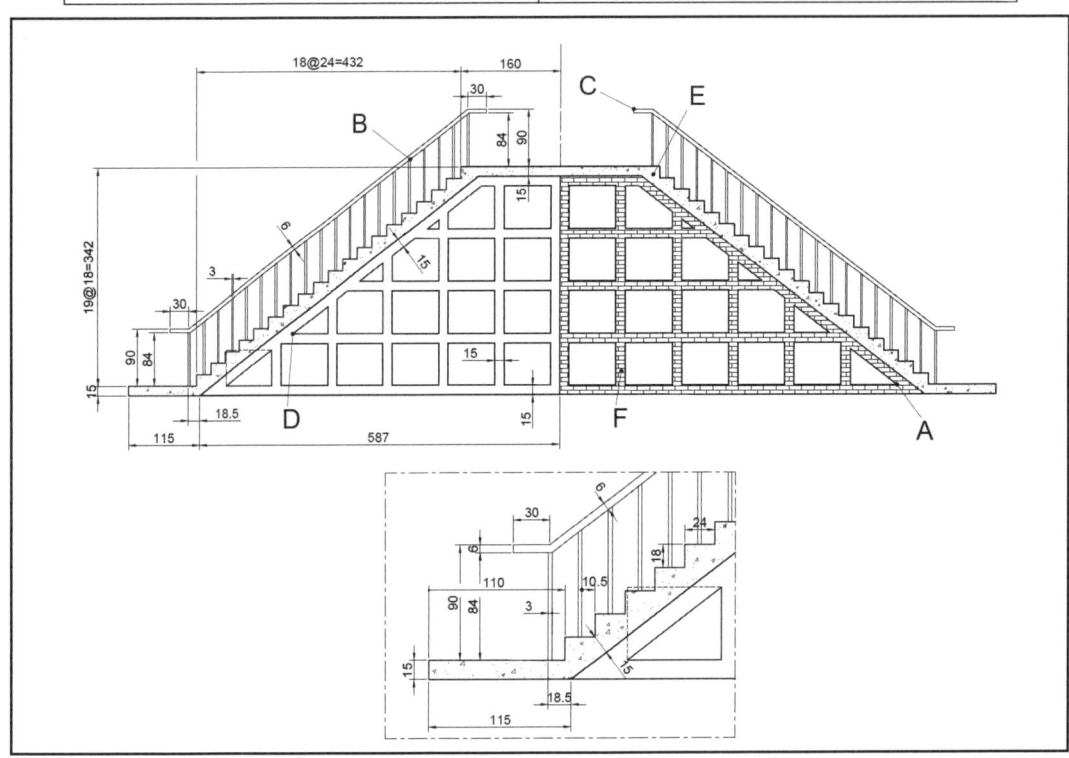

1. 交點 A 至交點 B 距離為何？

2. 交點 C 至交點 D 距離為何？

3. 剖面區域 E 面積為何？

4. 剖面區域 F 面積為何？

5. 圖形最外圍面積為何？

答案：❶860.6720 ❷653.3202 ❸32688.0000 ❹50084.3333 ❺361890.0000

602. 試繪出下圖並回答下列五個問題 ……………… □易 □中 ☑難

完成結果請依下表之資訊，儲存於指定路徑及檔名：

路徑	檔名
C:\ANS.CSF\ED06	**ATA06.dwg**

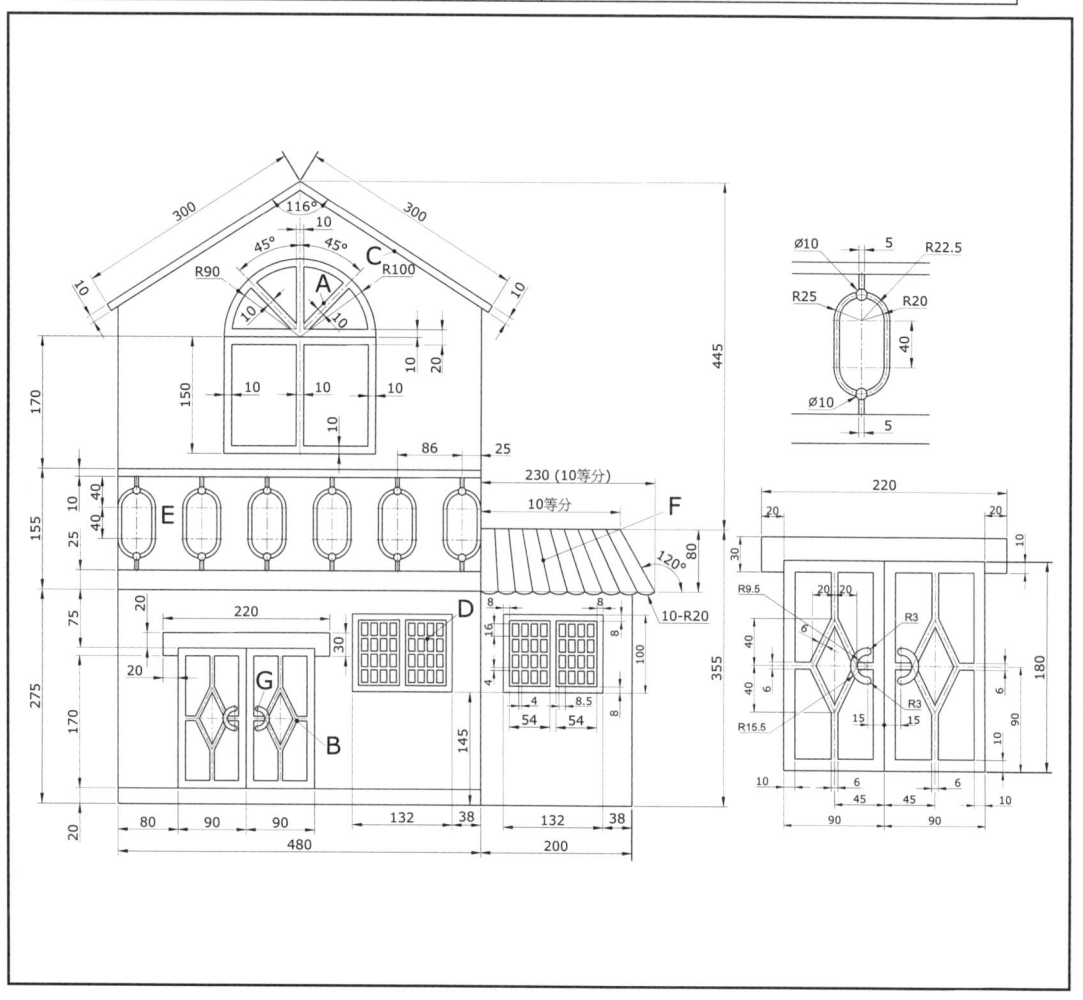

1. 中點 A 至交點 B 距離為何？
2. 中點 C 至交點 D 距離為何？
3. 區域 E 面積為何？
4. 中點 F 至中心點 G 距離為何？
5. 圖形最外圍面積為何？

答案：❶537.3259 ❷499.3576 ❸6196.2817 ❹423.9819 ❺419907.1598

603. 試繪出下圖並回答下列五個問題 ☐易 ☐中 ☑難

完成結果請依下表之資訊，儲存於指定路徑及檔名：

路徑	檔名
C:\ANS.CSF\ED06	**ATA06.dwg**

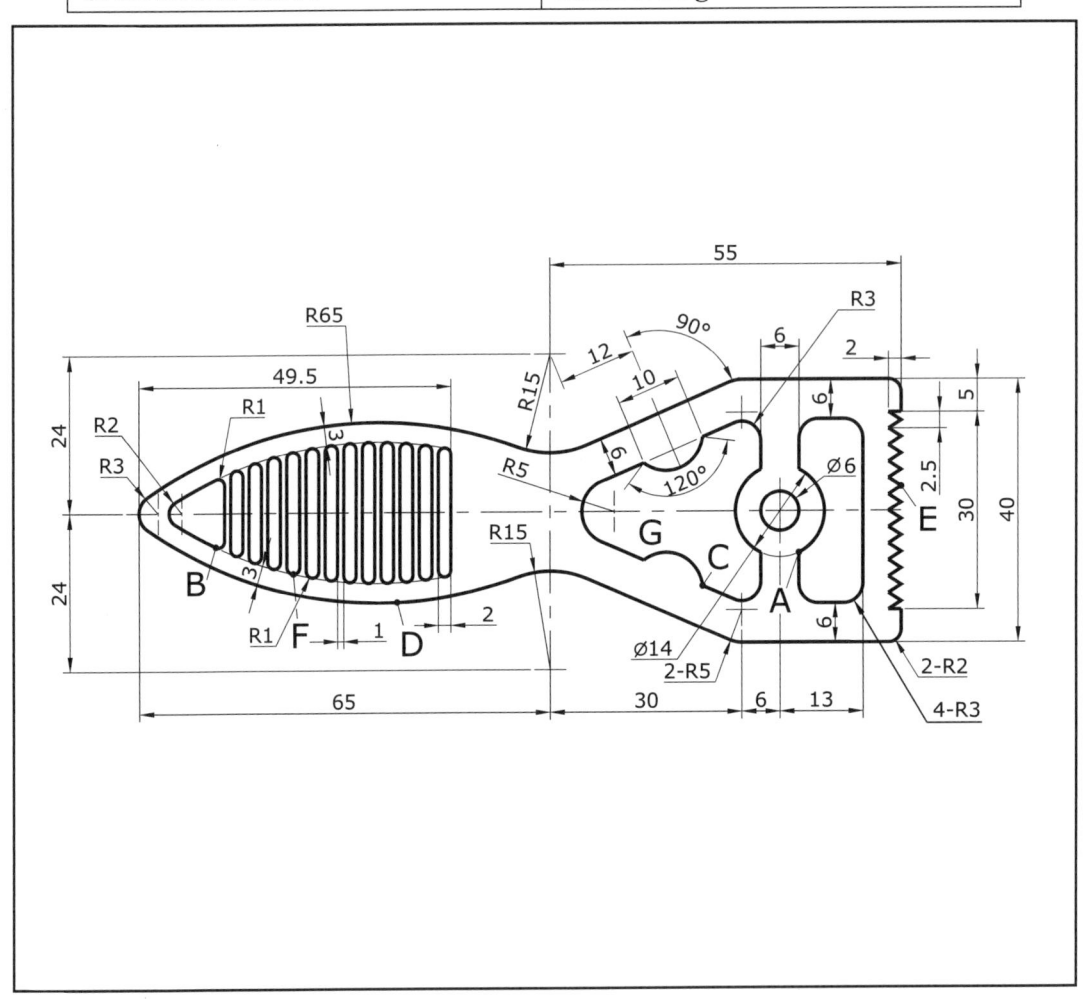

1. 交點 A 至端點 B 距離為何？
2. 交點 C 至弧 D 中心點距離為何？
3. 區域 G 面積為何？
4. 交點 E 至四分點 F 距離為何？
5. 圖形扣除內孔面積為何？

答案：❶91.9239 ❷80.7035 ❸427.3399 ❹96.3813 ❺2004.9858

604. 試繪出下圖並回答下列五個問題 ……………… □易 □中 ☑難

完成結果請依下表之資訊，儲存於指定路徑及檔名：

路徑	檔名
C:\ANS.CSF\ED06	**ATA06.dwg**

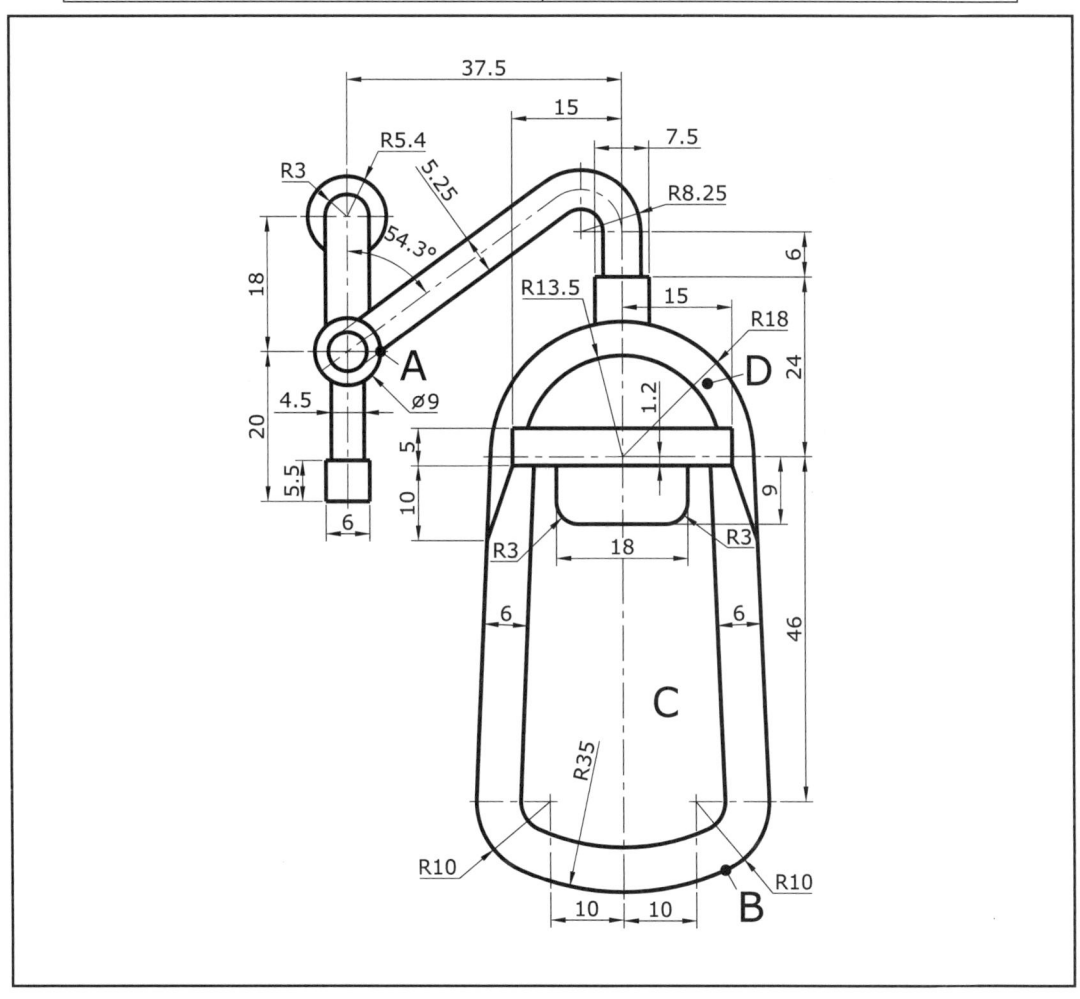

1. 圖形最大高度為何？
2. 交點 A 至交點 B 距離為何？
3. C 區域周長為何？
4. D 區域周長為何？
5. 圖形所圍成最外圍面積為何？

答案：❶96.3371 ❷83.6423 ❸159.9772 ❹148.9607 ❺3239.1103

605. 試繪出下圖並回答下列五個問題 ☐易 ☐中 ☑難

完成結果請依下表之資訊,儲存於指定路徑及檔名:

路徑	檔名
C:\ANS.CSF\ED06	**ATA06.dwg**

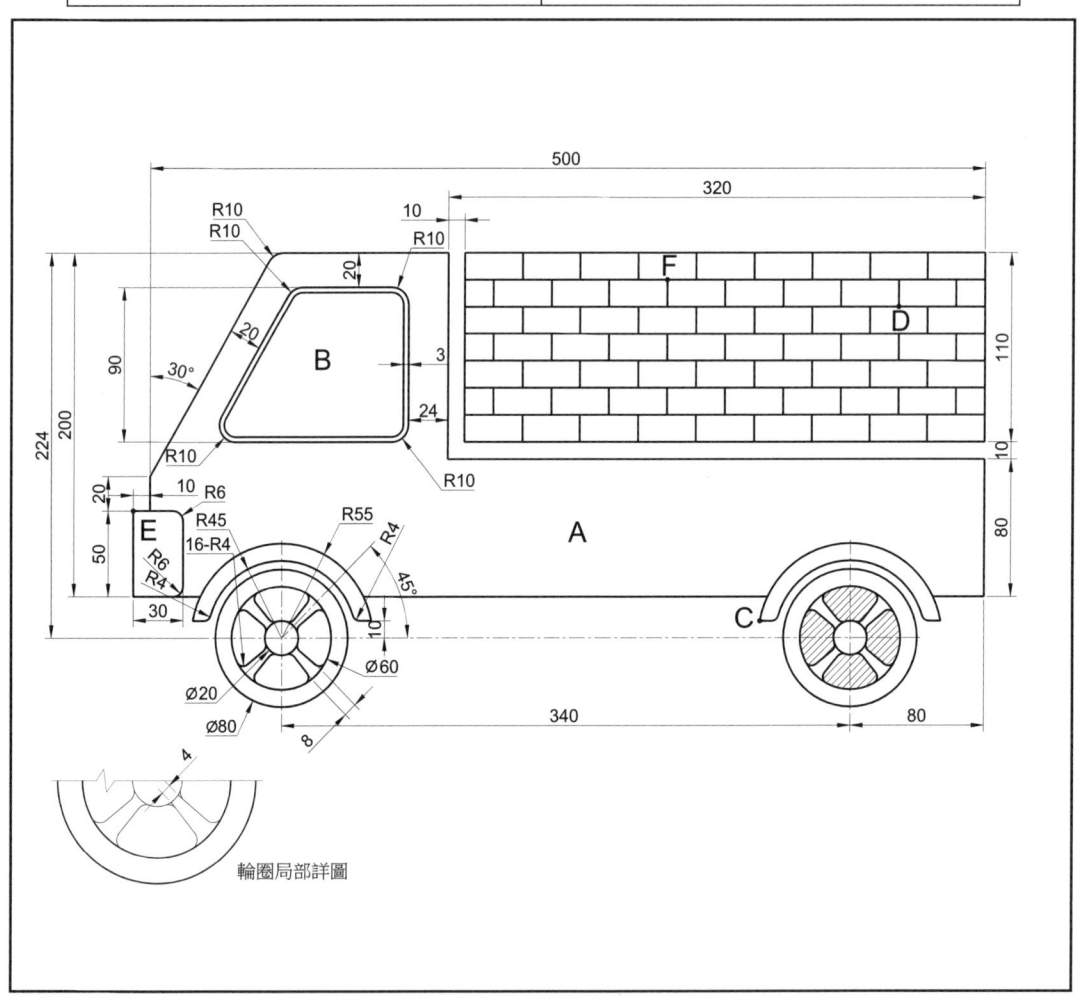

輪圈局部詳圖

1. 區域 A 淨面積為何?
2. 區域 B 周長為何?
3. 交點 C 至交點 D 距離為何?
4. 交點 E 至交點 F 距離為何?
5. 斜線區域面積為何?

答案:❶42868.1806 ❷342.4738 ❸200.3118 ❹347.5464 ❺1980.1461

606. 試繪出下圖並回答下列五個問題 .... □易 □中 ☑難

完成結果請依下表之資訊,儲存於指定路徑及檔名:

路徑	檔名
C:\ANS.CSF\ED06	**ATA06.dwg**

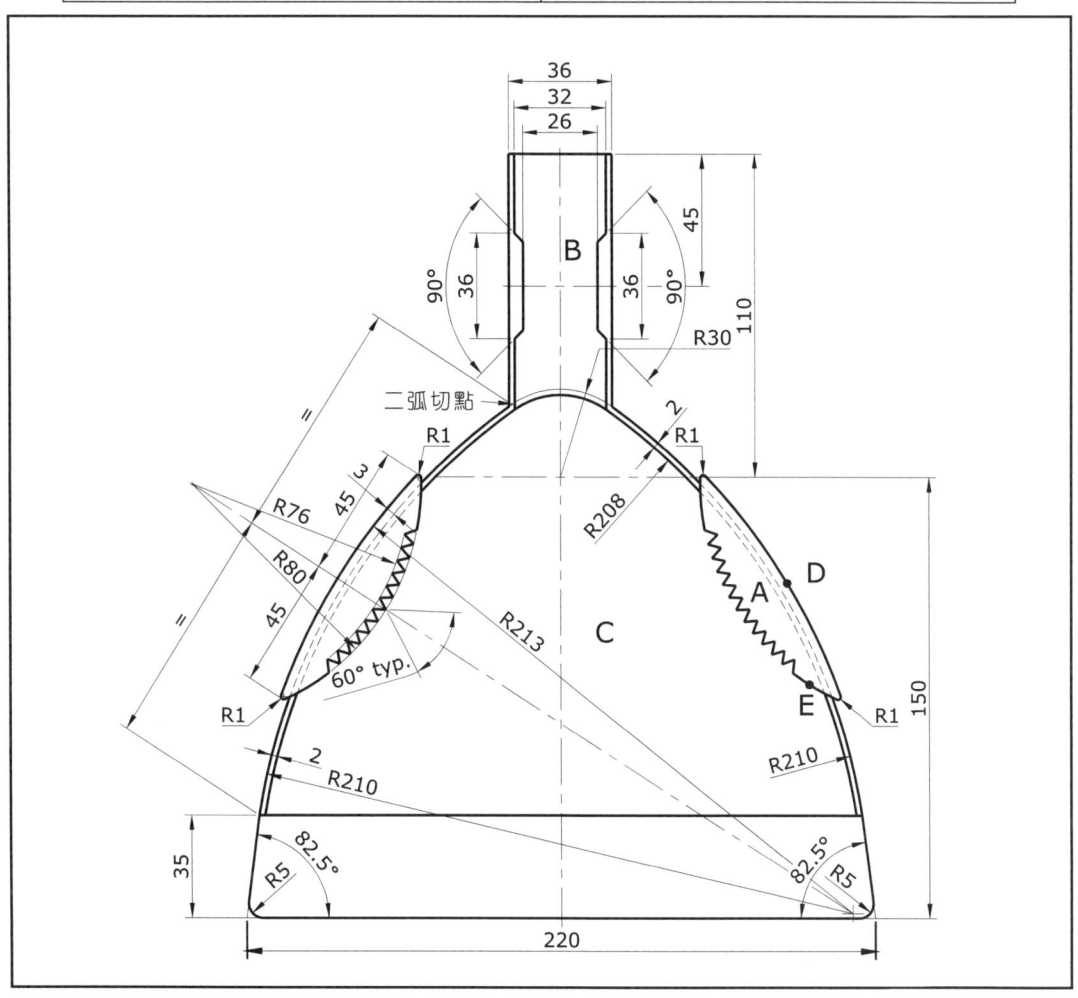

1. 區域 A 周長為何?
2. 區域 B 面積為何?
3. 區域 C 周長為何?
4. 弧 D 中心點至弧 E 中心點距離為何?
5. 圖形最外圍面積為何?

答案:❶241.2301 ❷2477.4834 ❸689.2216 ❹272.9962 ❺32001.0348

607. 試繪出下圖並回答下列五個問題 ……………… ☐易 ☐中 ☑難

完成結果請依下表之資訊，儲存於指定路徑及檔名：

路徑	檔名
C:\ANS.CSF\ED06	**ATA06.dwg**

局部詳圖

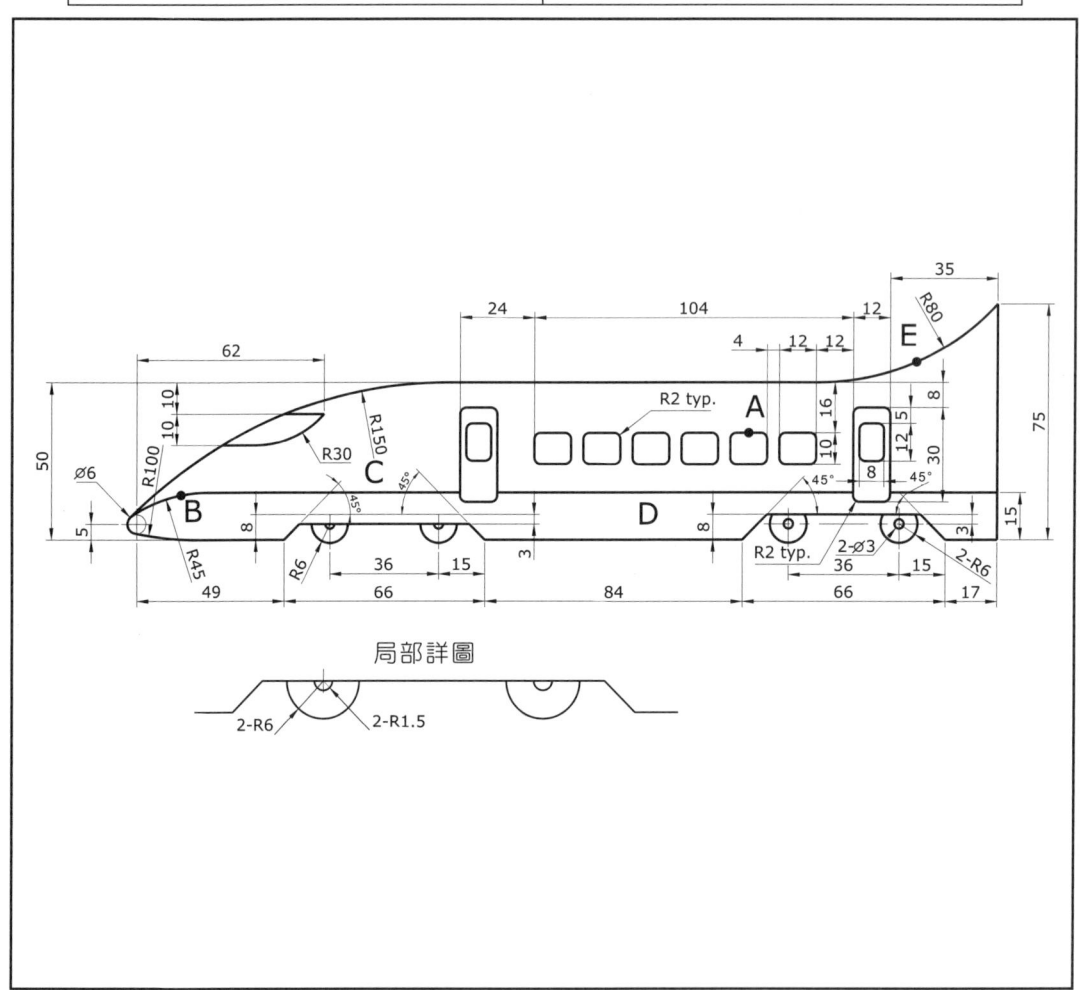

1. 中點 A 至弧 B 中心點距離為何？
2. 區域 C 扣除內孔面積為何？
3. 區域 D 周長為何？
4. 弧 E 夾角為何？
5. 圖形最外圍面積為何？

答案：❶188.9524 ❷7537.1515 ❸609.2789 ❹46.5675 ❺12763.5388

608. 試繪出下圖並回答下列五個問題 ....□易□中☑難

完成結果請依下表之資訊，儲存於指定路徑及檔名：

路徑	檔名
C:\ANS.CSF\ED06	**ATA06.dwg**

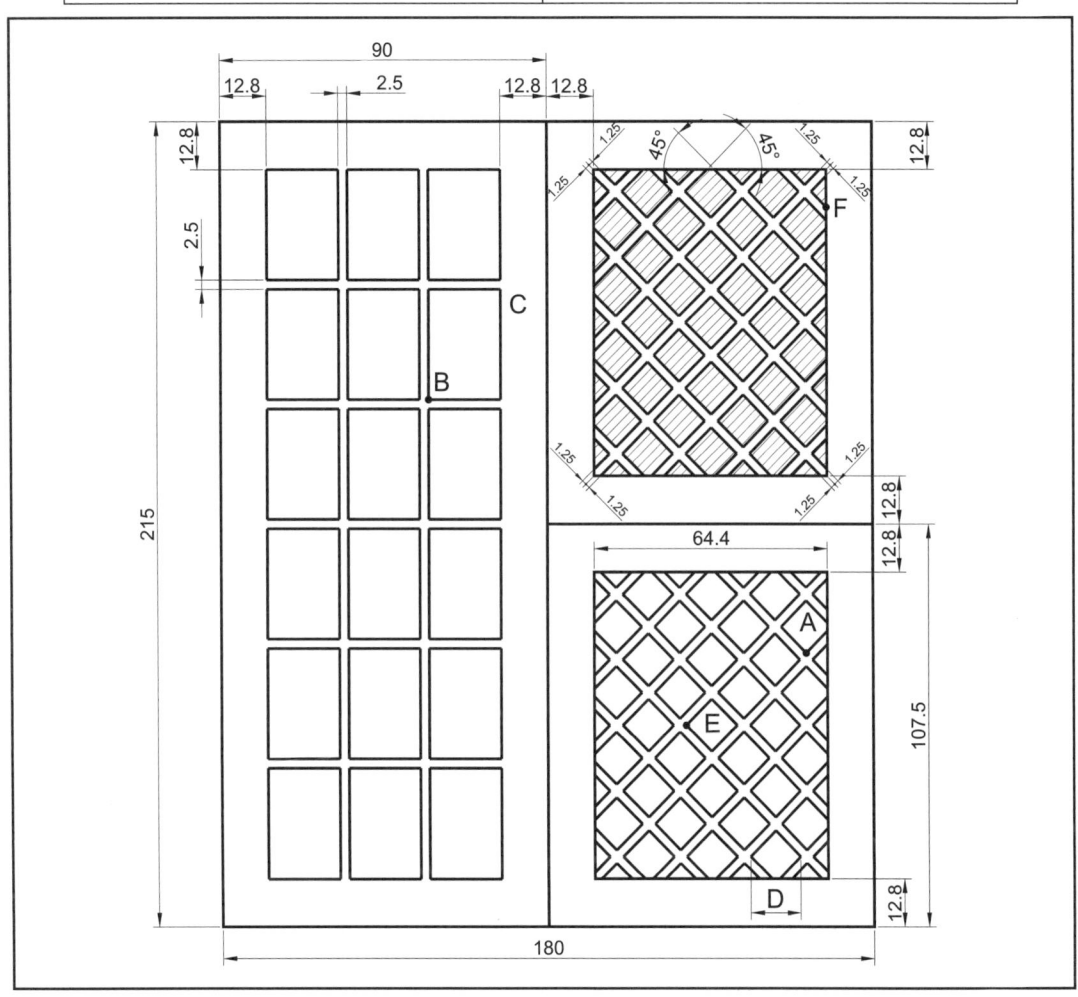

1. 交點 A 至交點 B 距離為何？
2. 斜線區域面積為何？
3. 區域 C 扣除內孔面積為何？
4. 尺寸 D 為何？
5. 交點 E 至交點 F 距離為何？

答案：❶123.9767 ❷3322.5201 ❸8842.1400 ❹13.9645 ❺143.7604

609. 試繪出下圖並回答下列五個問題　　　　　　□易 □中 ☑難

完成結果請依下表之資訊，儲存於指定路徑及檔名：

路徑	檔名
C:\ANS.CSF\ED06	**ATA06.dwg**

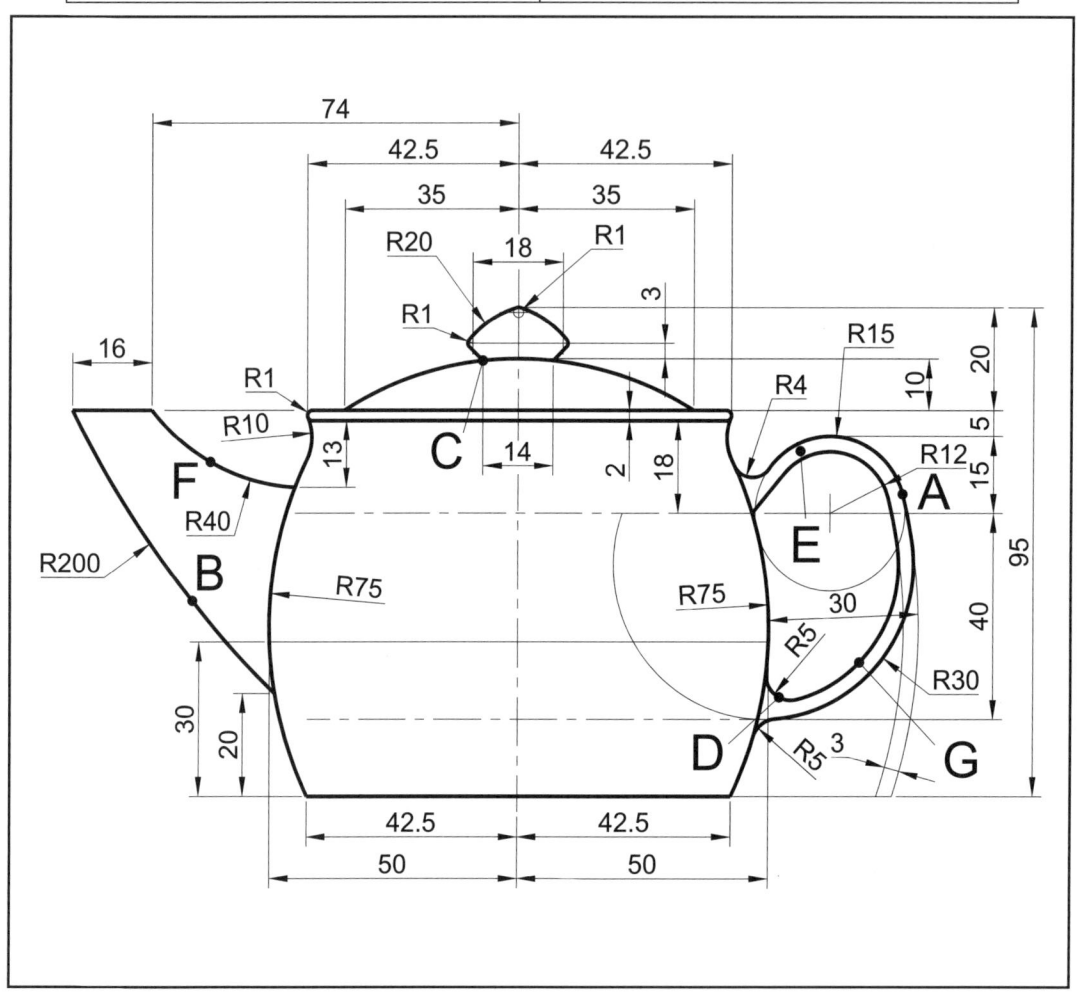

1. 端點 A 至弧 B 中心點距離為何？
2. 交點 C 至弧 D 中心點距離為何？
3. 區域 E 的周長為何？
4. 弧 F 至弧 G 中心點的距離為何？
5. 圖形最外圍扣除把手孔面積為何？

答案：❶107.2803 ❷86.5992 ❸225.0539 ❹106.9654 ❺9002.7438

610. 試繪出下圖並回答下列五個問題 □易 □中 ☑難

完成結果請依下表之資訊，儲存於指定路徑及檔名：

路徑	檔名
C:\ANS.CSF\ED06	**ATA06.dwg**

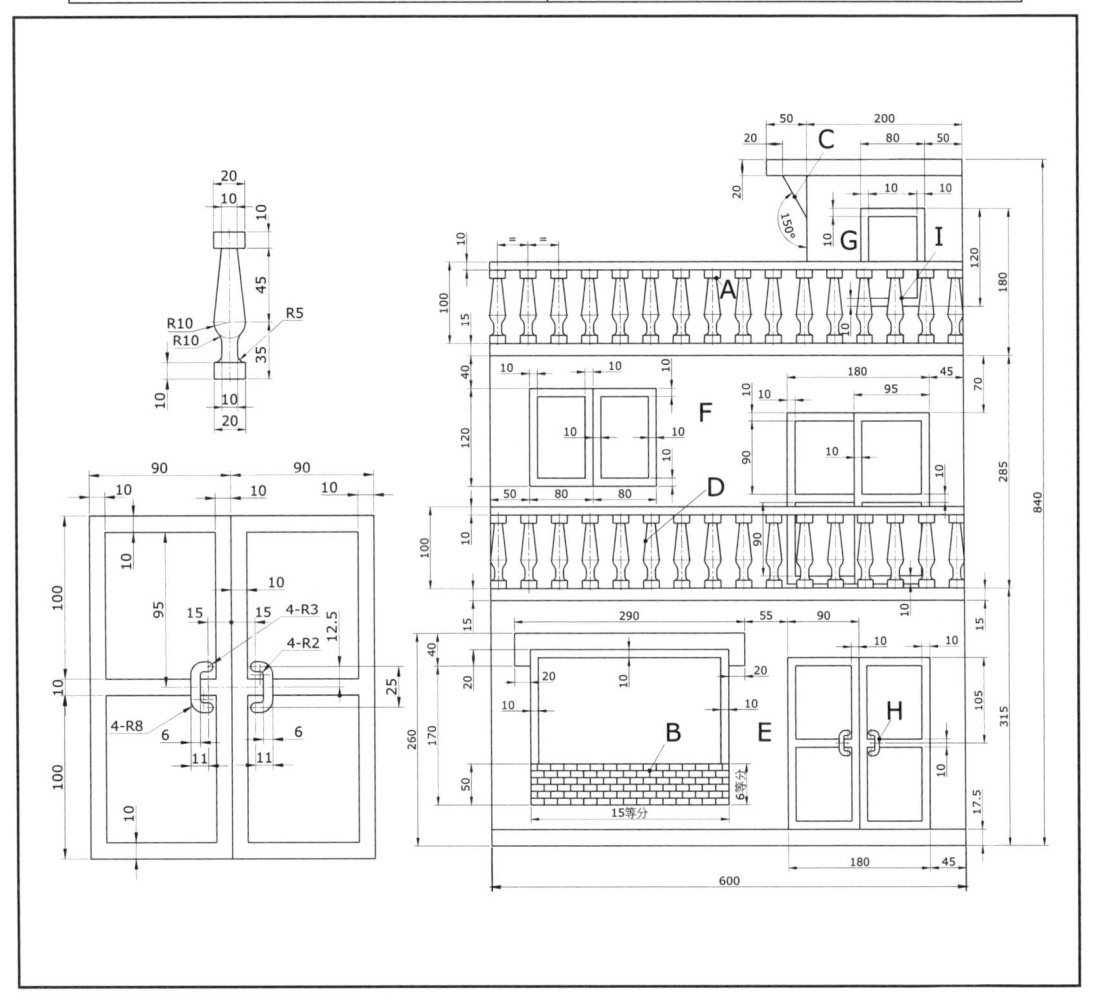

1. 交點 A 至交點 B 距離為何？
2. 中點 C 至中點 D 距離為何？
3. 區域 E+F+G 扣除內孔面積為何？
4. 交點 H 至交點 I 距離為何？
5. 圖形最外圍面積為何？

答案：❶609.3848 ❷461.4972 ❸164500.0000 ❹543.3004 ❺455581.7559

4-2 自主練習題

本書新增了自主練習題，旨在為讀者提供更多練習機會，以加強軟體的熟悉度。請注意，這些額外題目僅供學習與練習之用，不會出現在認證考試中。

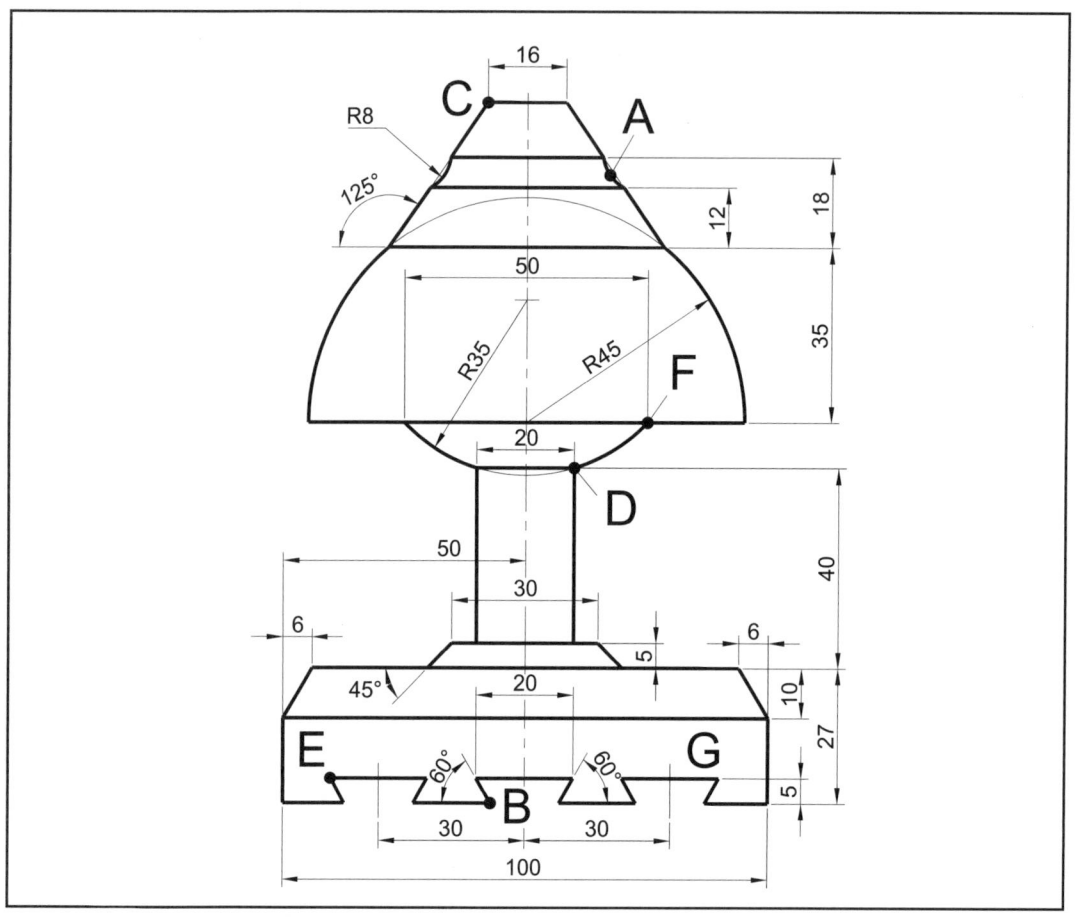

01. 試繪出下圖並回答下列五個問題 ☑易 □中 □難

1. 交點 A 至交點 B 距離為何？
2. 交點 C 至交點 D 距離為何？
3. 交點 E 至交點 F 距離為何？
4. G 區域周長為何？
5. 圖形最外圍面積為何？

答案：❶127.8422 ❷75.2011 ❸96.2941 ❹285.9615 ❺7437.8277

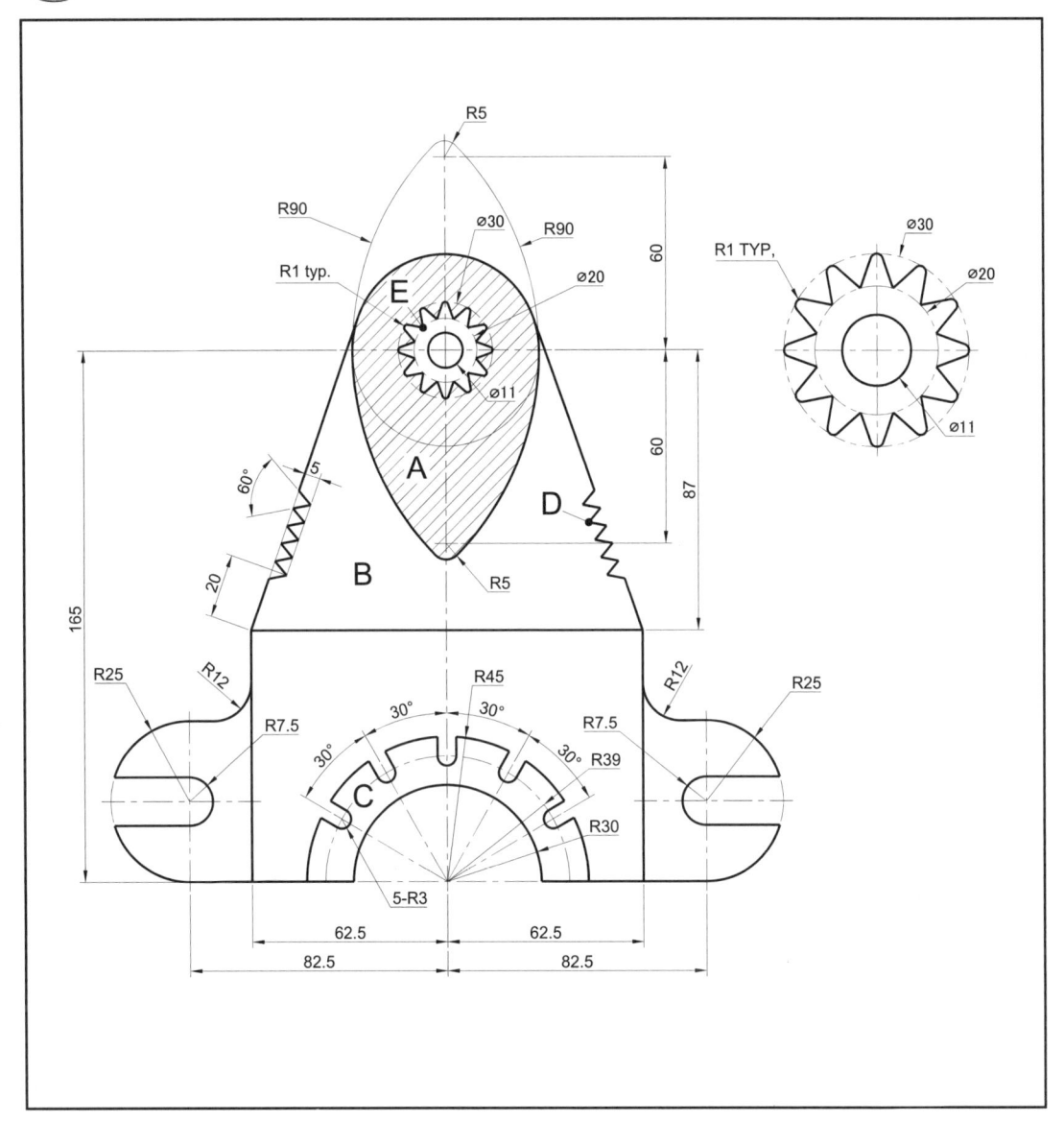

02. 試繪出下圖並回答下列五個問題 ☑易 □中 □難

1. 斜線 A 區域面積為何？
2. B 區域周長為何？
3. C 區域面積為何？
4. 交點 D 至交點 E 距離為何？
5. 圖形最外圍面積為何？

答案：❶3640.0445 ❷557.7857 ❸1517.4607 ❹80.0760 ❺20896.3378

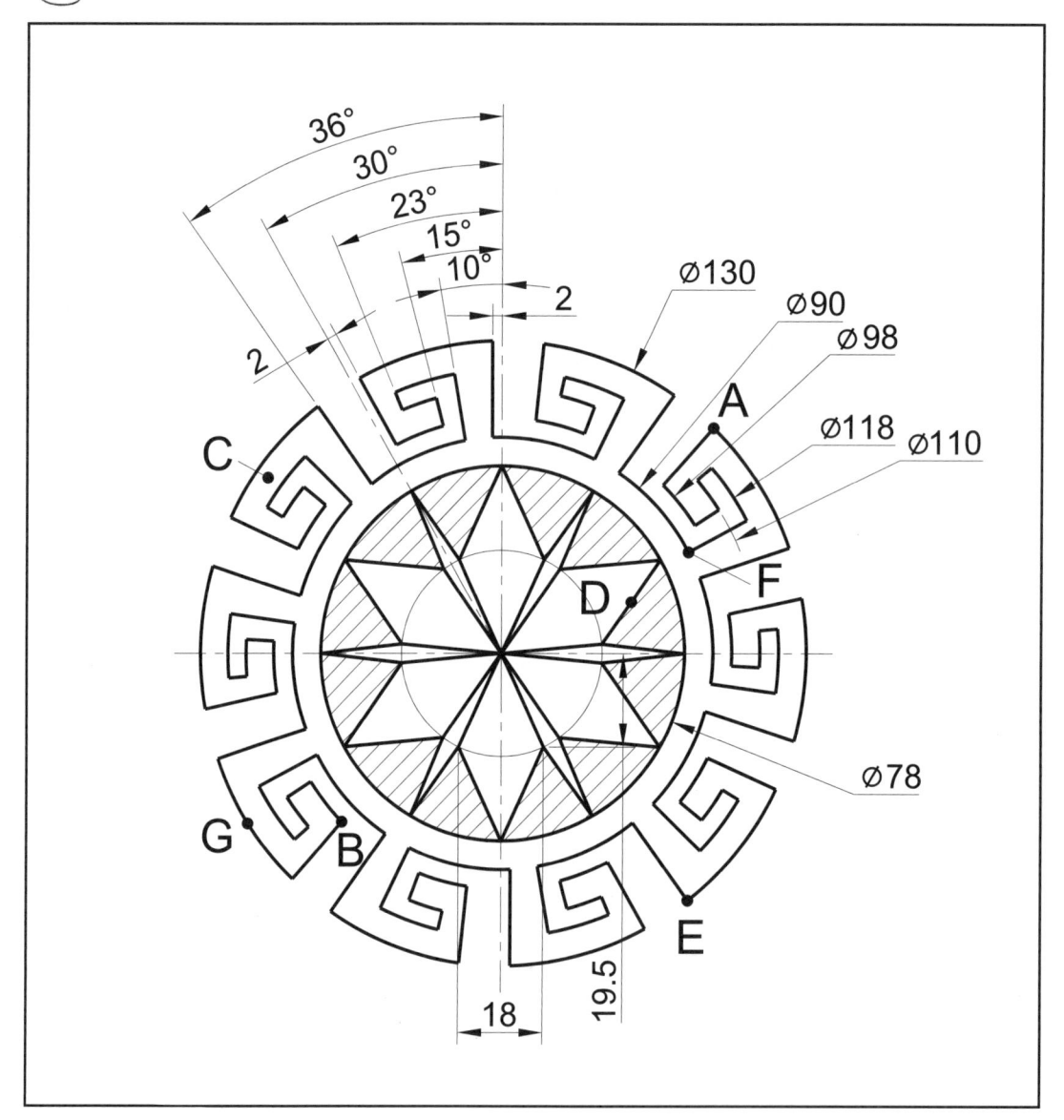

03. 試繪出下圖並回答下列五個問題 ☑易 □中 □難

1. 交點 A 至交點 B 距離為何？
2. C 區域的面積為何？
3. 斜線區域的面積為何？
4. 中點 D 至交點 E 距離為何？
5. 交點 F 至中點 G 角度為何？

答案：❶113.9986 ❷5176.9602 ❸2214.7119 ❹63.3051 ❺210.9548

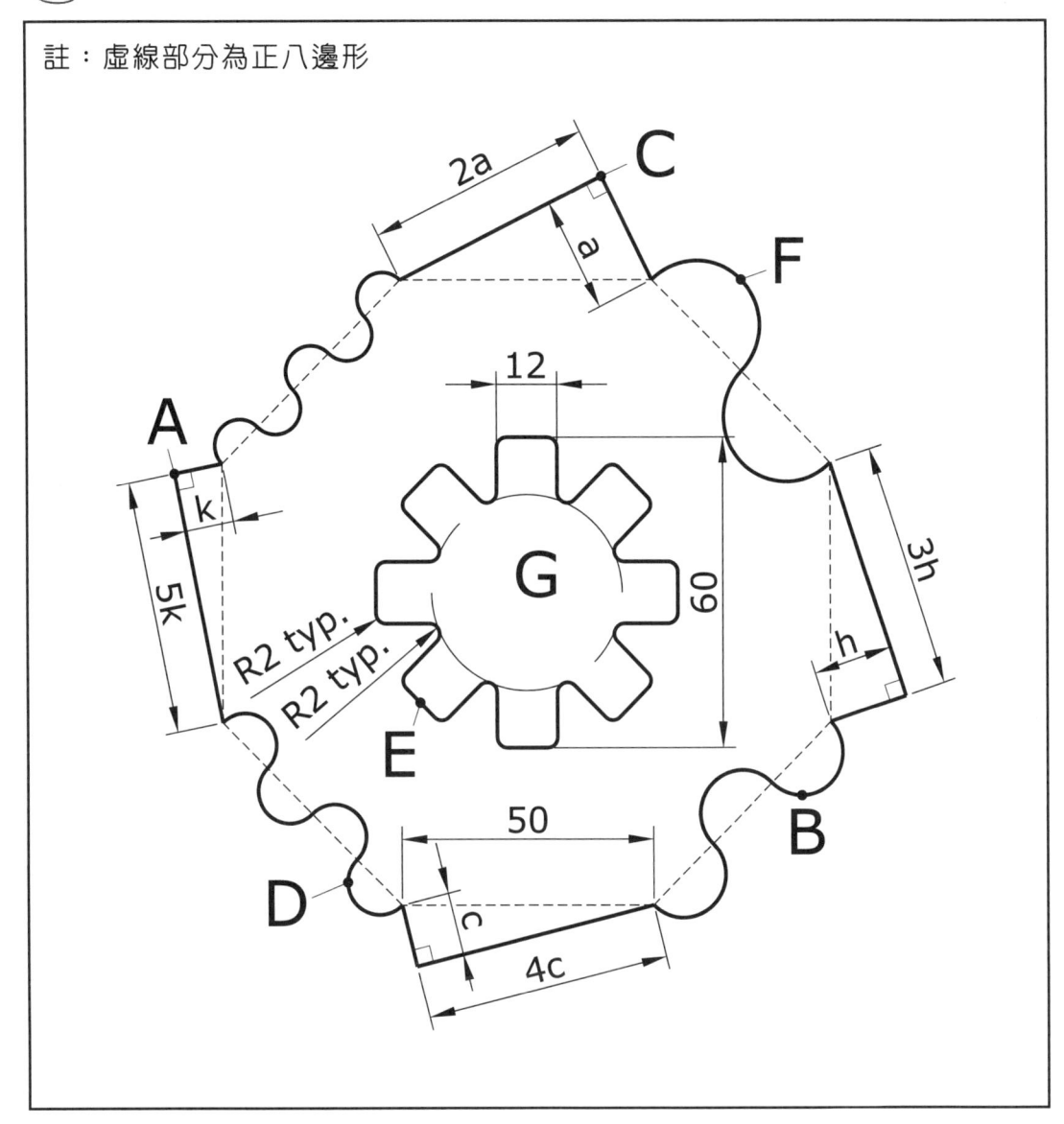

04. 試繪出下圖並回答下列五個問題　　　　　　　　　☑易 ☐中 ☐難

註：虛線部分為正八邊形

1. 交點 A 至四分點 B 距離為何？
2. 交點 C 至四分點 D 距離為何？
3. 中點 E 至中點 F 距離為何？
4. 區域 G 周長為何？
5. 圖形最外圍扣除內孔面積為何？

答案：❶139.1594　❷145.4053　❸103.6121　❹290.9453　❺11418.3954

05. 試繪出下圖並回答下列五個問題　　　☑易 □中 □難

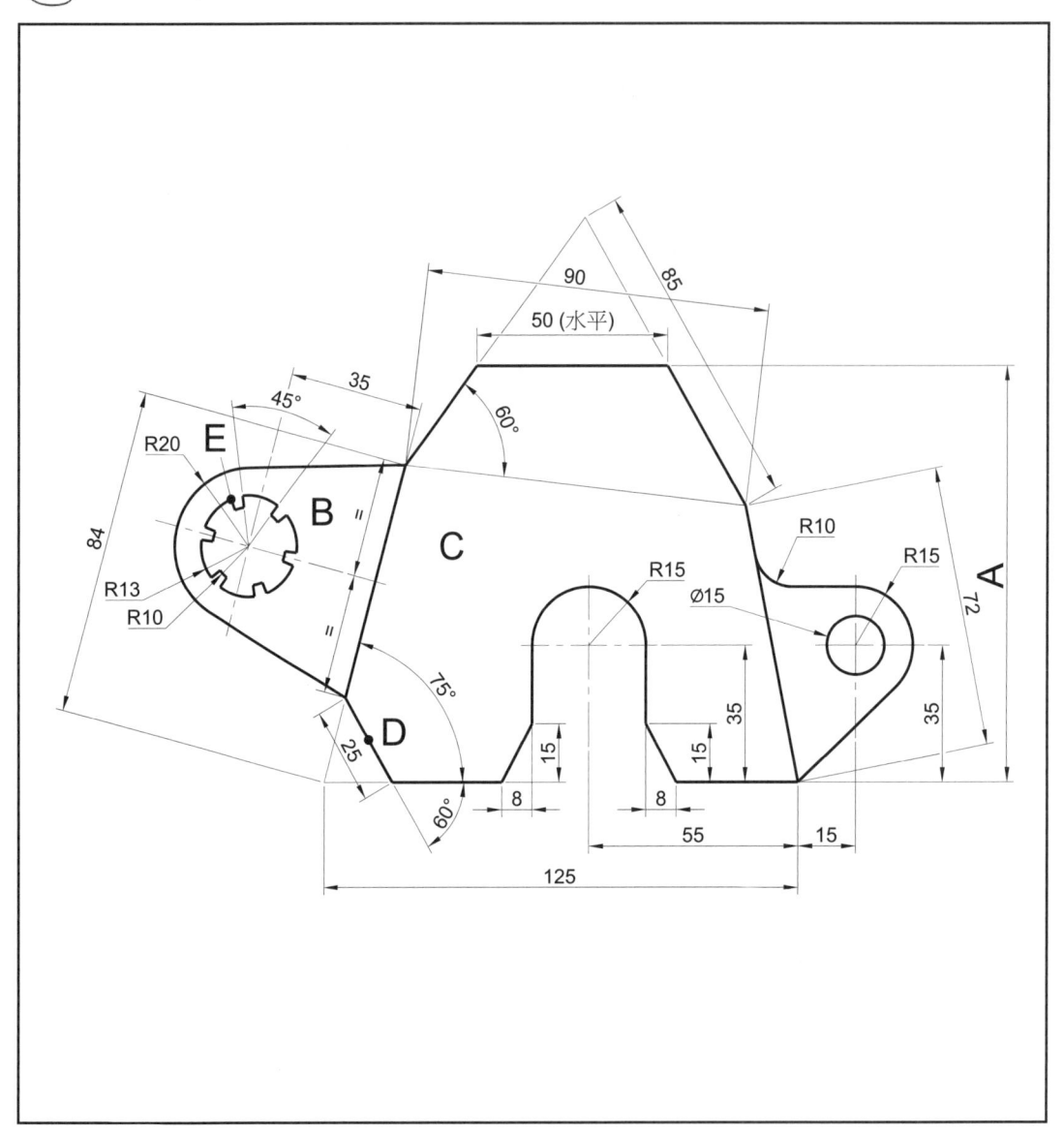

1. A 垂直距離為何？
2. B 區域扣除內孔的面積為何？
3. C 區域的周長為何？
4. 中點 D 至交點 E 距離為何？
5. 圖形最外圍扣除內孔面積為何？

答案：❶106.4707 ❷1960.2657 ❸463.2769 ❹71.9227 ❺11621.3804

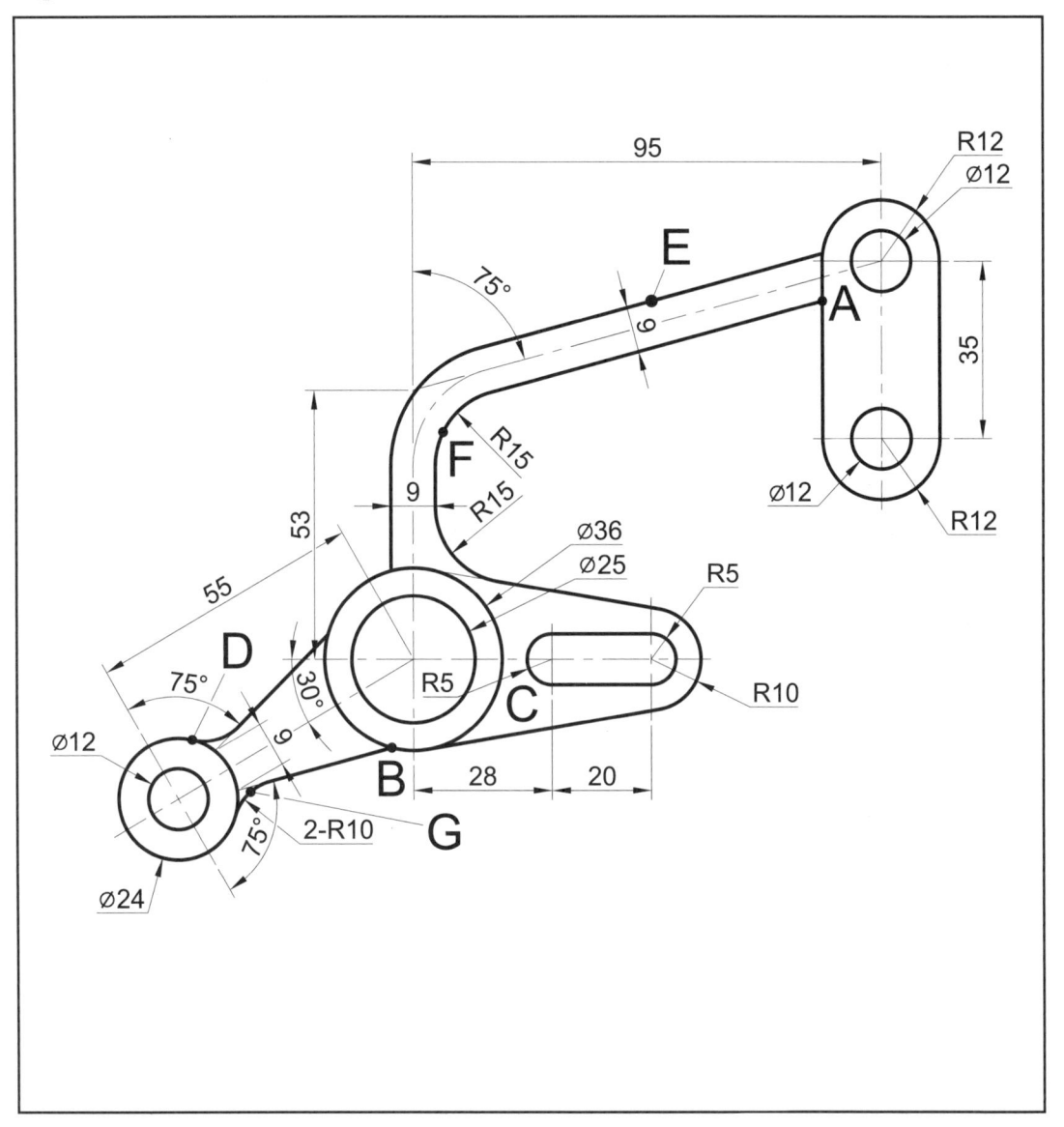

06. 試繪出下圖並回答下列五個問題 .... ☑易☐中☐難

1. 交點 A 至交點 B 距離為何？
2. C 區域扣除內孔的面積為何？
3. 交點 D 至中點 E 距離為何？
4. 弧 F 至弧 G 兩中心點角度為何？
5. 圖形最大外圍面積為何？

答案：❶124.0707 ❷1815.0572 ❸126.9469 ❹237.3211 ❺5312.9216

07. 試繪出下圖並回答下列五個問題 ☑易 □中 □難

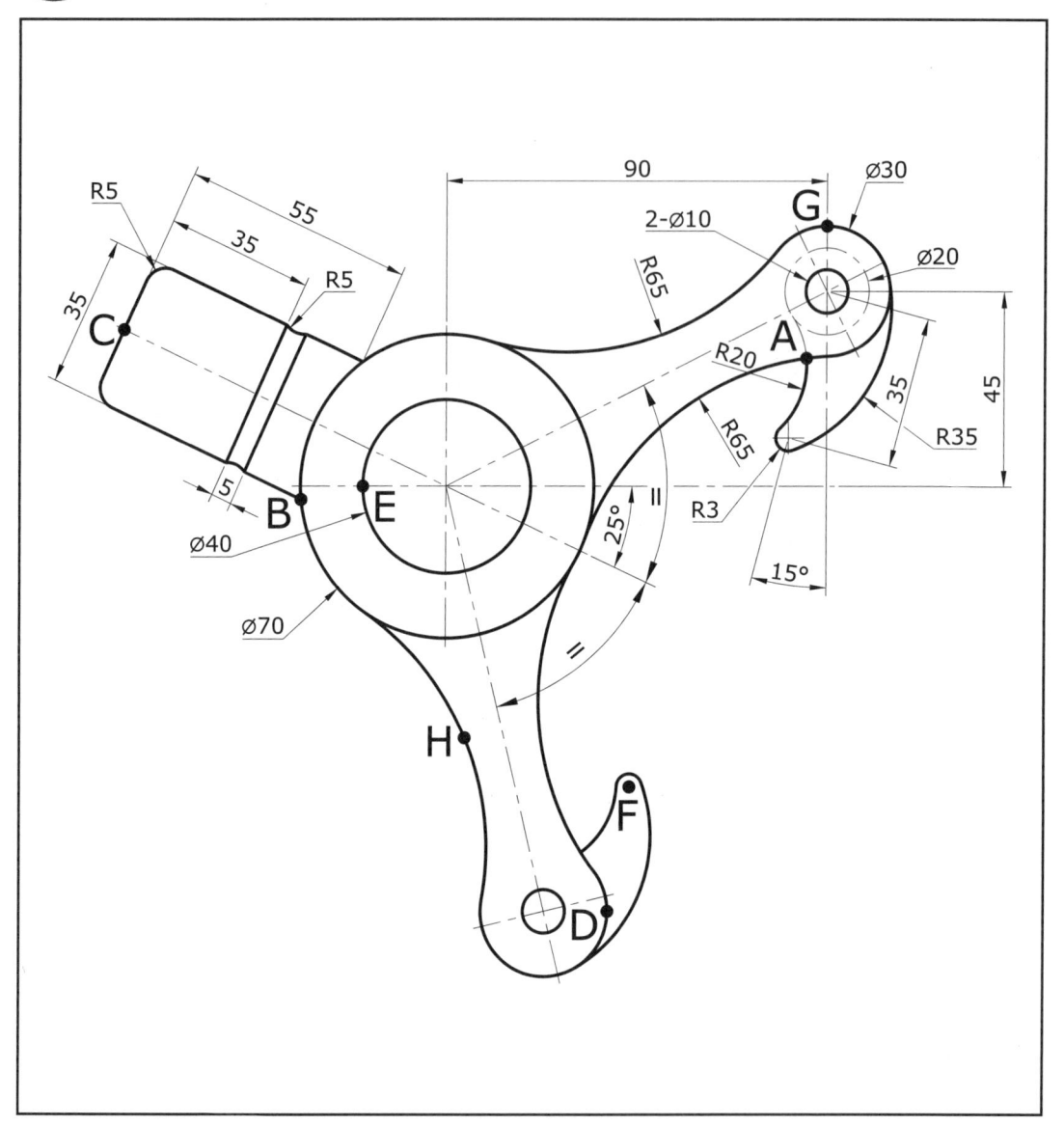

1. 交點 A 至交點 B 距離為何？
2. 中點 C 至四分點 D 間距離為何？
3. 四分點 E 至中心點 F 角度為何？
4. 四分點 G 至弧 H 中心點高度為何？
5. 圖形最外圍面積為何？

答案：❶124.4168 ❷176.9780 ❸312.5201 ❹143.3260 ❺10064.3674

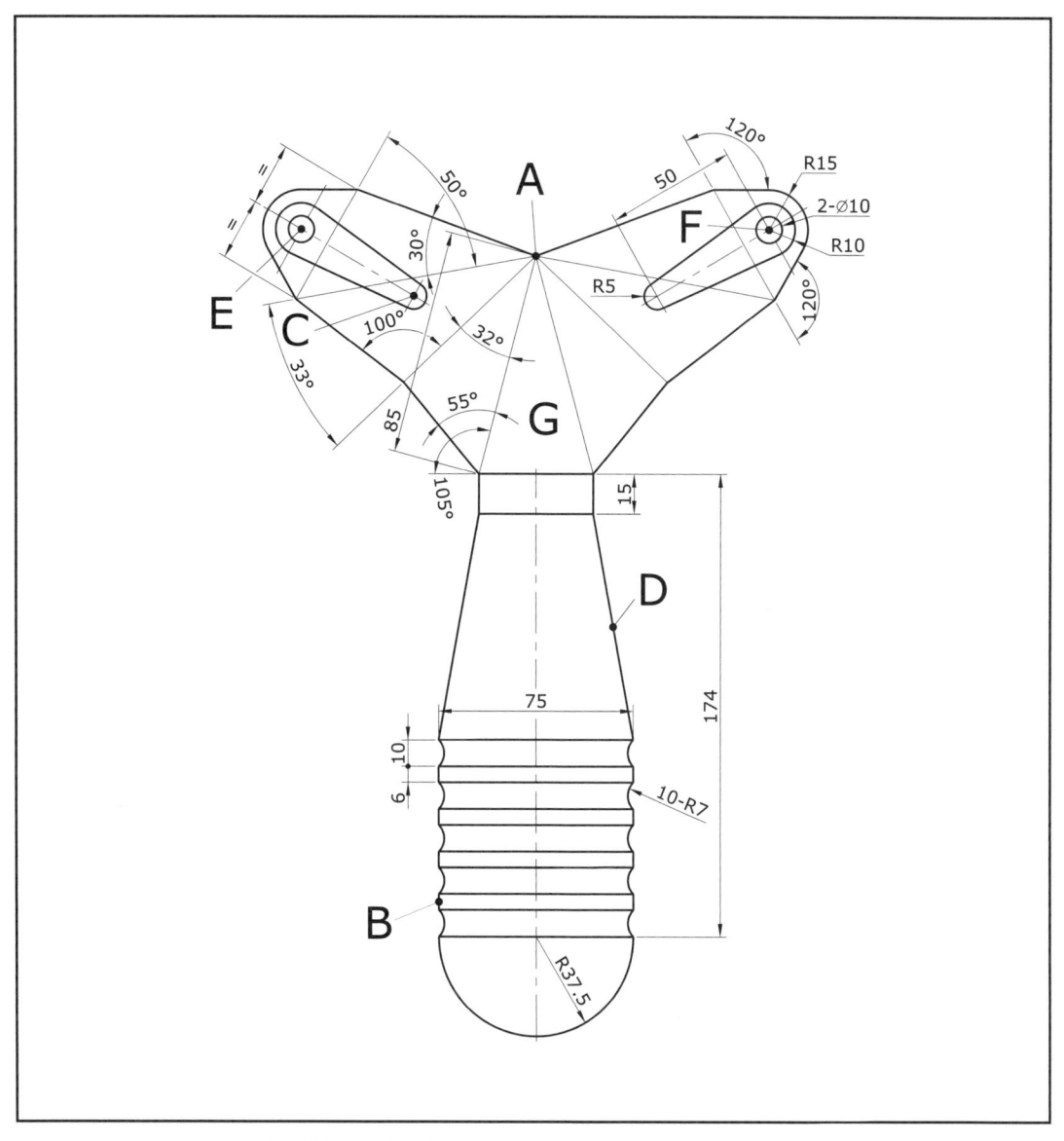

08. 試繪出下圖並回答下列五個問題 ☑易 □中 □難

1. 交點 A 至中點 B 距離為何？
2. 中點 C 至中點 D 距離為何？
3. 中心點 E 至中心點 F 距離為何？
4. G 區域面積為何？
5. 圖形所圍成的面積為何？

答案：❶245.979 ❷146.3316 ❸180.6261 ❹11699.7475 ❺26931.4449

09. 試繪出下圖並回答下列五個問題 ☐易 ☑中 ☐難

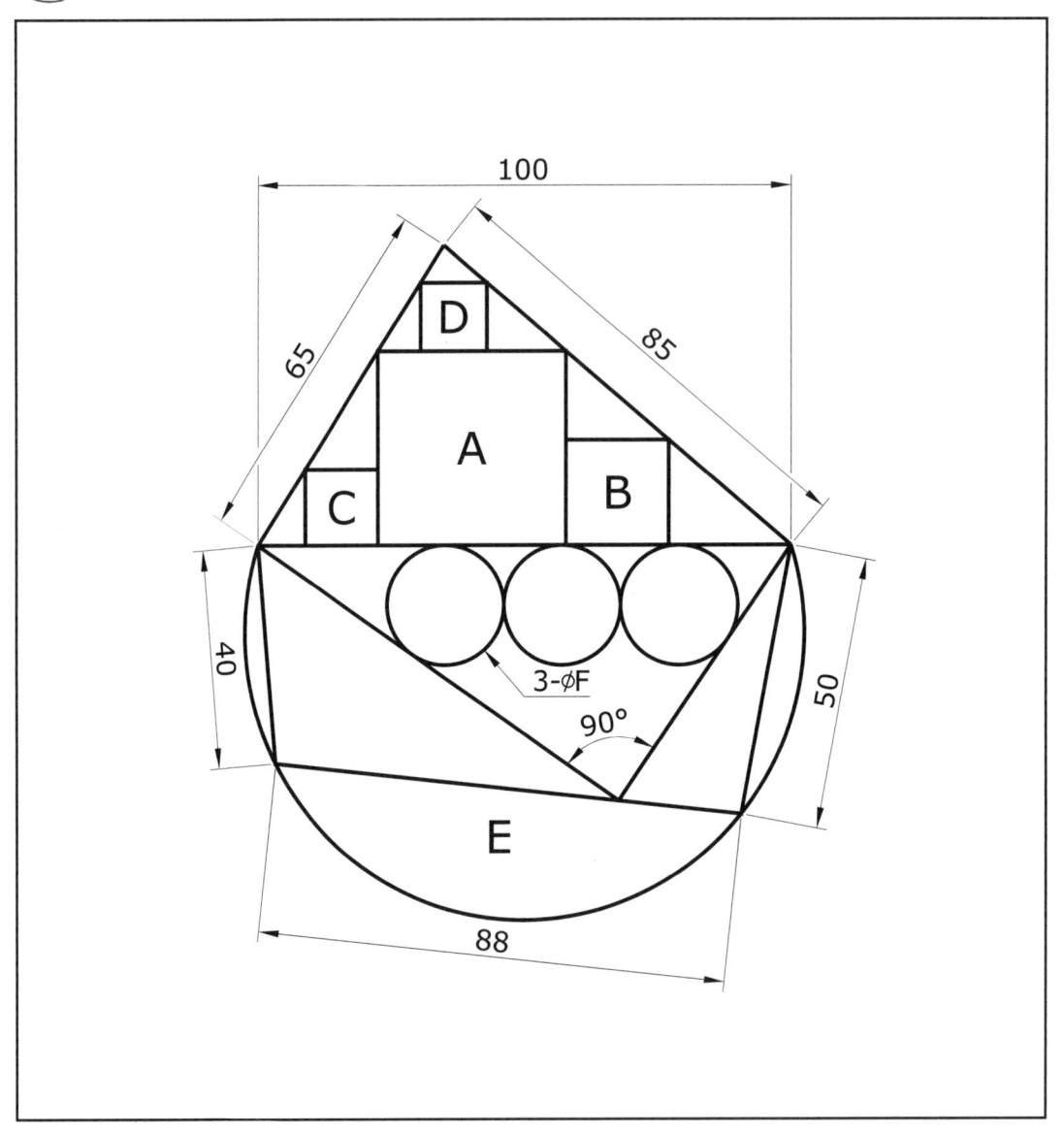

1. 正方形 A 面積為何？

2. 正方形 B+C+D 面積為何？

3. E 區域周長為何？

4. 直徑 F 其值為何？

5. 圖形最大外圍面積為何？

答案：❶1252.3768 ❷716.0592 ❸192.3442 ❹21.934 ❺8723.9192

10. 試繪出下圖並回答下列五個問題 ☐易 ☑中 ☐難

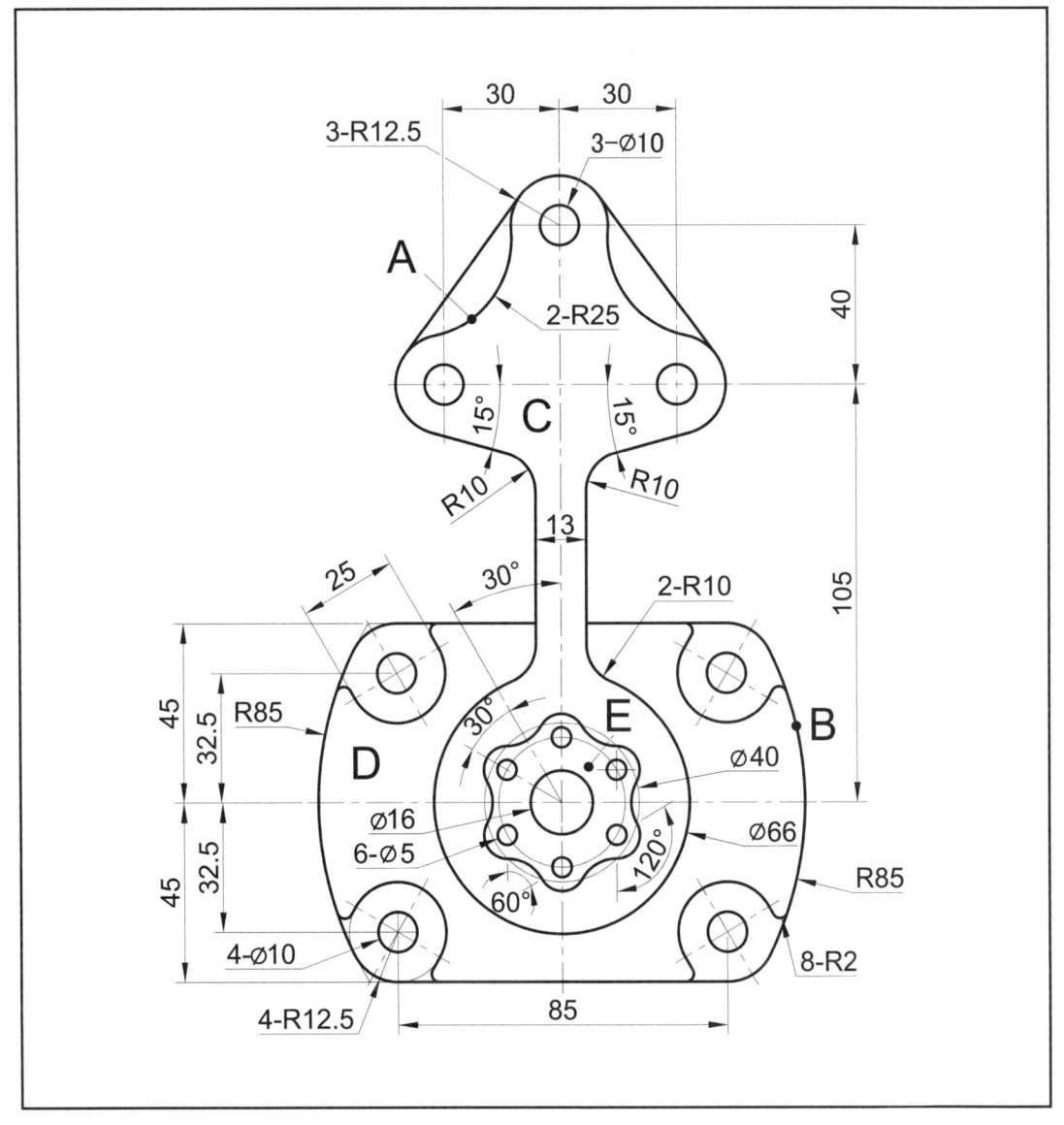

1. 弧 A 中心點至弧 B 中心點距離為何？
2. C 區域扣除內孔面積為何？
3. D 區域面積為何？
4. E 區域扣除內孔面積為何？
5. 圖形最外圍周長為何？

答案：❶142.5675 ❷6053.6047 ❸4852.0097 ❹954.5307 ❺674.7050

11. 試繪出下圖並回答下列五個問題　　　　　　　　　　□易 ☑中 □難

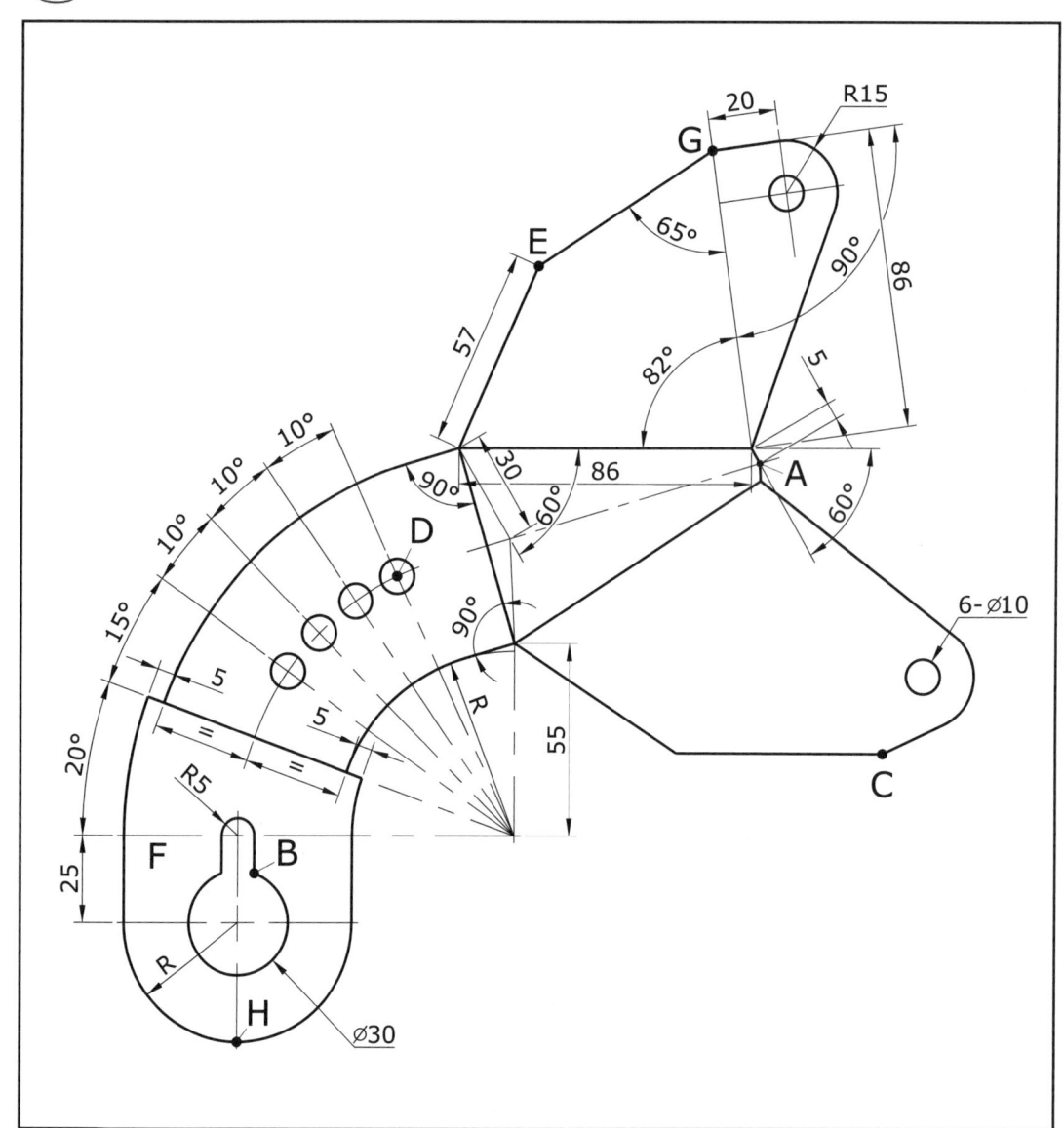

1. 交點 A 至交點 B 距離為何？
2. ∠CDE 角度為何？
3. 區域 F 扣除內孔面積為何？
4. 四分點 H 至交點 G 高度為何？
5. 圖形最外圍扣除內孔面積為何？

答案：❶189.6912 ❷84.5920 ❸4645.7368 ❹255.2678 ❺25138.2070

12. 試繪出下圖並回答下列五個問題 ☐易 ☑中 ☐難

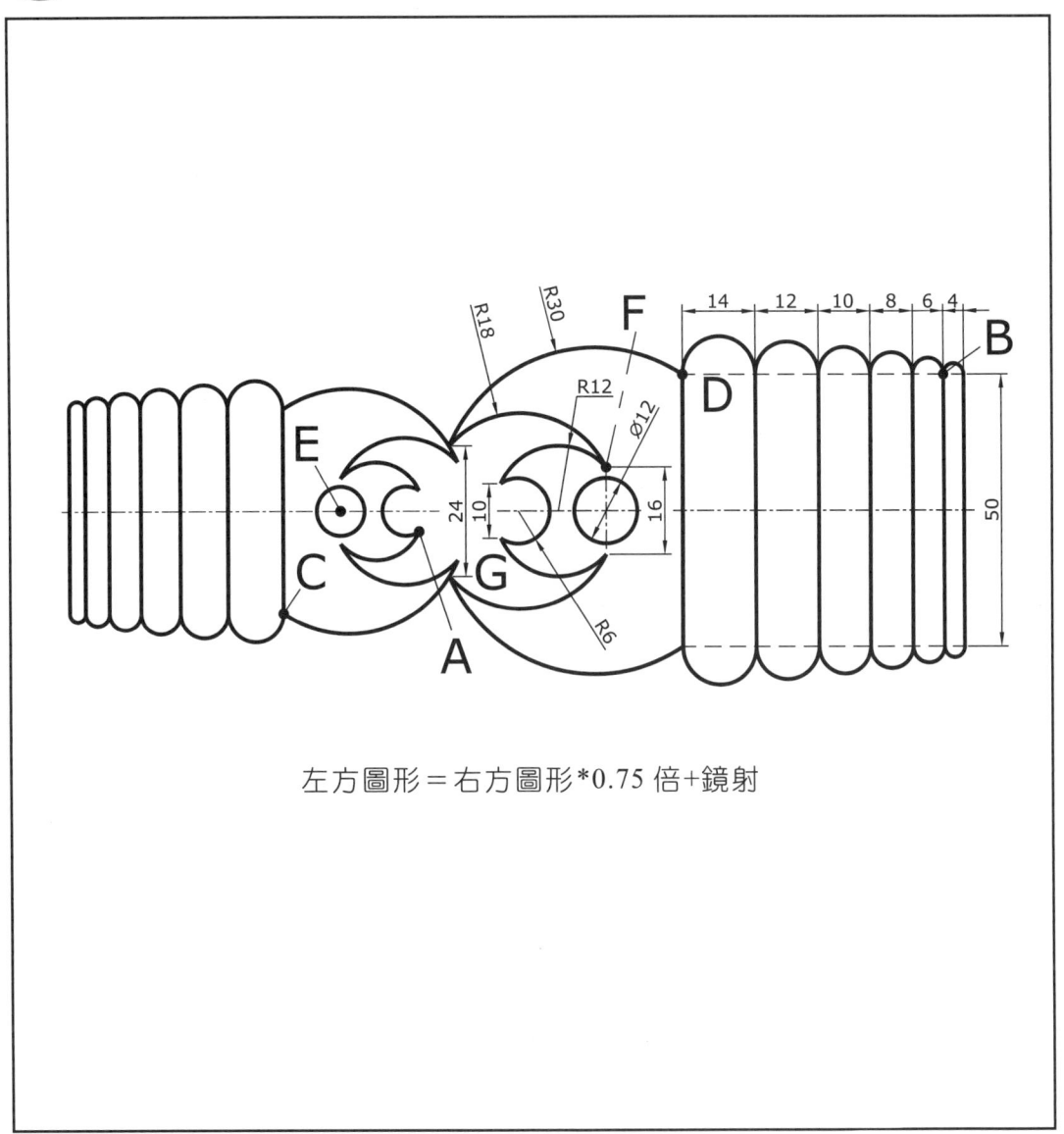

左方圖形＝右方圖形*0.75 倍＋鏡射

1. 交點 A 至交點 B 距離為何？
2. 交點 C 至交點 D 距離為何？
3. 中心點 E 至交點 F 水平距離為何？
4. 區域 G 周長為何？
5. 圖形最外圍面積為何？

答案：❶103.8161 ❷87.3022 ❸50.1079 ❹258.2623 ❺8484.5863

13. 試繪出下圖並回答下列五個問題 ☐易 ☑中 ☐難

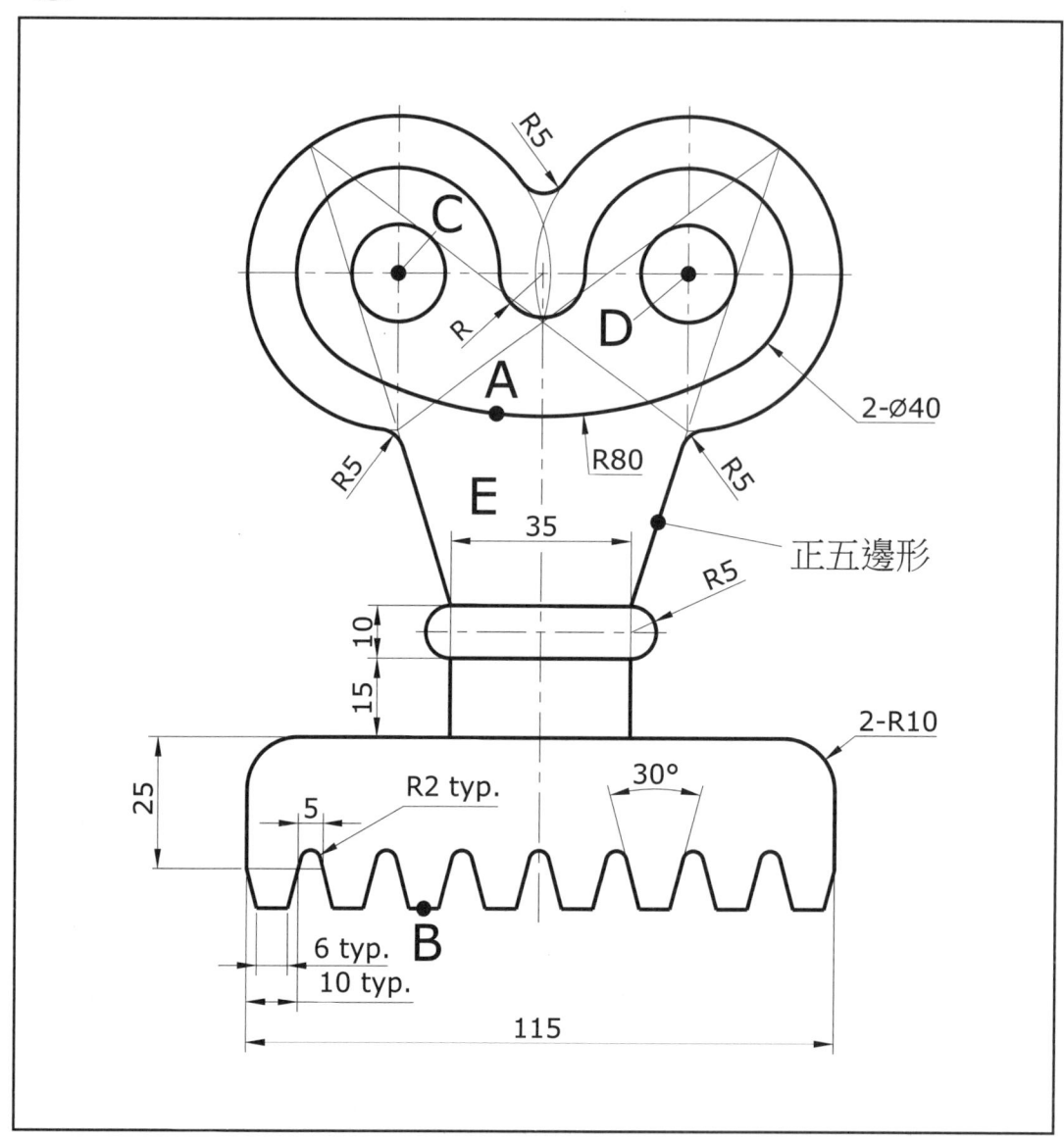

1. 弧 A 中心點至中點 B 距離為何？
2. 圖形高度為何？
3. 中心點 C 至中心點 D 距離為何？
4. 區域 E 面積為何？
5. 圖形最外圍面積為何？

答案：❶174.8756 ❷150.2966 ❸56.6312 ❹4163.7503 ❺11558.9794

14. 試繪出下圖並回答下列五個問題　　　　　　　　　　□易 ☑中 □難

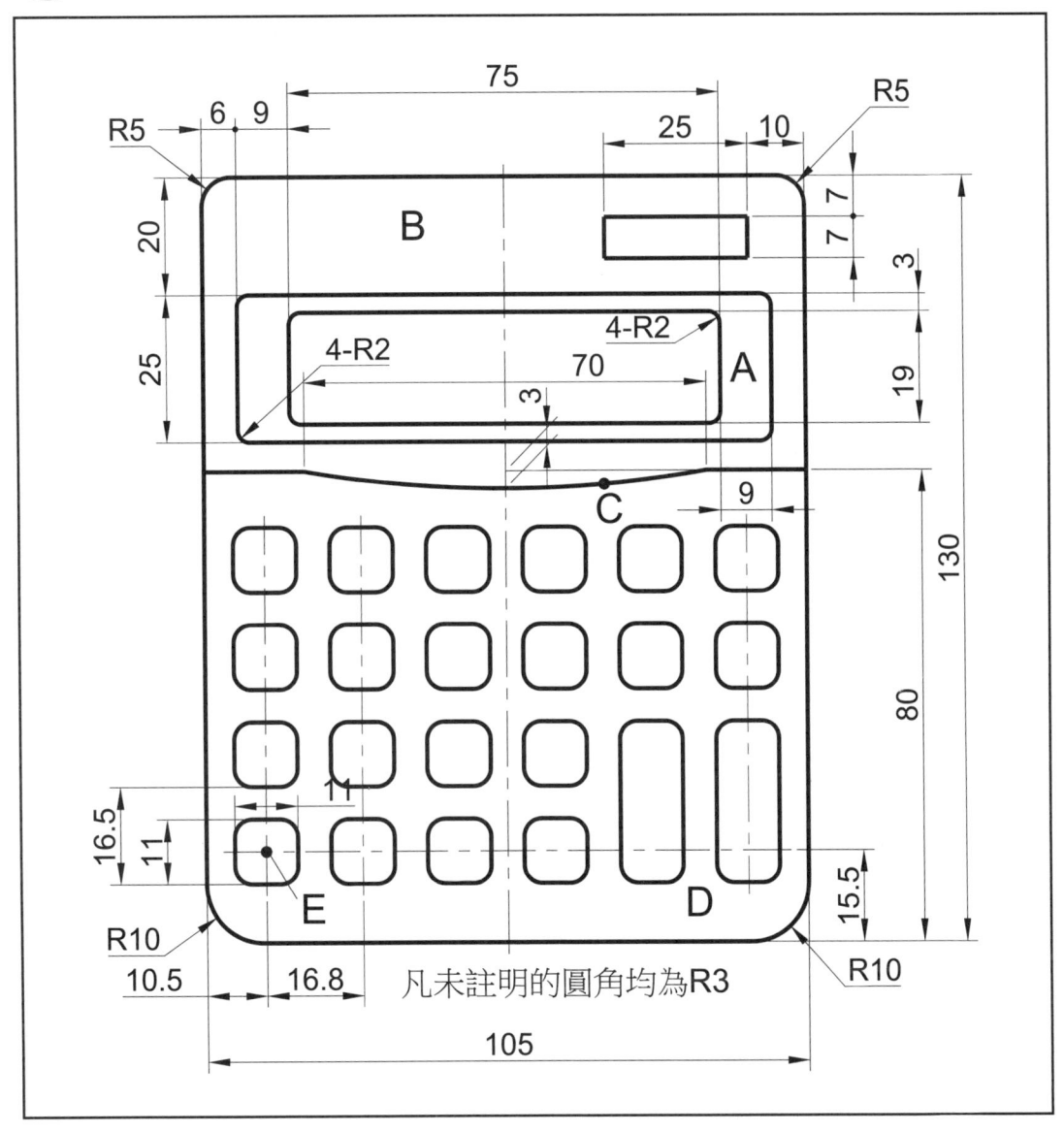

1. 區域 A 扣除內孔面積為何？
2. 區域 B 扣除內孔面積為何？
3. 弧 C 半徑為何？
4. 區域 D 扣除按鍵面積為何？
5. 交點 E 至弧 C 中心點距離為何？

答案：❶900.0000　❷2882.9090　❸205.6667　❹5361.8388　❺270.4478

15. 試繪出下圖並回答下列五個問題 ………………… ☐易 ☑中 ☐難

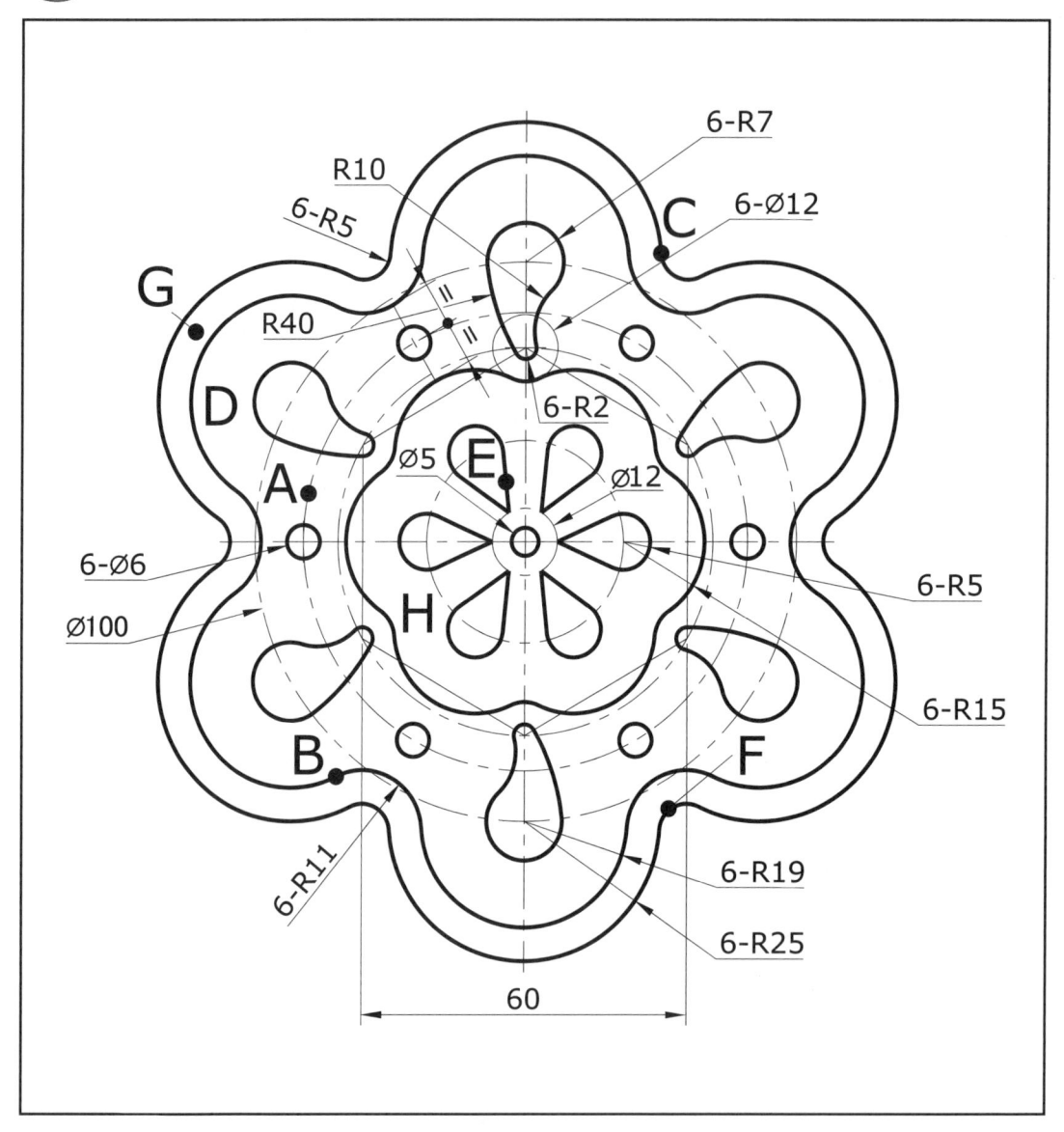

1. 圓形 A 直徑為何？
2. 端點 B 至端點 C 距離為何？
3. 區域 D 扣除內孔面積為何？
4. 中點 E 至弧 F 中心點角度為何？
5. 區域 G 與區域 H 皆扣除內孔後面積為何？

答案：❶82.0101 ❷111.0371 ❸6947.1363 ❹298.1605 ❺5403.3582

16. 試繪出下圖並回答下列五個問題 ....☐易 ☑中 ☐難

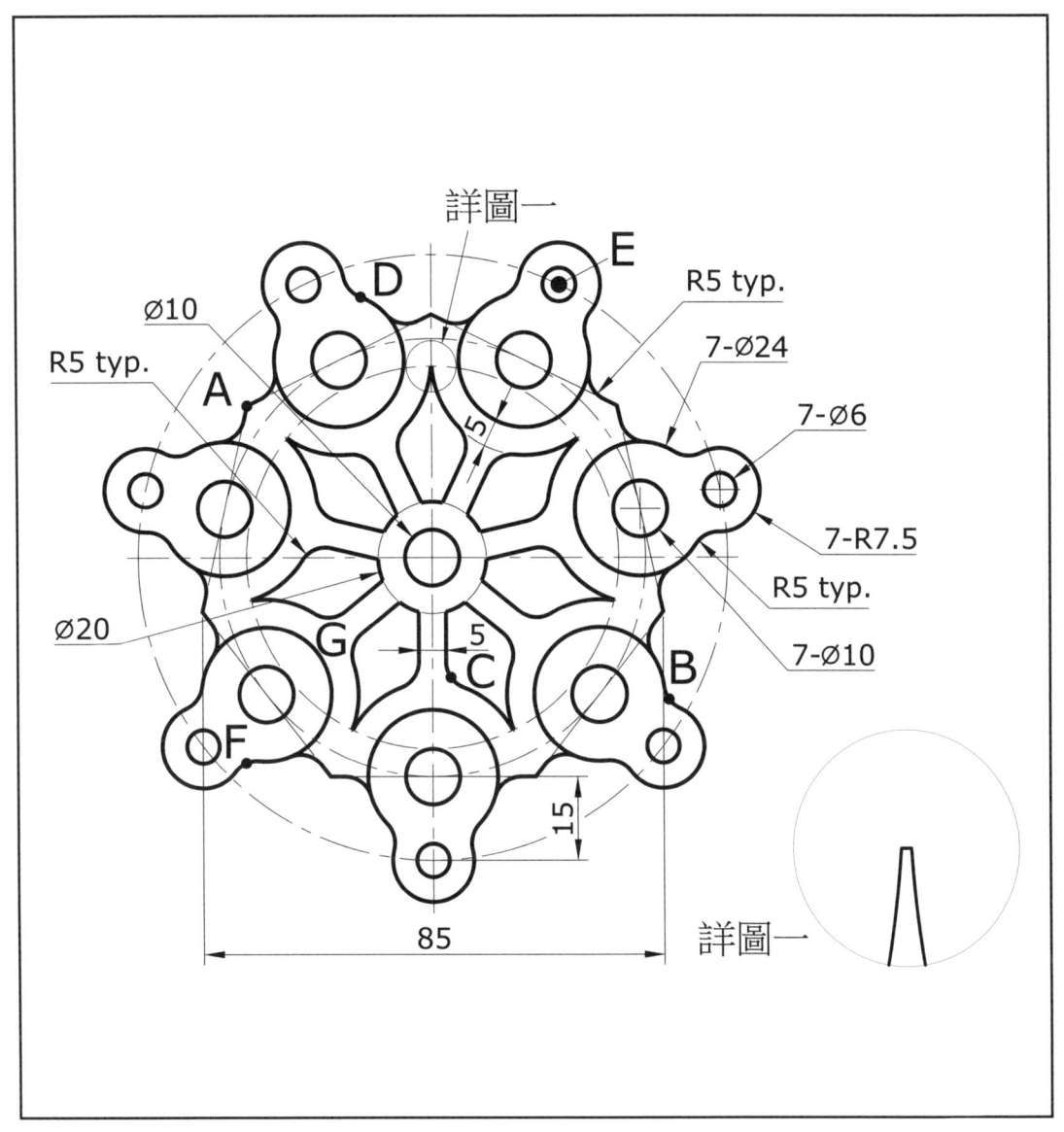

1. 交點 A 至弧 B 中心點距離為何？
2. 弧 C 中心點至端點 D 距離為何？
3. 中心點 E 至中點 F 角度為何？
4. 區域 G 扣除內孔面積為何？
5. 圖形最外圍面積為何？

答案：❶95.5650 ❷68.4147 ❸235.9073 ❹2419.4484 ❺7837.9057

17. 試繪出下圖並回答下列五個問題 .... □易 ☑中 □難

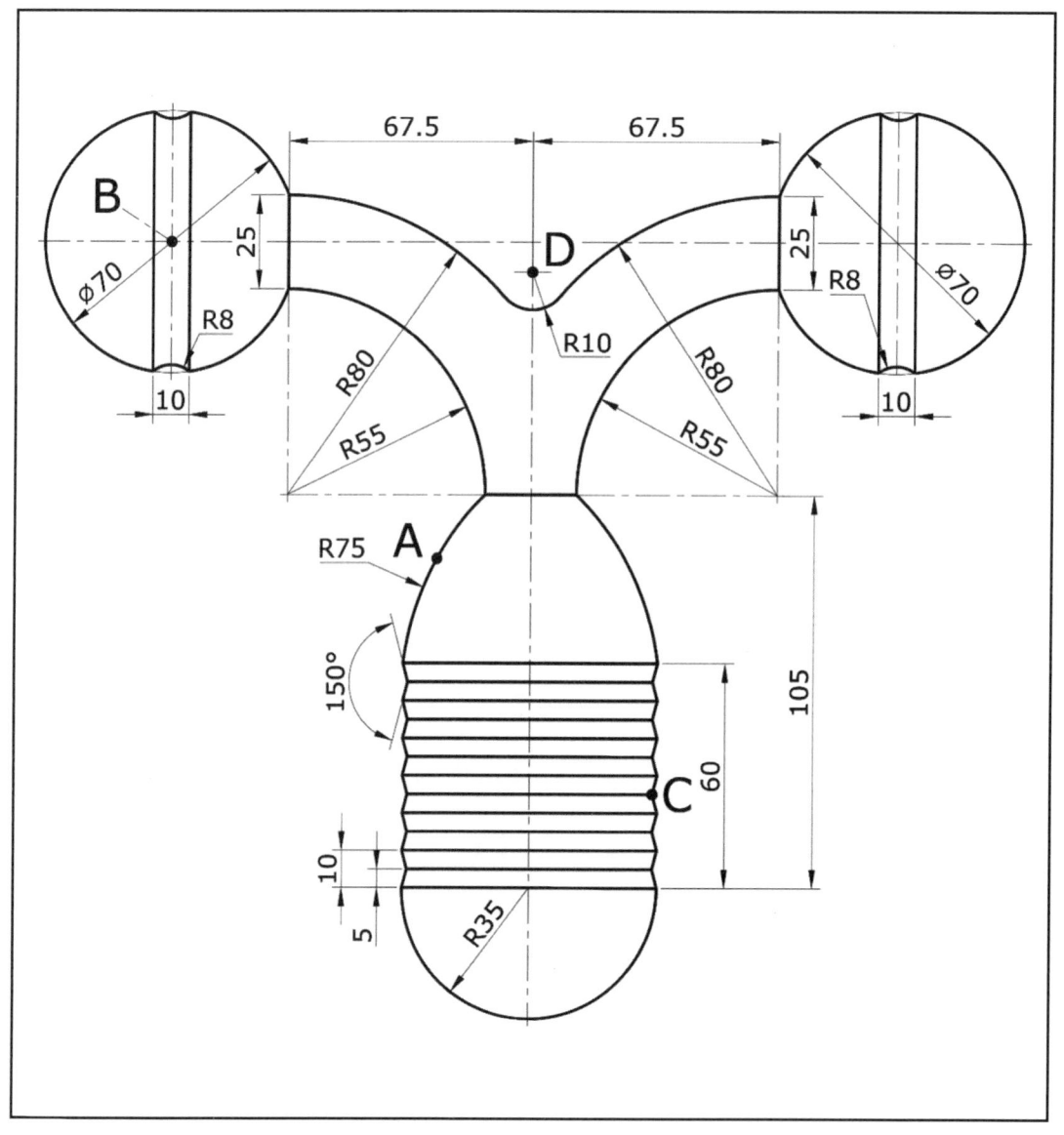

1. 圖形高度為何？
2. 弧 A 中心點至中心點 B 距離為何？
3. 交點 C 至中心點 D 距離為何？
4. 圖形寬度為何？
5. 圖形最外圍面積為何？

答案：❶242.1410 ❷185.1616 ❸143.5321 ❹270.3835 ❺20645.8041

18. 試繪出下圖並回答下列五個問題 ☐易 ☑中 ☐難

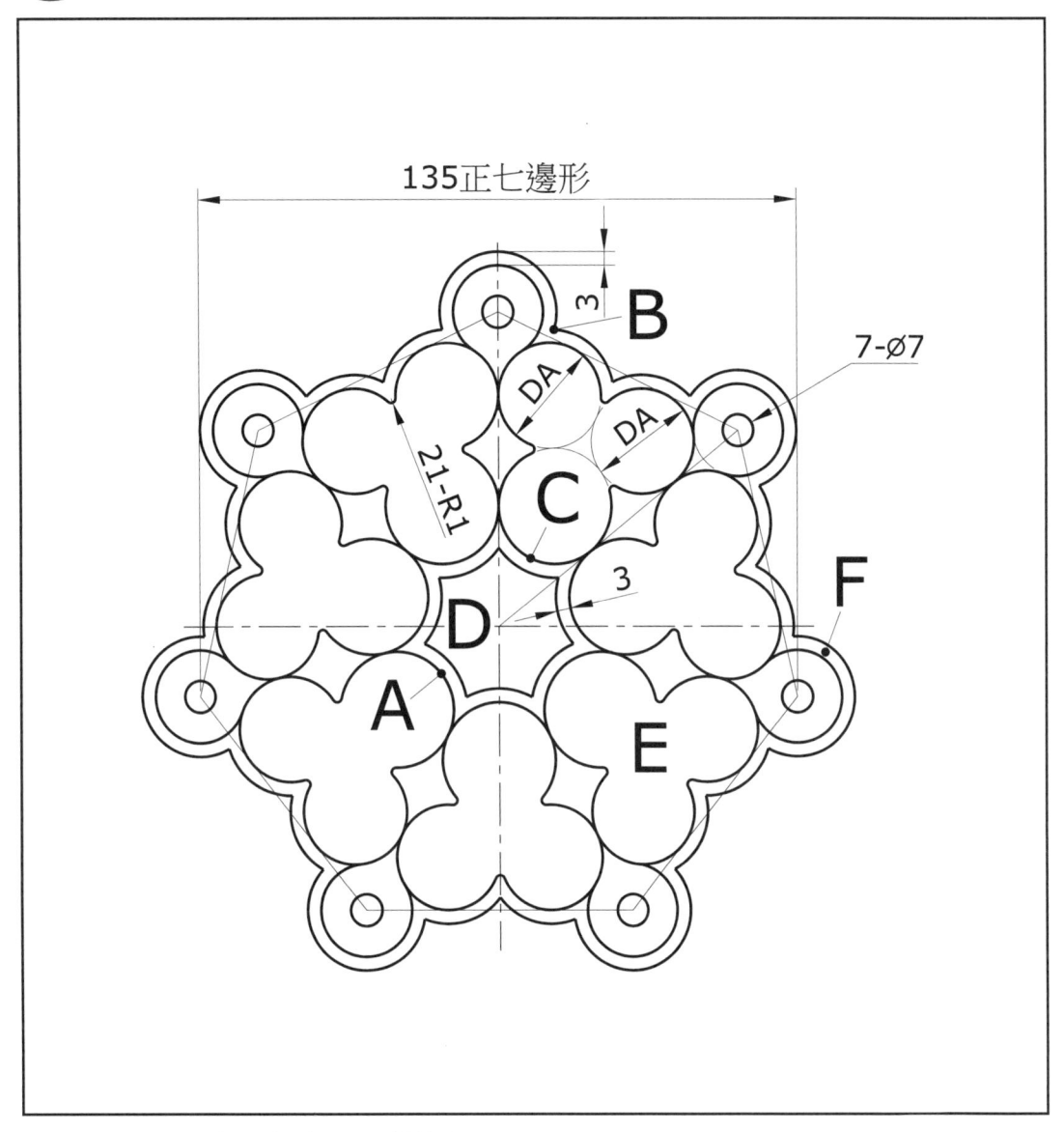

1. 弧 A 中心點至交點 B 距離為何？
2. 弧 C 長度為何？
3. 區域 D 面積為何？
4. 七個相同的區域 E 面積總和為何？
5. 區域 F 的周長為何？

答案：❶ 90.9166 ❷ 57.9024 ❸ 678.8401 ❹ 9687.2091 ❺ 1348.9048

19. 試繪出下圖並回答下列五個問題 ☐易 ☑中 ☐難

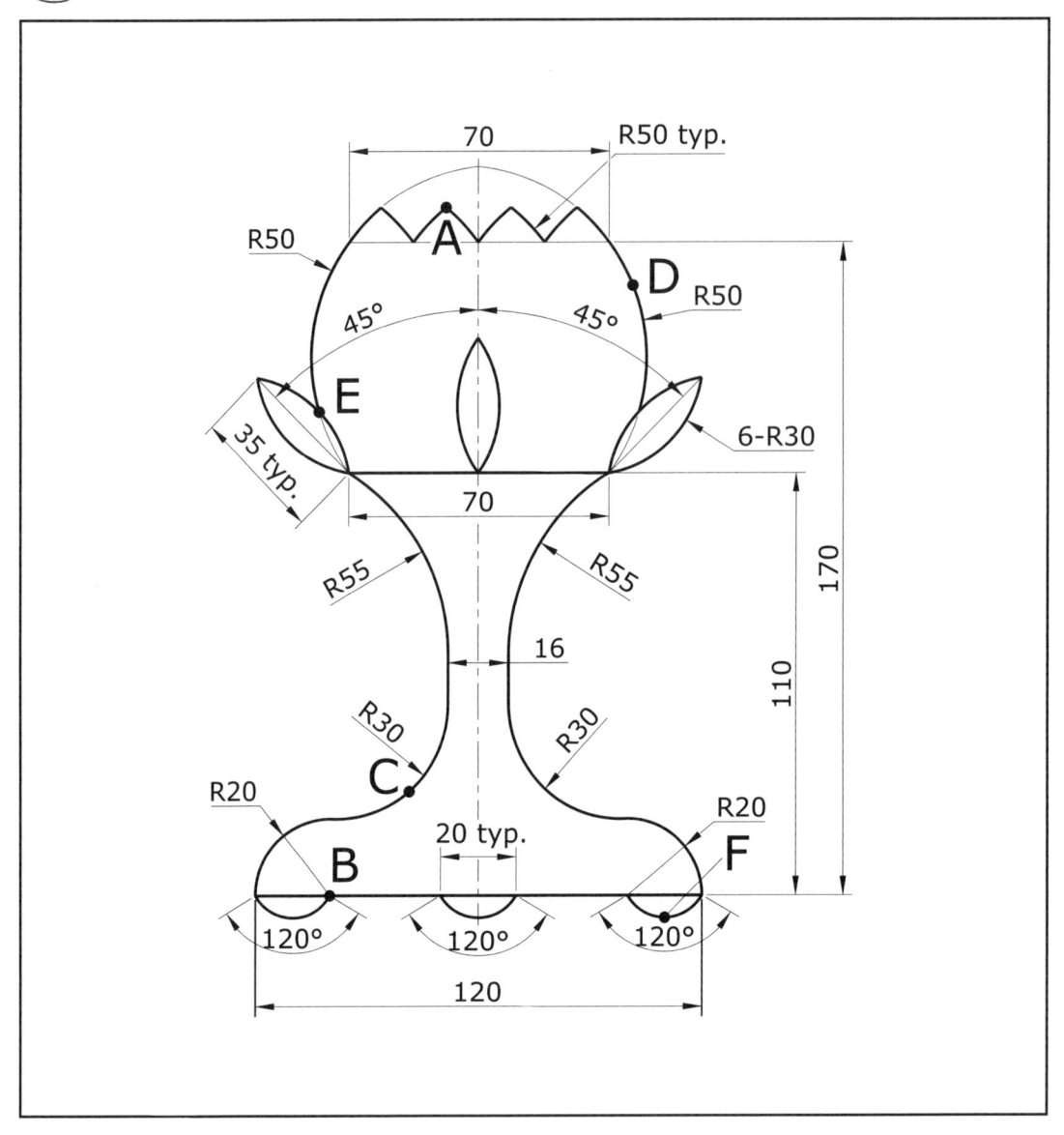

1. 交點 A 至交點 B 距離為何？
2. 弧 C 中心點至弧 D 中心點距離為何？
3. 交點 E 至中點 F 距離為何？
4. 圖形高度為何？
5. 圖形最外圍面積為何？

答案：❶181.7381 ❷95.8968 ❸161.2281 ❹184.8047 ❺10888.9798

20. 試繪出下圖並回答下列五個問題 ☐易 ☑中 ☐難

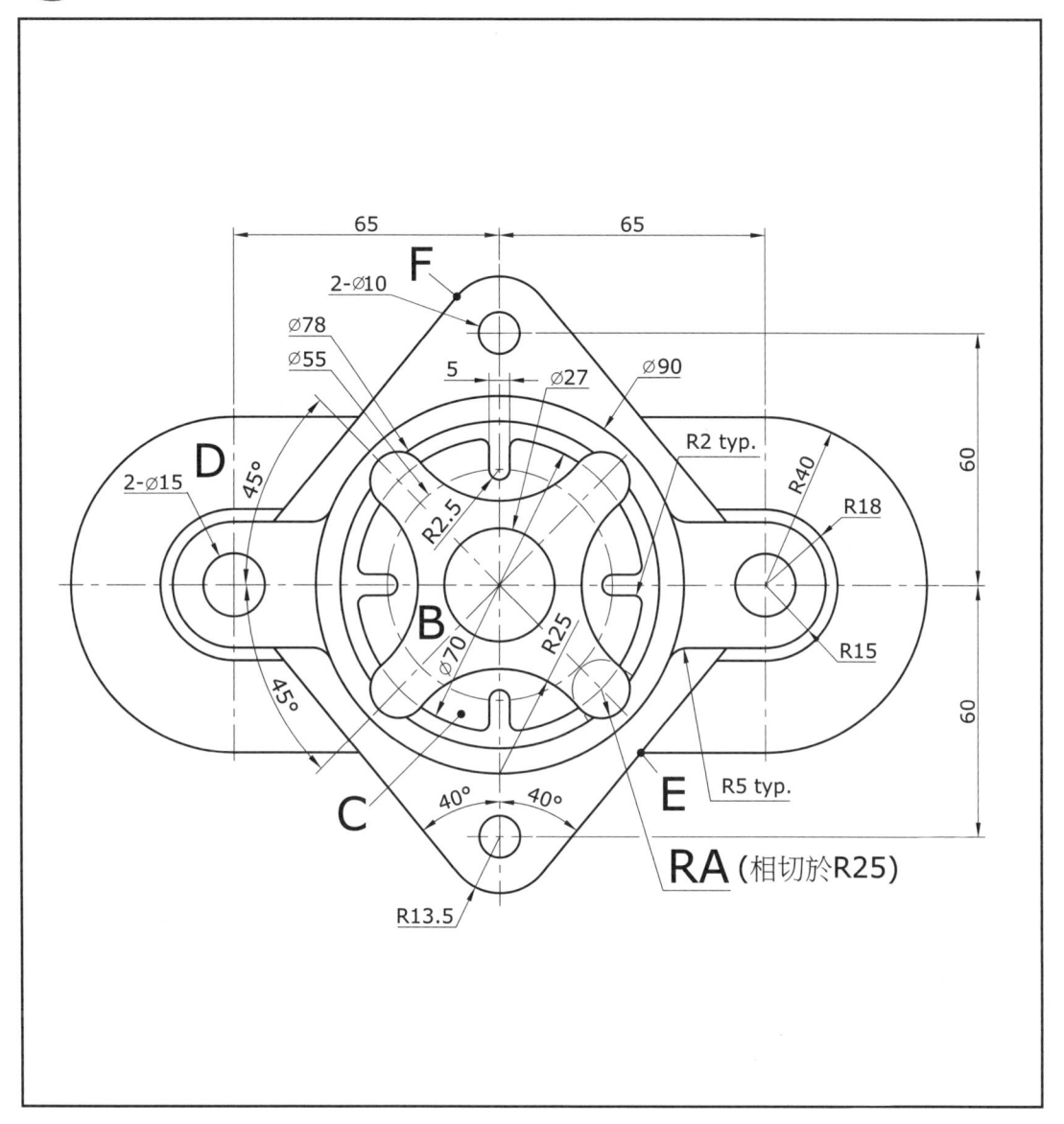

1. RA 弧角度為何？
2. B 區域扣除內孔面積為何？
3. C 區域周長為何？
4. D 區域面積為何？
5. 交點 E 至交點 F 距離為何？

答案：❶191.4148 ❷1995.0657 ❸100.7377 ❹2944.3923 ❺117.5291

21. 試繪出下圖並回答下列五個問題 ☐易 ☑中 ☐難

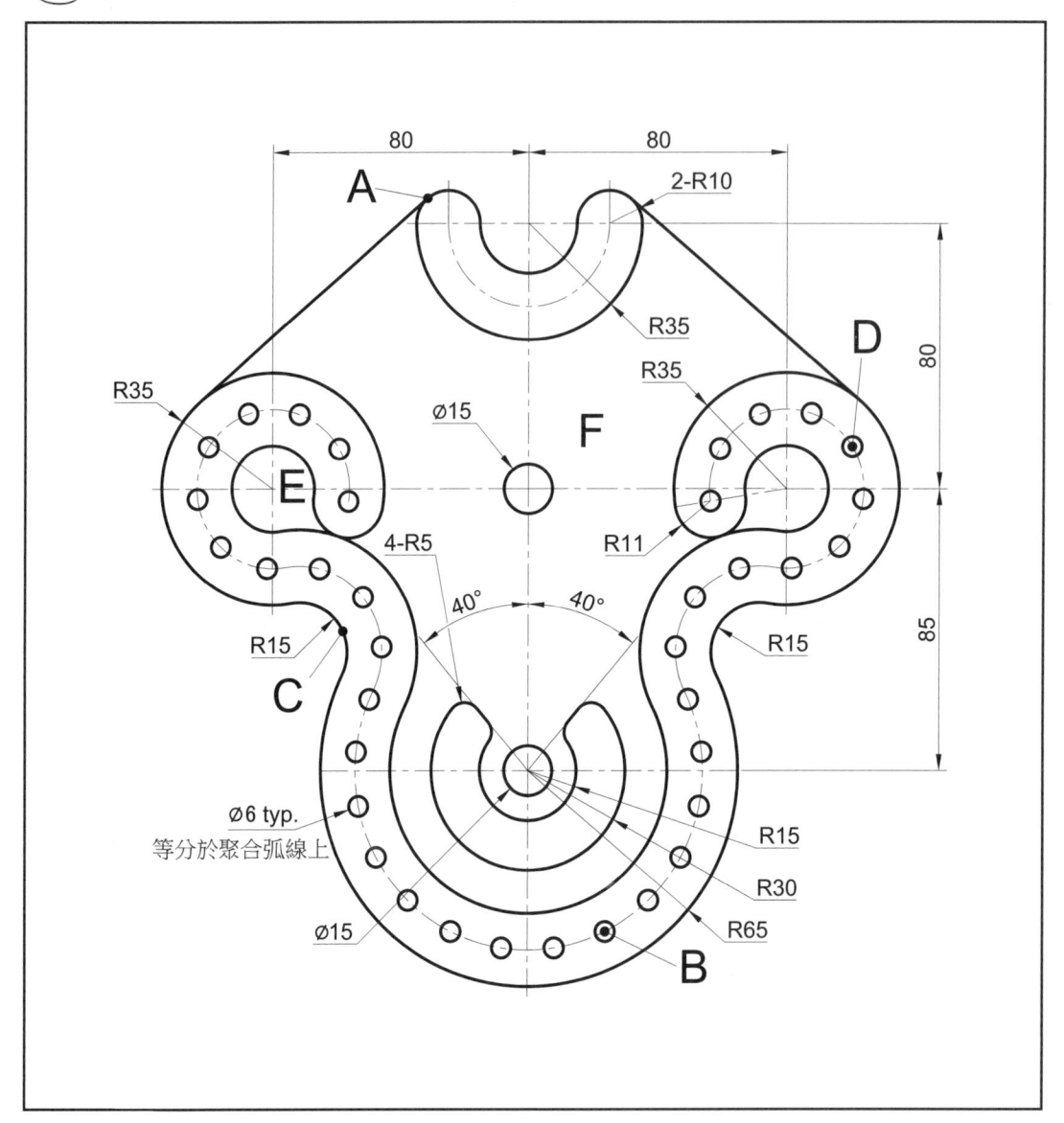

1. 交點 A 至中心點 B 距離為何？
2. 弧 C 中心點至中心點 D 距離為何？
3. 區域 E 面積為何？
4. 區域 F 扣除內孔面積為何？
5. 圖形最外圍周長為何？

答案：❶227.8722 ❷182.7865 ❸571.3929 ❹15745.1586 ❺792.9407

22. 試繪出下圖並回答下列五個問題 ☐易 ☑中 ☐難

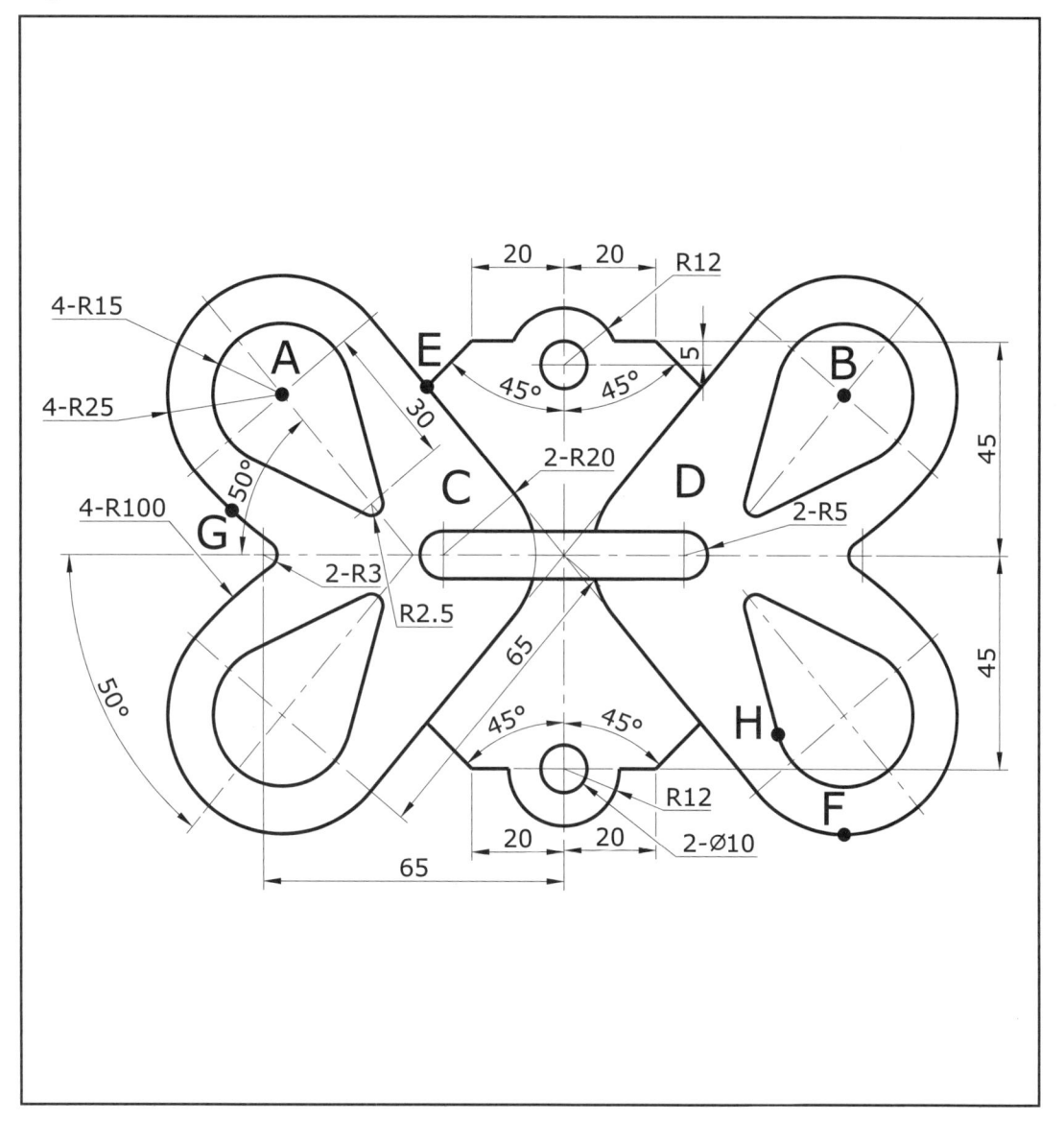

1. 中心點 A 至中心點 B 距離為何？
2. 區域 C 與區域 D 皆扣除內孔後面積為何？
3. 交點 E 至四分點 F 距離為何？
4. 中點 G 至端點 H 距離為何？
5. 圖形最外圍面積為何？

答案：❶121.8646 ❷8283.9574 ❸130.5943 ❹127.2663 ❺16000.4482

23. 試繪出下圖並回答下列五個問題 □易 ☑中 □難

1. 圓 A 半徑為何？

2. 區域 B 周長為何？

3. 交點 C 至交點 D 垂直距離為何？

4. 區域 E 面積為何？

5. 弧 F 夾角為何？

答案：❶15.7578 ❷328.0658 ❸13.0110 ❹4294.1761 ❺121.5881

24. 試繪出下圖並回答下列五個問題 ☐易 ☑中 ☐難

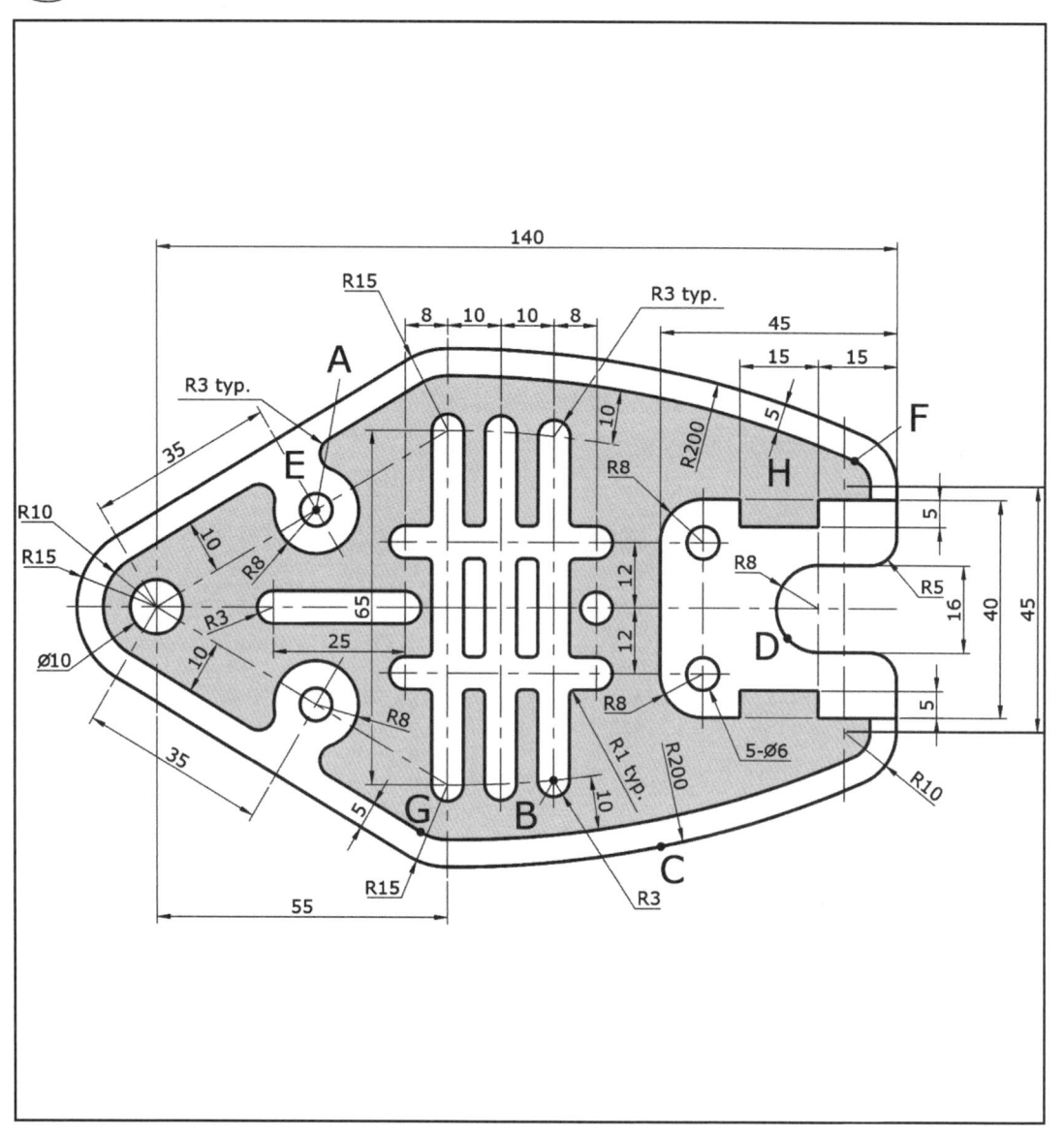

1. 中心點 A 至中心點 B 距離為何？
2. 弧 C 中心點與弧 D 中心點距離為何？
3. 區域 E 扣除內孔面積為何？
4. 端點 F 至端點 G 角度為何？
5. 灰底（區域 H 扣除內孔）面積為何？

答案：❶66.6824 ❷167.3809 ❸2160.8513 ❹219.7446 ❺5316.6264

25. 試繪出下圖並回答下列五個問題 ☐易 ☑中 ☐難

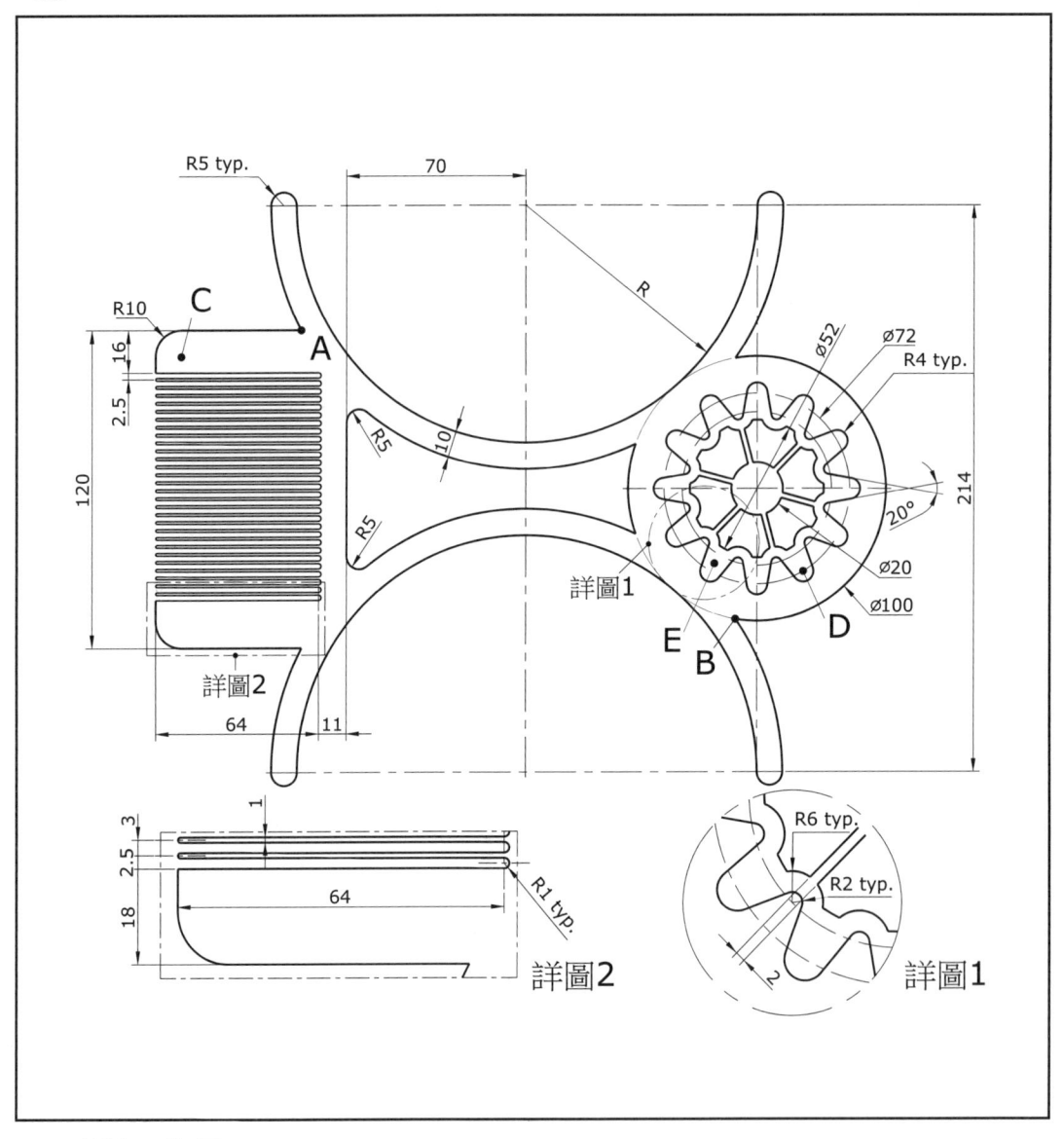

1. 半徑 R 為何？
2. 交點 A 至交點 B 距離為何？
3. 中心點 C 至中心點 D 距離為何？
4. 區域 E 扣除內孔面積為何？
5. 圖形最外圍周長為何？

答案：❶89.4900 ❷201.0215 ❸255.7168 ❹2268.7749 ❺4979.3694

26. 試繪出下圖並回答下列五個問題 ☐易 ☑中 ☐難

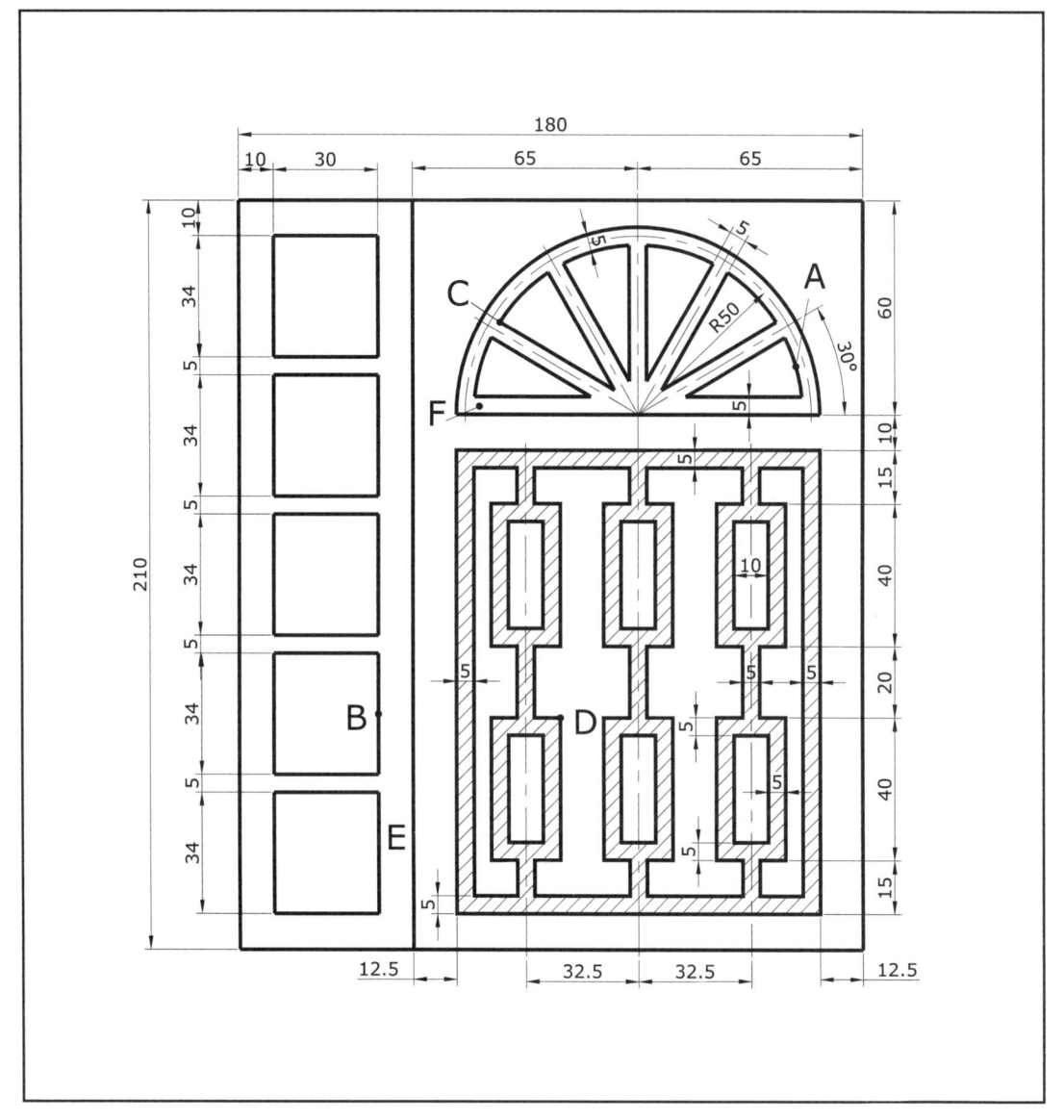

1. 中點 A 至中點 B 距離為何？
2. 斜線區域面積為何？
3. 交點 C 至交點 D 高度為何？
4. 區域 E 扣除內孔面積為何？
5. 區域 F 扣除內孔面積為何？

答案：❶155.0372 ❷5850.0000 ❸110.8821 ❹5400.0000 ❺2249.0432

27. 試繪出下圖並回答下列五個問題　　　□易 □中 ☑難

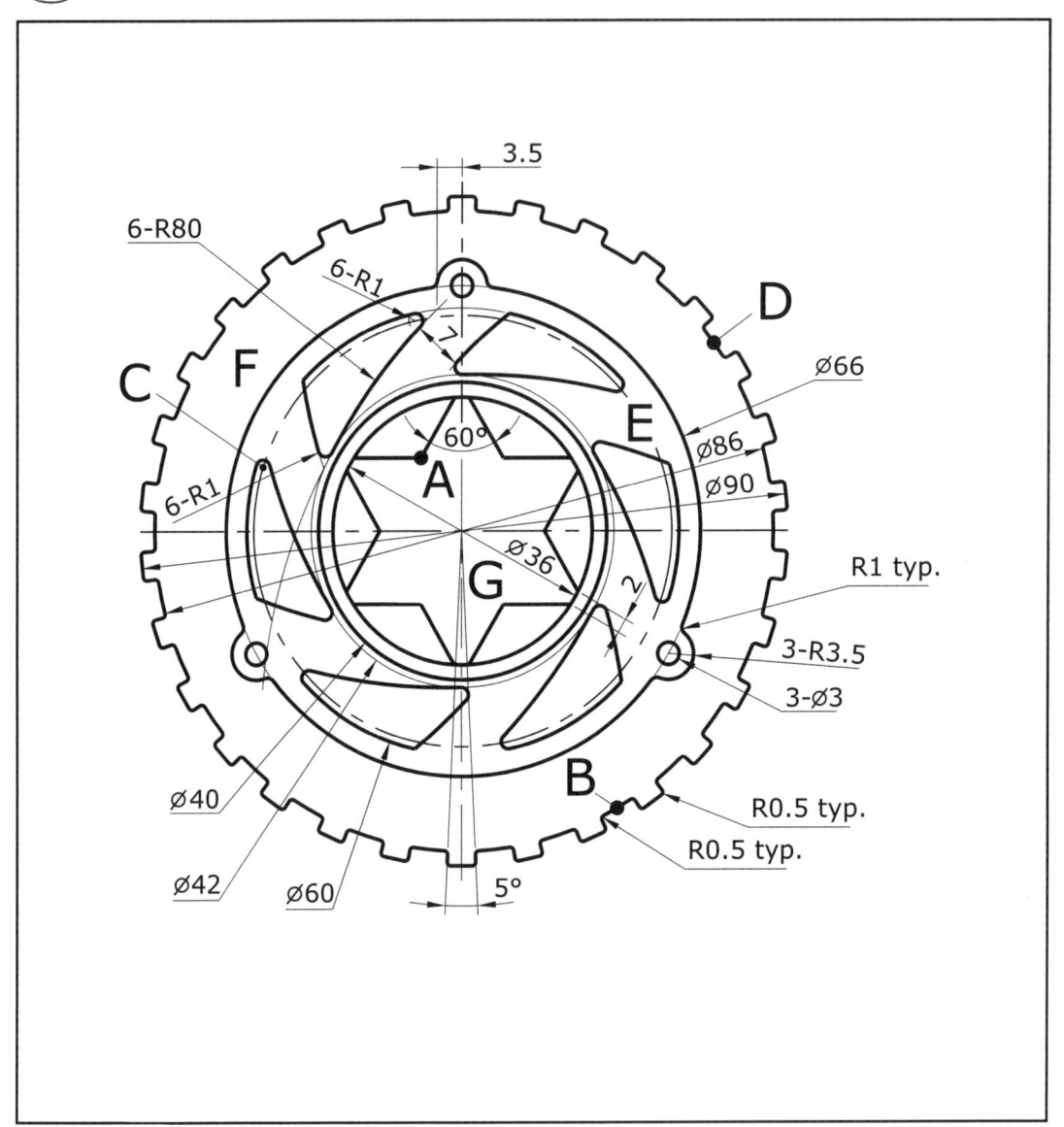

1. 交點 A 至中點 B 距離為何？
2. 中心點 C 至中點 D 距離為何？
3. 區域 E 扣除內孔的面積為何？
4. 區域 F 的周長為何？
5. 區域 G 的面積為何？

答案：❶54.3763 ❷64.6815 ❸1428.0019 ❹588.4123 ❺662.3119

28. 試繪出下圖並回答下列五個問題 .... □易□中☑難

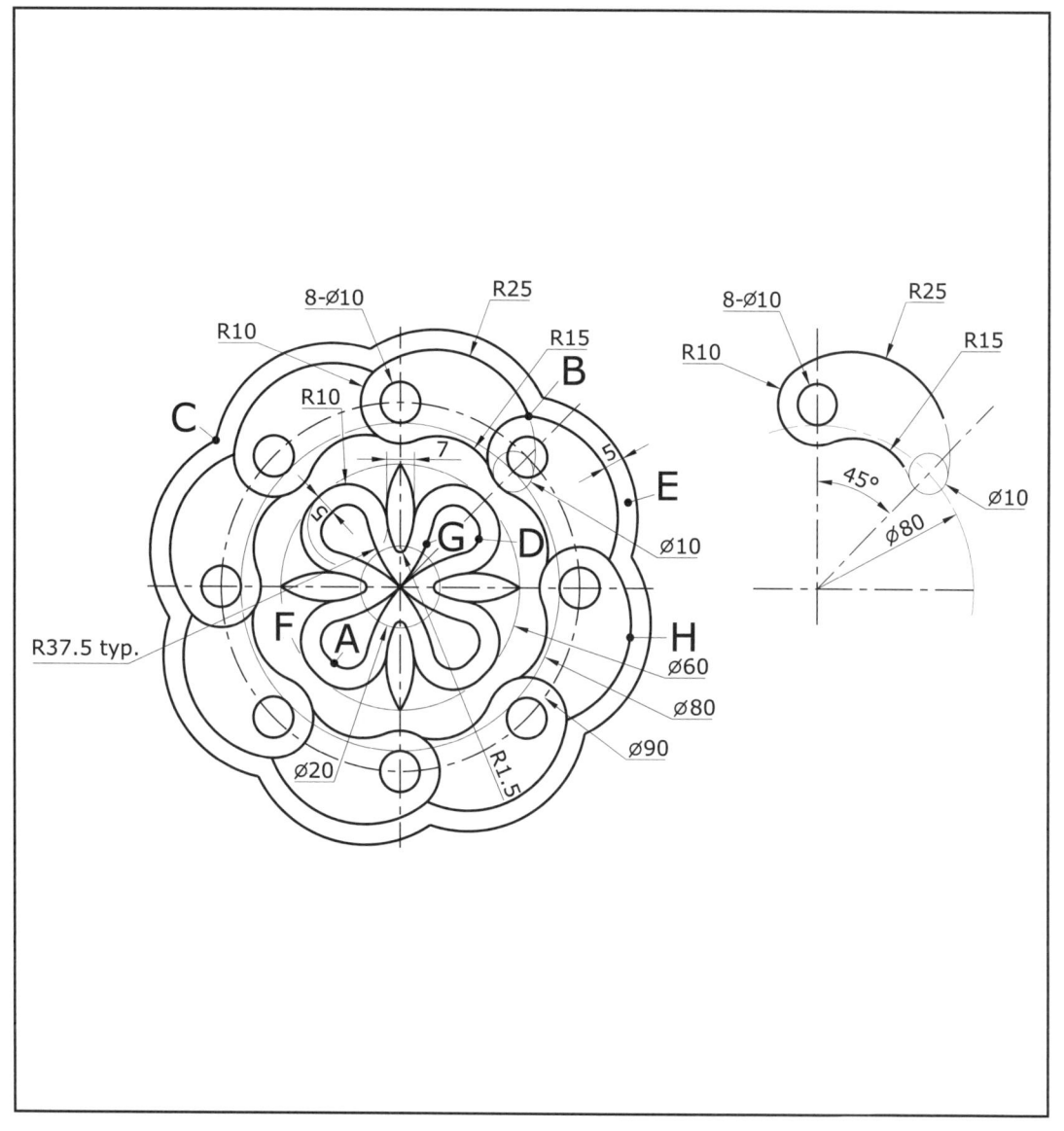

1. 端點 A 至交點 B 距離為何？
2. 交點 C 至中點 D 距離為何？
3. 區域 E 的周長為何？？
4. 區域 F 的面積為何？
5. 弧 G 中心點至弧 H 中心點角度為何？

答案：❶77.7072 ❷70.2442 ❸780.4415 ❹2107.6383 ❺331.0084

29. 試繪出下圖並回答下列五個問題 ☐易 ☐中 ☑難

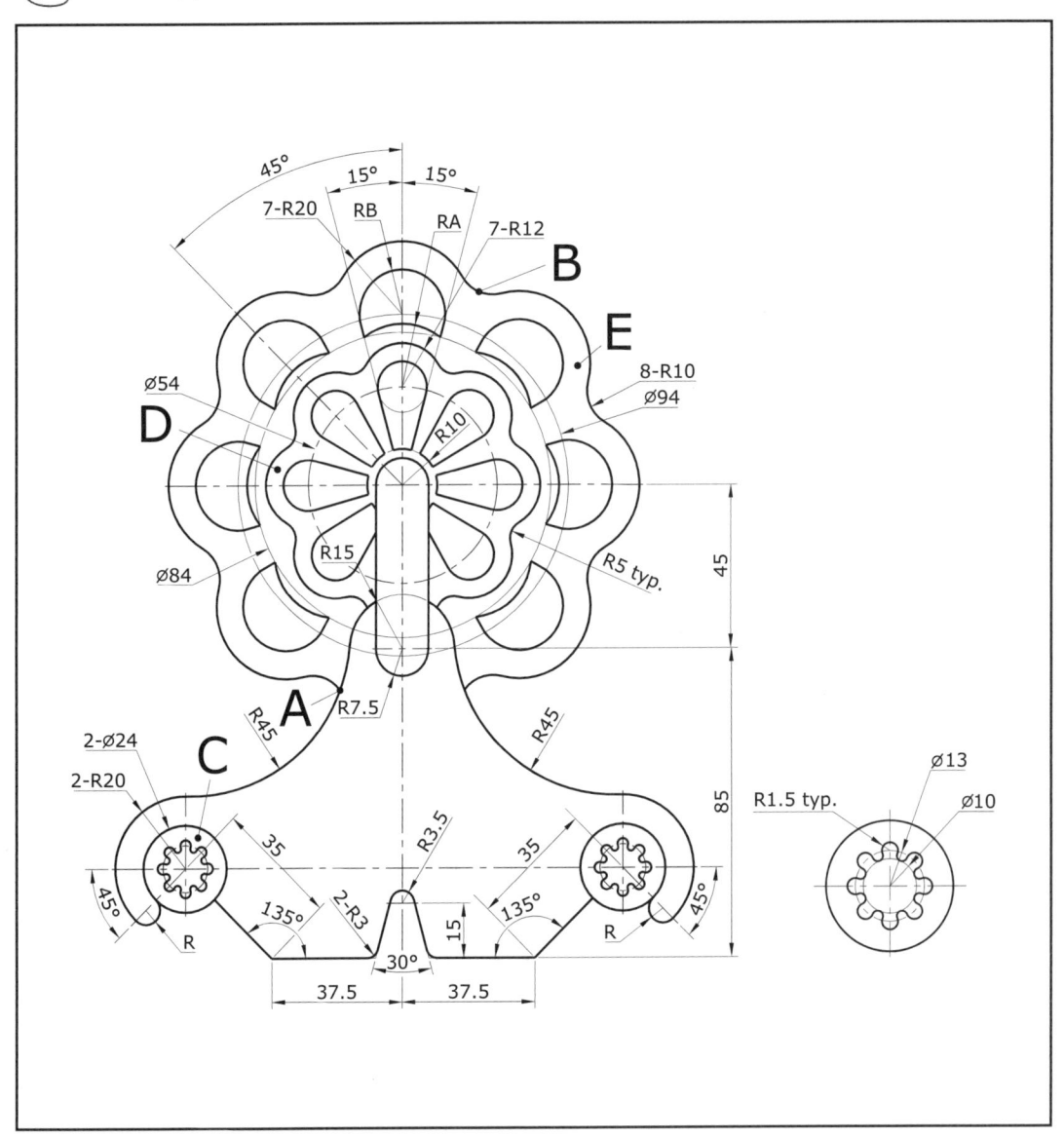

1. 交點 A 至弧 B 中心點距離為何？

2. 兩個相同的面積 C 總和為何？

3. 區域 D 周長為何？

4. 區域 E 面積為何？

5. 圖形最外圍周長為何？

答案：❶126.3927 ❷620.1590 ❸735.1033 ❹5074.1743 ❺807.7453

30. 試繪出下圖並回答下列五個問題 ☐易 ☐中 ☑難

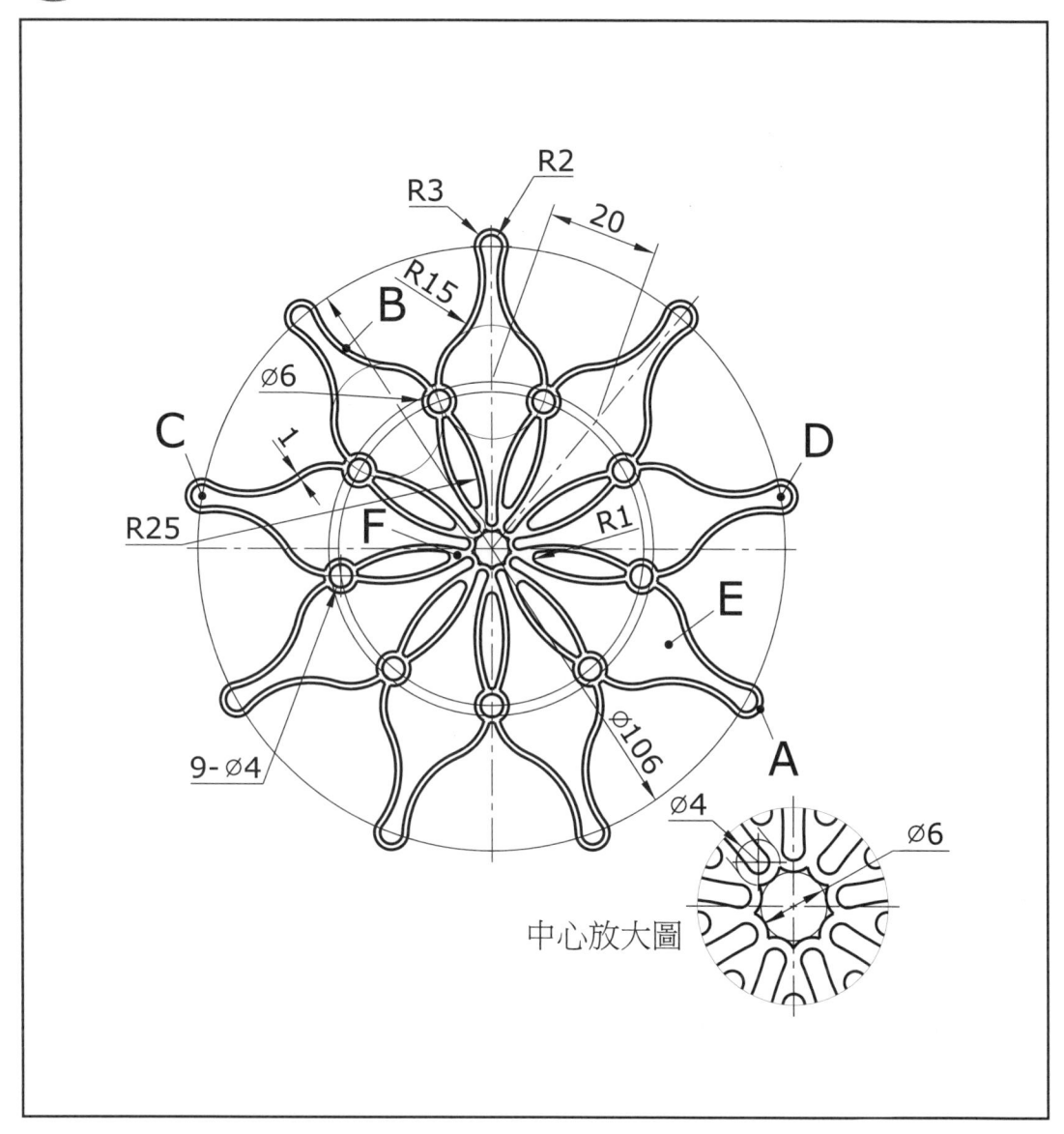

1. 中點 A 至中點 B 距離為何？
2. 中心點 C 至中心點 D 距離為何？
3. E 區域面積為何？
4. F 區域扣除內孔面積為何？
5. 圖形最外圍周長為何？

答案：❶97.7552 ❷104.3896 ❸371.4784 ❹1097.3676 ❺570.3995

31. 試繪出下圖並回答下列五個問題 ☐易 ☐中 ☑難

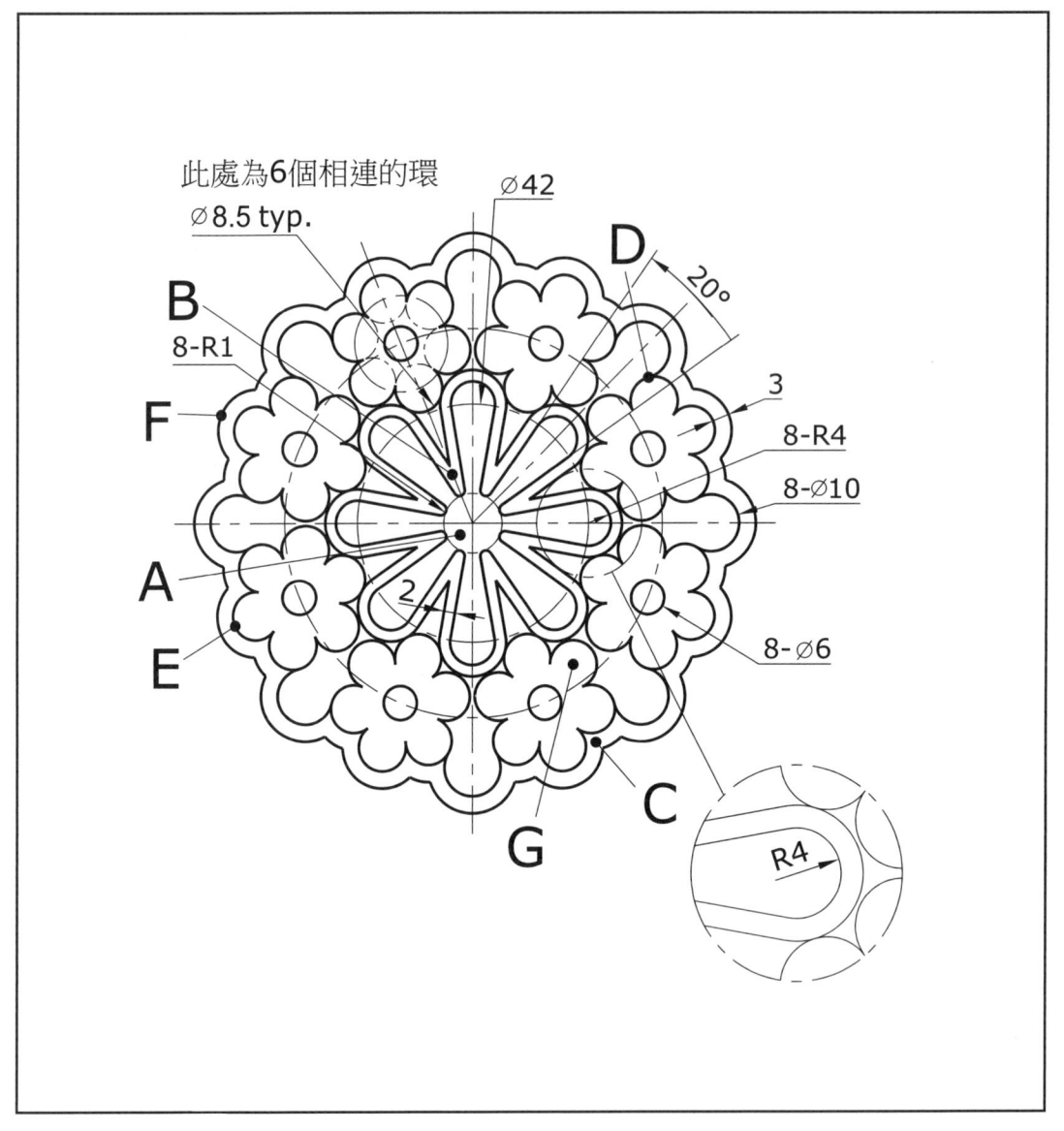

1. A 區域的周長為何？
2. B 區域的面積為何？
3. C 區域的面積為何？
4. 交點 D 與中點 E 距離為何？
5. 中點 F 與中心點 G 角度為何？

答案：❶366.5627 ❷720.4272 ❸1118.1649 ❹86.9209 ❺325.6653

32. 試繪出下圖並回答下列五個問題 ☐易 ☐中 ☑難

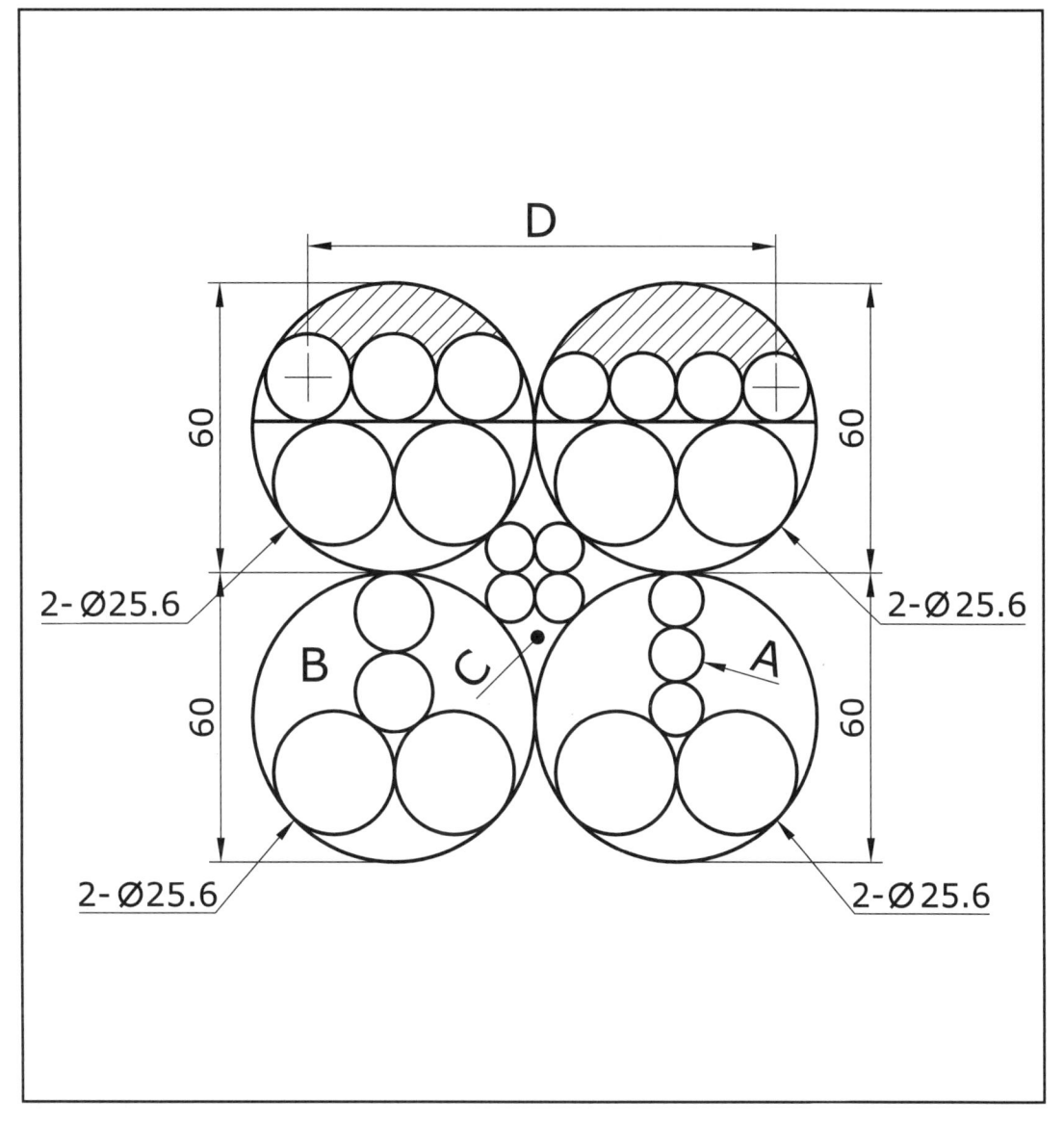

1. 圓 A 直徑為何？
2. 區域 B 周長為何？
3. 區域 C 面積為何？
4. 水平距離 D 為何？
5. 斜線區域面積為何？

答案：❶11.2848 ❷153.3837 ❸104.2242 ❹99.4580 ❺1010.0215

33. 試繪出下圖並回答下列五個問題 □易 □中 ☑難

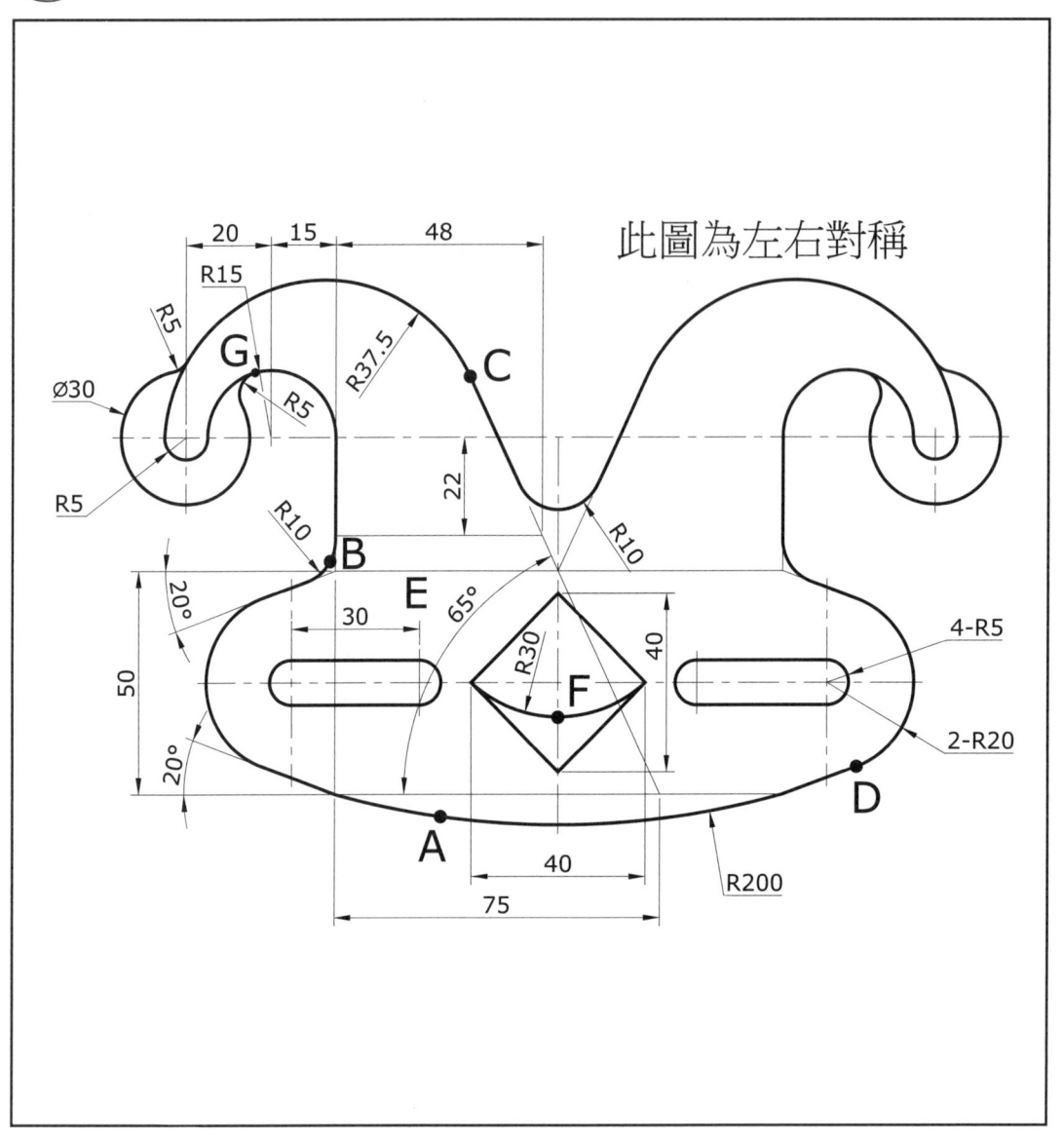

此圖為左右對稱

1. 弧 A 中心點至弧 B 中心點距離為何？
2. 端點 C 至端點 D 距離為何？
3. 區域 E 扣除內孔面積為何？
4. 中點 F 至交點 G 角度為何？
5. 圖形最外圍面積為何？

答案：❶149.5212 ❷124.6628 ❸12564.5838 ❹132.4263 ❺15170.9278

34. 試繪出下圖並回答下列五個問題　　　　　□易 □中 ☑難

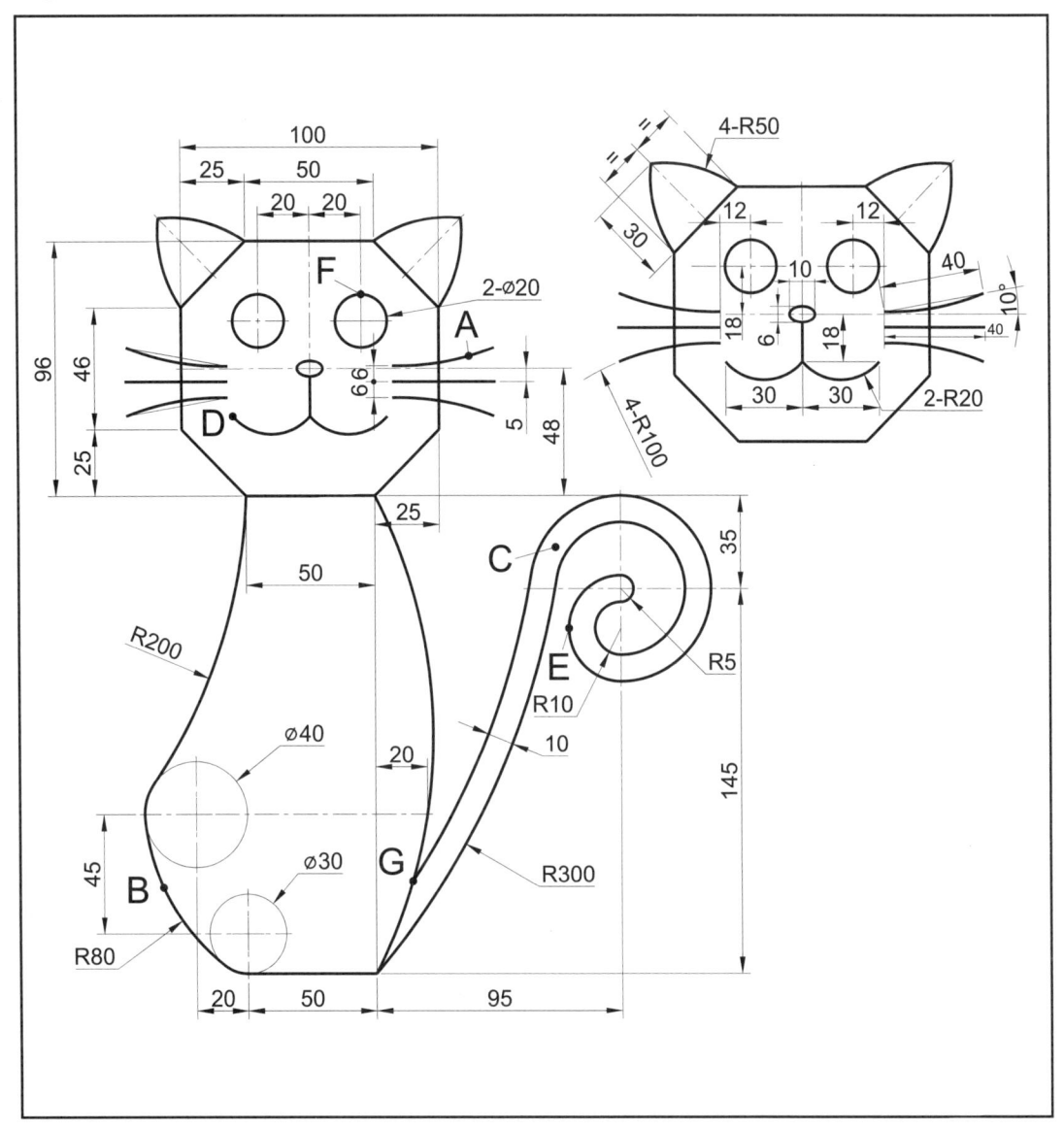

1. 弧 A 至弧 B 中心點距離為何？
2. 區域 C 周長為何？
3. 端點 D 至弧 E 四分點距離為何？
4. 四分點 F 至交點 G 距離為何？
5. 圖形最外圍（不含鬍鬚）扣除眼睛、鼻子的面積為何？

答案：❶263.2184 ❷713.2847 ❸152.6434 ❹222.0435 ❺27569.0315

心得筆記

Chapter 5

測驗系統操作說明

5-1 TQC+ 認證測驗系統-Client 端程式安裝流程

步驟一： 執行附書系統，選擇「安裝 TQC+ 認證測驗系統-Client 端程式」，開始安裝程序。

（附書系統下載連結及系統使用說明，請參閱「如何使用本書」）

步驟二： 在詳讀「授權合約」後，若您接受合約內容，請按「接受」鈕繼續安裝。

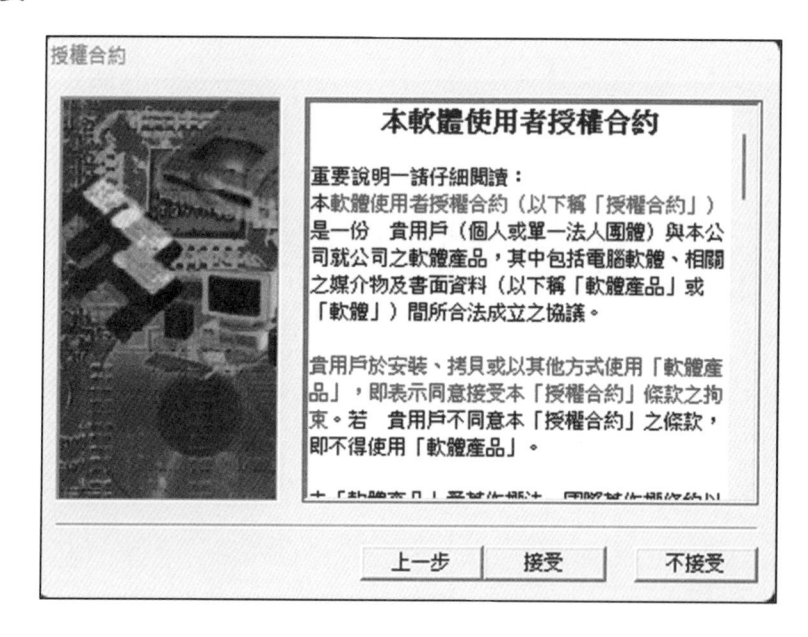

步驟三： 輸入「使用者姓名」與「單位名稱」後，請按「下一步」鈕繼續安裝。

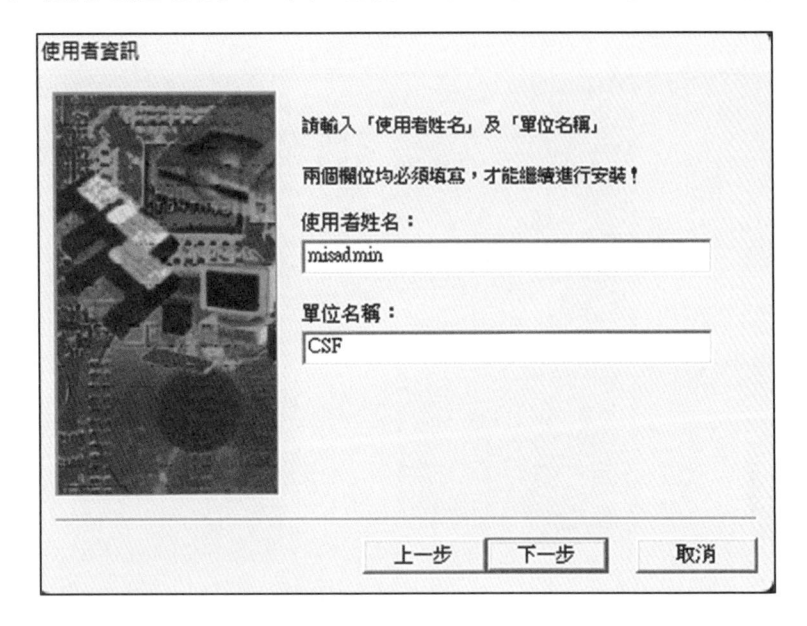

步驟四： 可指定安裝磁碟路徑將系統安裝至任何一台磁碟機，惟安裝路徑必須為該磁碟機根目錄下的《ExamClient(T5).csf》資料夾。安裝所需的磁碟空間約 69.9MB。

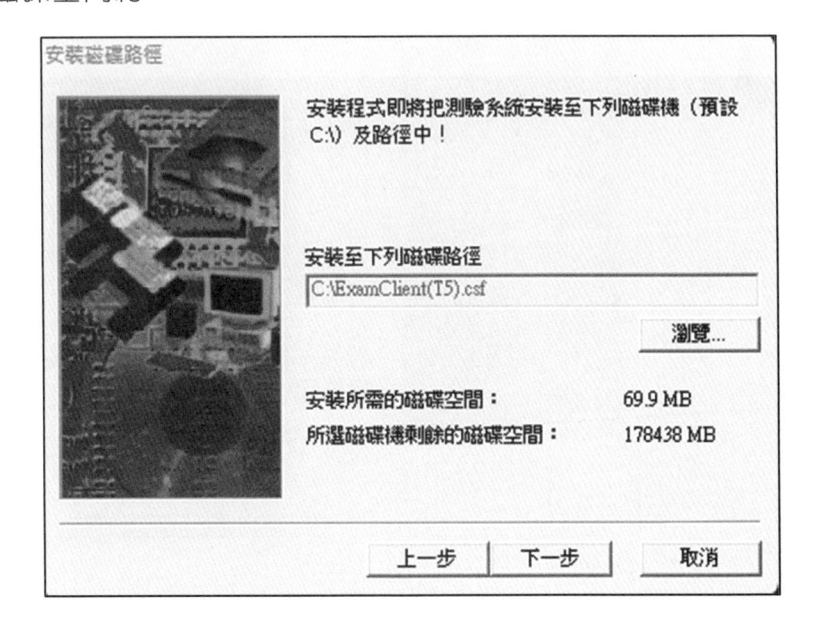

步驟五： 本系統預設之「程式集捷徑」在「開始/所有程式」資料夾第一層，名稱為「CSF 技能認證體系」。

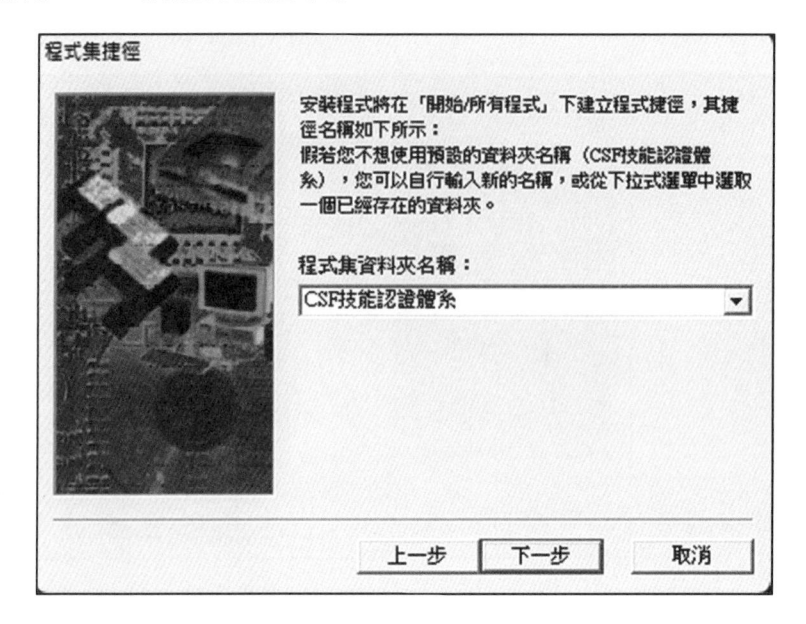

步驟六： 安裝前相關設定皆完成後，請按「安裝」鈕，開始安裝。

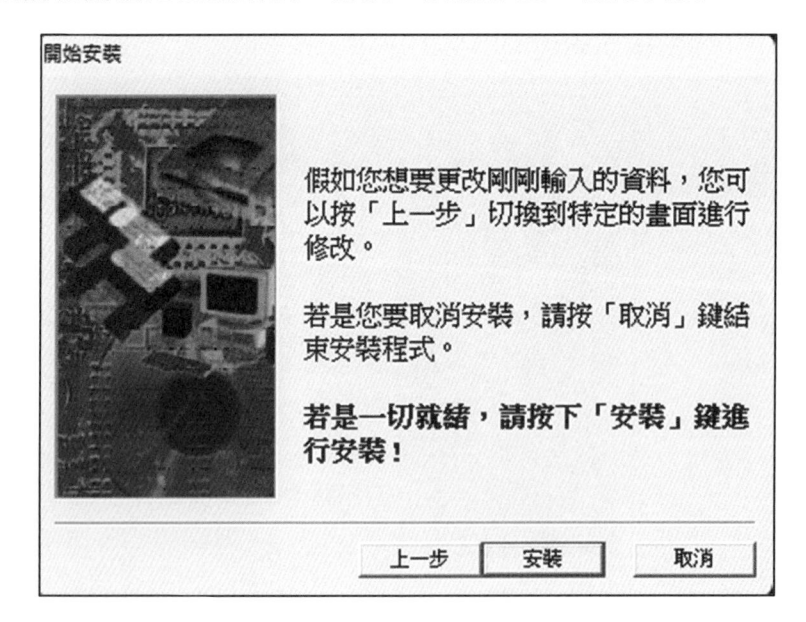

步驟七： 以上的項目在安裝完成之後，安裝程式會詢問您是否要執行版本的更新檢查，請按「下一步」鈕。建議您執行本項操作，以確保「TQC+認證測驗系統-Client 端程式（電腦輔助平面製圖 AutoCAD 2024）」為最新的版本。

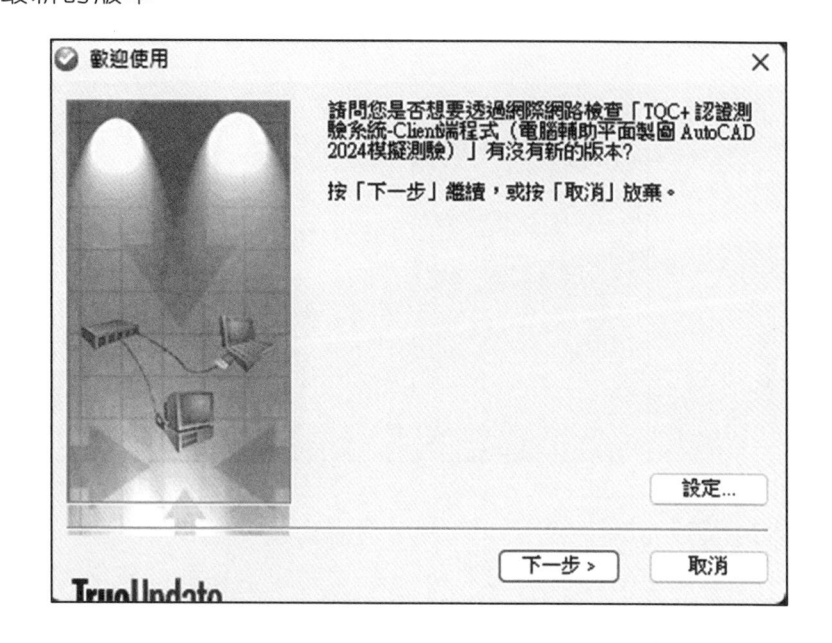

步驟八： 接下來進行版本的比對，請按下「下一步」鈕。

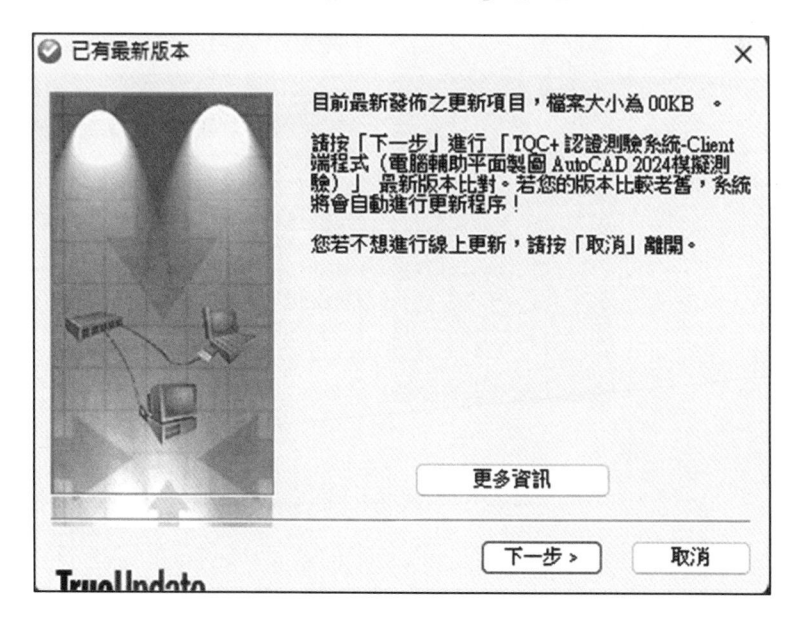

步驟九： 更新完成後，請按下「關閉」鈕。

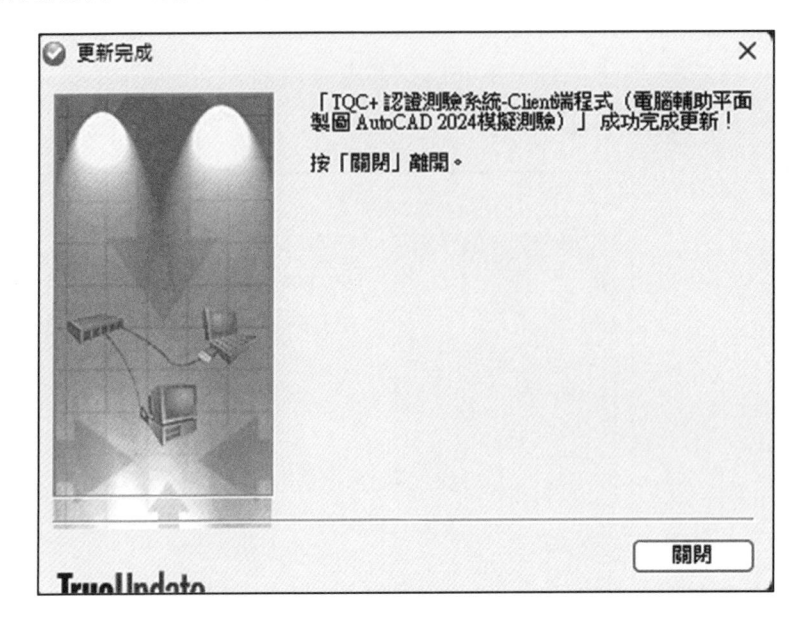

步驟十： 安裝完成！您可以透過提示視窗內的客戶服務機制說明，取得關於本項產品的各項服務。按下「完成」鈕離開安裝畫面。

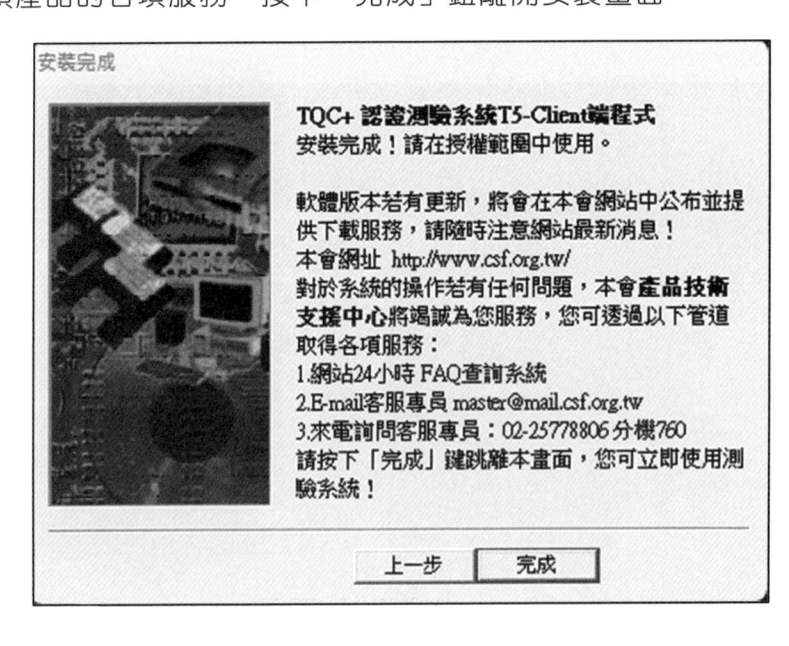

5-2 程式權限及使用者帳戶設定

一、系統管理員權限設定，請依以下步驟完成：

步驟一： 於「TQC+ 認證測驗系統-Client 端程式」桌面捷徑圖示按下滑鼠右鍵，點選「內容」。

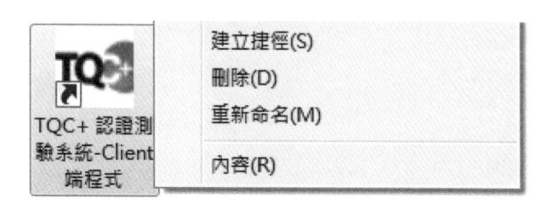

步驟二： 選擇「相容性」標籤，勾選「以系統管理員的身分執行此程式」，按下「確定」後完成設定。

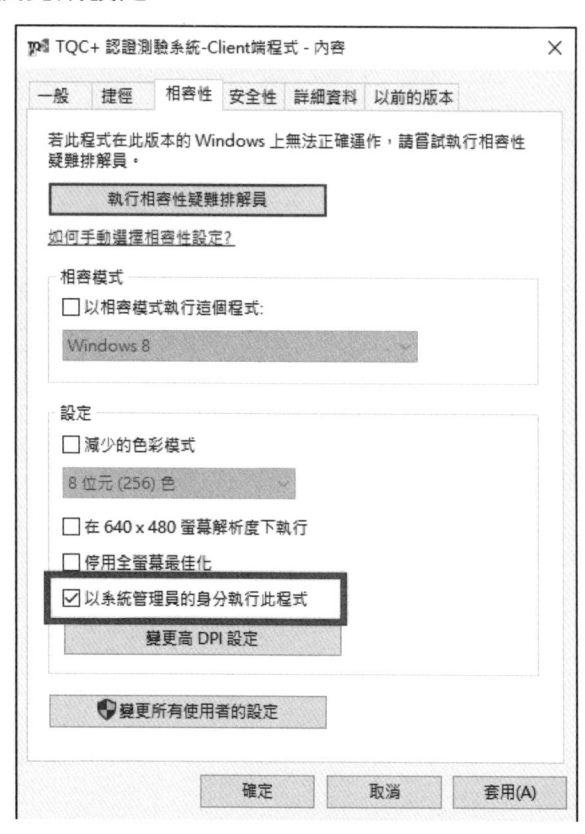

❖ 註：若要避免每次執行都會出現權限警告訊息，請參考下方使用者帳戶控制設定。

二、使用者帳戶設定方式如下：

步驟一： 點選「控制台/使用者帳戶和家庭安全/使用者帳戶」。

步驟二： 進入「變更使用者帳戶控制設定」。

步驟三： 開啟「選擇電腦變更的通知時機」，將滑桿拉至「不要通知」。

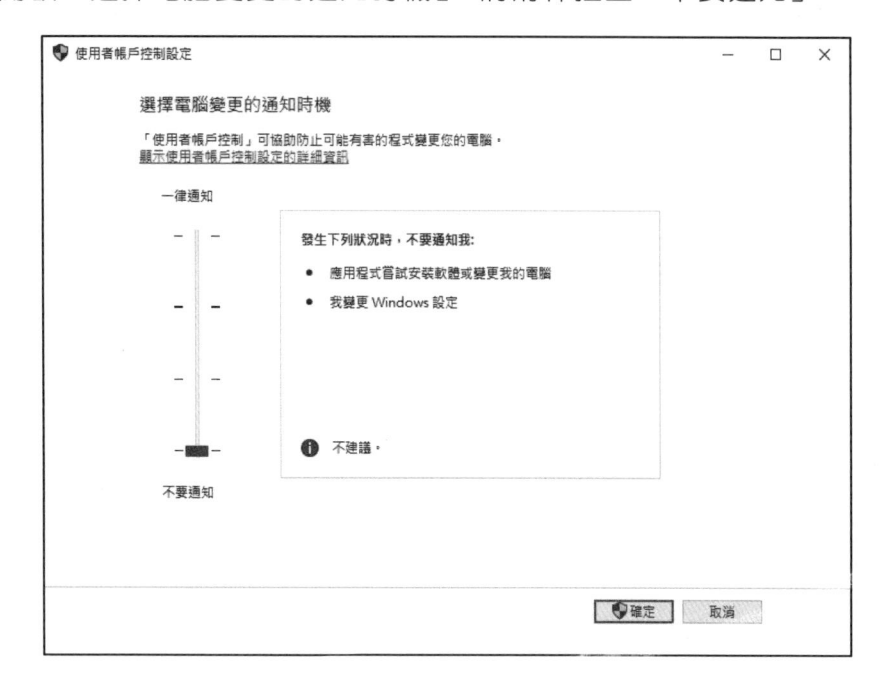

步驟四： 按下「確定」後，請務必重新啟動電腦以完成設定。

5-3 測驗操作程序範例

在測驗之前請熟讀「5-3-1 測驗注意事項」，瞭解測驗的一般規定及限制，以免失誤造成扣分。

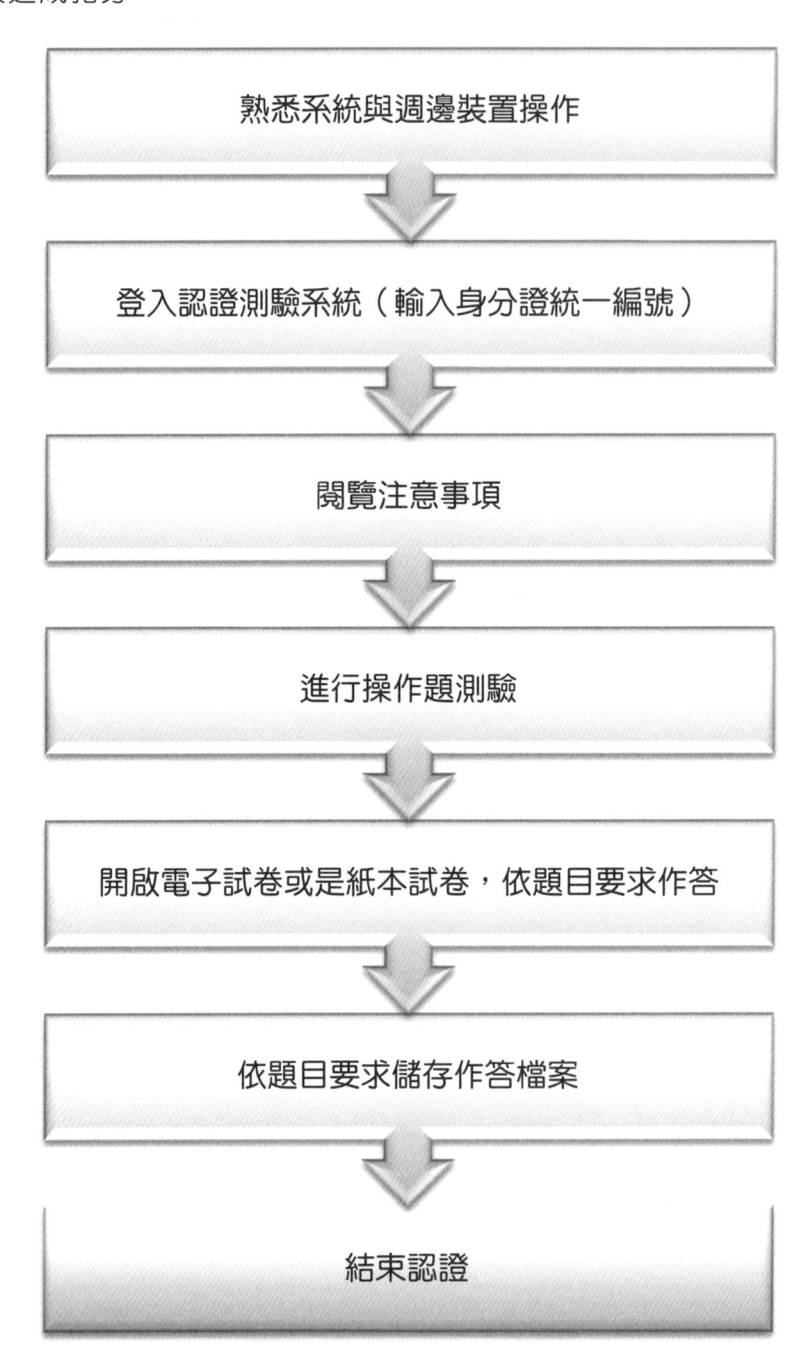

```
熟悉系統與週邊裝置操作
        ↓
登入認證測驗系統（輸入身分證統一編號）
        ↓
閱覽注意事項
        ↓
進行操作題測驗
        ↓
開啟電子試卷或是紙本試卷，依題目要求作答
        ↓
依題目要求儲存作答檔案
        ↓
結束認證
```

5-3-1 測驗注意事項

一、電腦輔助平面製圖 AutoCAD 2024 認證：

　　操作題第一至六類各考一題，共六大題三十小題，第一大題至第二大題每題 10 分、第三大題 15 分、第四大題至第五大題每題 20 分、第六大題 25 分，總計 100 分。於認證時間 80 分鐘內依題目要求繪圖並求取相關圖元資訊，成績加總達 70 分（含）以上者該科合格。

二、執行桌面的「TQC+ 認證測驗系統-Client 端程式」，請依指示輸入：

1. 試卷編號，如 ATF-0001，即輸入「ATF-0001」。

2. 進入測驗準備畫面，聽候監考老師口令開始測驗。

3. 測驗開始，測驗程式開始倒數計時，請依照題目指示作答。

4. 計時終了無法再作答及修改，請聽從監考人員指示。

三、聽候監考人員指示。有任何問題請舉手發問，切勿私下交談。

5-3-2 測驗操作演示

現在我們假設考生甲報考的是電腦輔助平面製圖 AutoCAD 2024 的認證，試卷編號為 ATF-0001。（✤ 註：本書「第六章 範例試卷」中，內含三回試卷可供使用者模擬實際認證測驗之情況，登入系統時，請以本書所提供之試卷編號作為考試帳號，但實際報考進行測驗時，則會使用考生的身分證統一編號，請考生特別注意。）

步驟一： 開啟電源，從硬碟 C 開機。

步驟二： 進入 Windows 作業系統及週邊環境熟悉操作。

步驟三： 執行桌面的「TQC+ 認證測驗系統-Client 端程式」程式項目。

步驟四： 請輸入測驗試卷編號「ATF-0001」按下「登錄」鈕。

步驟五： 請詳細閱讀「測驗注意事項」後，按下「開始」鍵。

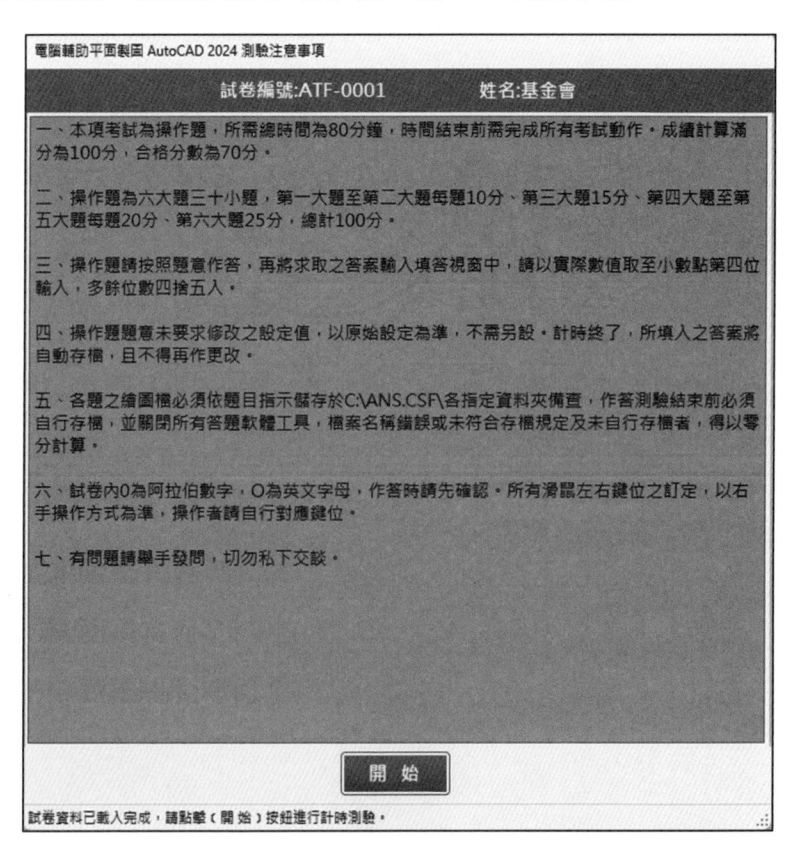

步驟六： 此時測驗程式會開啟一「操作題測驗」填答視窗，顯示本次測驗剩餘時間，並開啟試題 PDF 檔。請自行載入「AutoCAD 2024」，依照題目圖面繪製圖形，依照題目指示作答，並將答案填入作答視窗。「上一題」「下一題」：可以切換欲輸入答案的題號，請對照題號輸入正確的答案值。

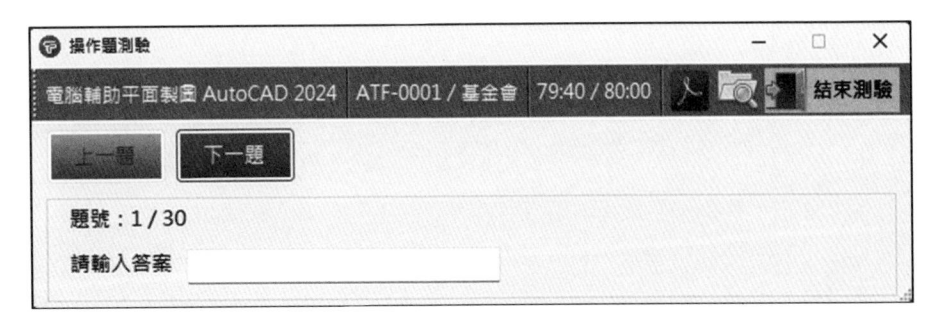

查看考試說明文件：可開啟本份試卷術科題目的書面電子檔。

開啟試題資料夾：可開啟題目檔存放之資料夾。

結束測驗：提早作答完畢並確認作答及存檔無誤後，可按「測驗資訊列」窗格中的 鈕，結束測驗。

步驟七： 點選「操作題測驗」窗格中的「開啟試題資料夾」鈕，系統會自動開啟 ANS.csf 資料夾，ANS.csf 資料夾內含各題的資料夾，請將第一題的作答檔案儲存在 ED01 資料夾之內，其它各題以此類推。

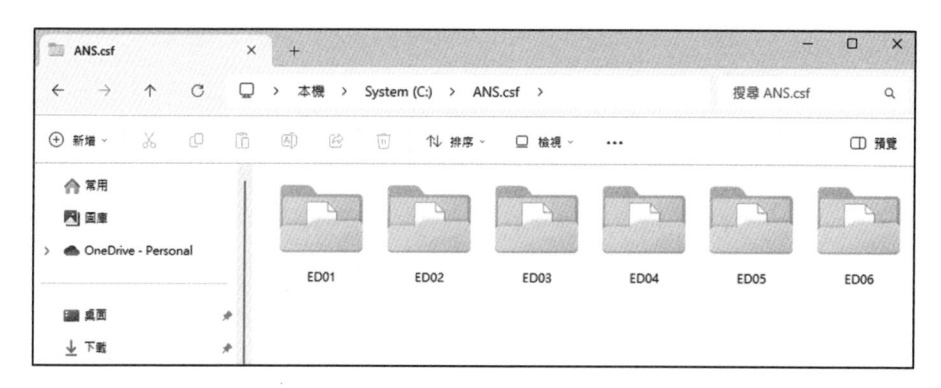

步驟八： 系統會再次提醒您是否確定要結束操作題測驗。

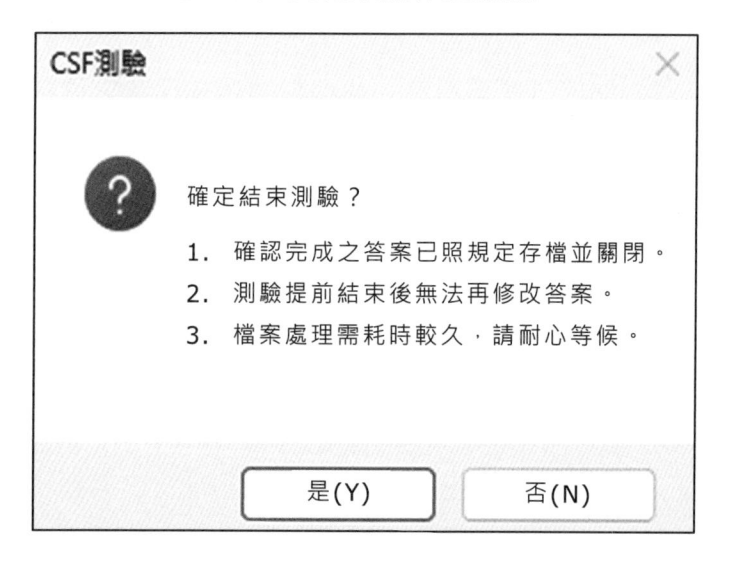

❖ 註：1.各題之繪圖檔必須依題目指示儲存於 C:\ANS.CSF\各指定資料夾備查，作答測驗結束前必須自行存檔，並關閉所有答題軟體工具，檔案名稱錯誤或未符合存檔規定及未自行存檔者，得以零分計算。
　　　 2.若無法提早作答完成，請務必在時間結束前將已完成之部分存檔完畢，並完全跳離答題軟體工具。

步驟九： 評分結果將會列示螢幕上。評分結果為操作題各題填答狀況及得分。此回測驗的總分顯示於畫面最下方。

檢視作答結果

梯次編號：ATF911116
試卷編號：ATF-0001

操作題部分：
總題數：30

題號	考生做答	標準答案	得分	倒扣
001	115.3927	115.3927	2	0
002	102.5763	102.5763	2	0
003	3806.9340	3806.9340	2	0
004	969.8071	969.8071	2	0
005	6757.5430	6757.5430	2	0
006	90.8527	90.8527	2	0
007	243.5533	243.5533	2	0
008	2785.1377	2785.1377	2	0
009	212.1586	212.1586	2	0
010	738.6083	738.6083	2	0
011	84.1676	84.1676	3	0
012	164.0943	164.0943	3	0
013	244.2465	244.2465	3	0
014	561.7675	561.7675	3	0
015	7030.1534	7030.1534	3	0
016	17.5948	17.5948	4	0
017	67.9674	67.9674	4	0

操作題小計：82
總　　計：82

離　開

❖ 註：1. 本系統在進行系統更新之後，系統內容與畫面可能有所變更，此為正常情形請放心使用！
　　　2. 此項為供使用者練習與自我評核之用，正式考試的畫面顯示會有所差異。

心得筆記

6 Chapter

範例試卷

試卷編號：ATF-0001
試卷編號：ATF-0002
試卷編號：ATF-0003
試卷標準答案

試卷編號：ATF-0001　　　　　中華民國電腦技能基金會
　　　　　　　　　　　　　　Computer Skills Foundation

電腦輔助平面製圖AutoCAD 2024
範例試卷

【認證說明與注意事項】

一、本項考試為操作題，所需總時間為 80 分鐘，時間結束前需完成所有考試動作。成績計算滿分為 100 分，合格分數為 70 分。

二、操作題為六大題三十小題，第一大題至第二大題每題 10 分、第三大題 15 分、第四大題至第五大題每題 20 分、第六大題 25 分，總計 100 分。

三、操作題請按照題意作答，再將求取之答案輸入填答視窗中，請以實際數值取至小數點第四位輸入，多餘位數四捨五入。

四、操作題題意未要求修改之設定值，以原始設定為準，不需另設。計時終了，所填入之答案將自動存檔，且不得再作更改。

五、各題之繪圖檔必須依題目指示儲存於 C:\ANS.CSF\各指定資料夾備查，作答測驗結束前必須自行存檔，並關閉所有答題軟體工具，檔案名稱錯誤或未符合存檔規定及未自行存檔者，得以零分計算。

六、試卷內 0 為阿拉伯數字，O 為英文字母，作答時請先確認。所有滑鼠左右鍵位之訂定，以右手操作方式為準，操作者請自行對應鍵位。

七、有問題請舉手發問，切勿私下交談。

操作題 100%(第一題至第二題每題 10 分、第三題 15 分、第四題至第五題每題 20 分、第六題 25 分)

一、試繪出下圖並回答下列五個問題（10 分，每小題 2 分）

完成結果請依下表之資訊，儲存於指定路徑及檔名：

路徑	檔名
C:\ANS.CSF\ED01	**ATA01.dwg**

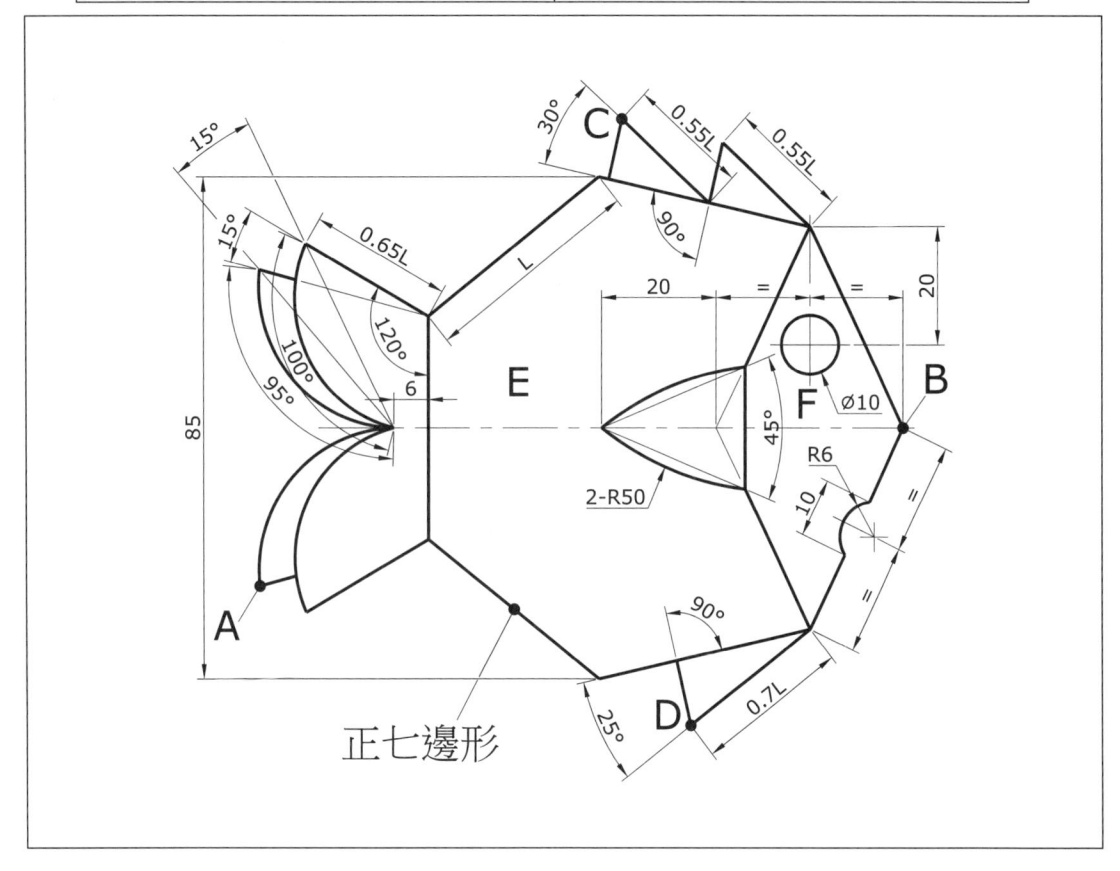

1. 交點 A 至交點 B 距離為何？＿＿＿＿＿＿＿＿＿＿＿＿＿＿＿＿＿＿＿＿＿＿＿

2. 交點 C 至交點 D 垂直距離為何？＿＿＿＿＿＿＿＿＿＿＿＿＿＿＿＿＿＿＿＿＿

3. 區域 E 面積為何？＿＿＿＿＿＿＿＿＿＿＿＿＿＿＿＿＿＿＿＿＿＿＿＿＿＿＿

4. 區域 F 扣除內孔面積為何？＿＿＿＿＿＿＿＿＿＿＿＿＿＿＿＿＿＿＿＿＿＿＿

5. 圖形最外圍面積為何？＿＿＿＿＿＿＿＿＿＿＿＿＿＿＿＿＿＿＿＿＿＿＿＿＿

二、試繪出下圖並回答下列五個問題（10分，每小題2分）

完成結果請依下表之資訊，儲存於指定路徑及檔名：

路徑	檔名
C:\ANS.CSF\ED02	**ATA02.dwg**

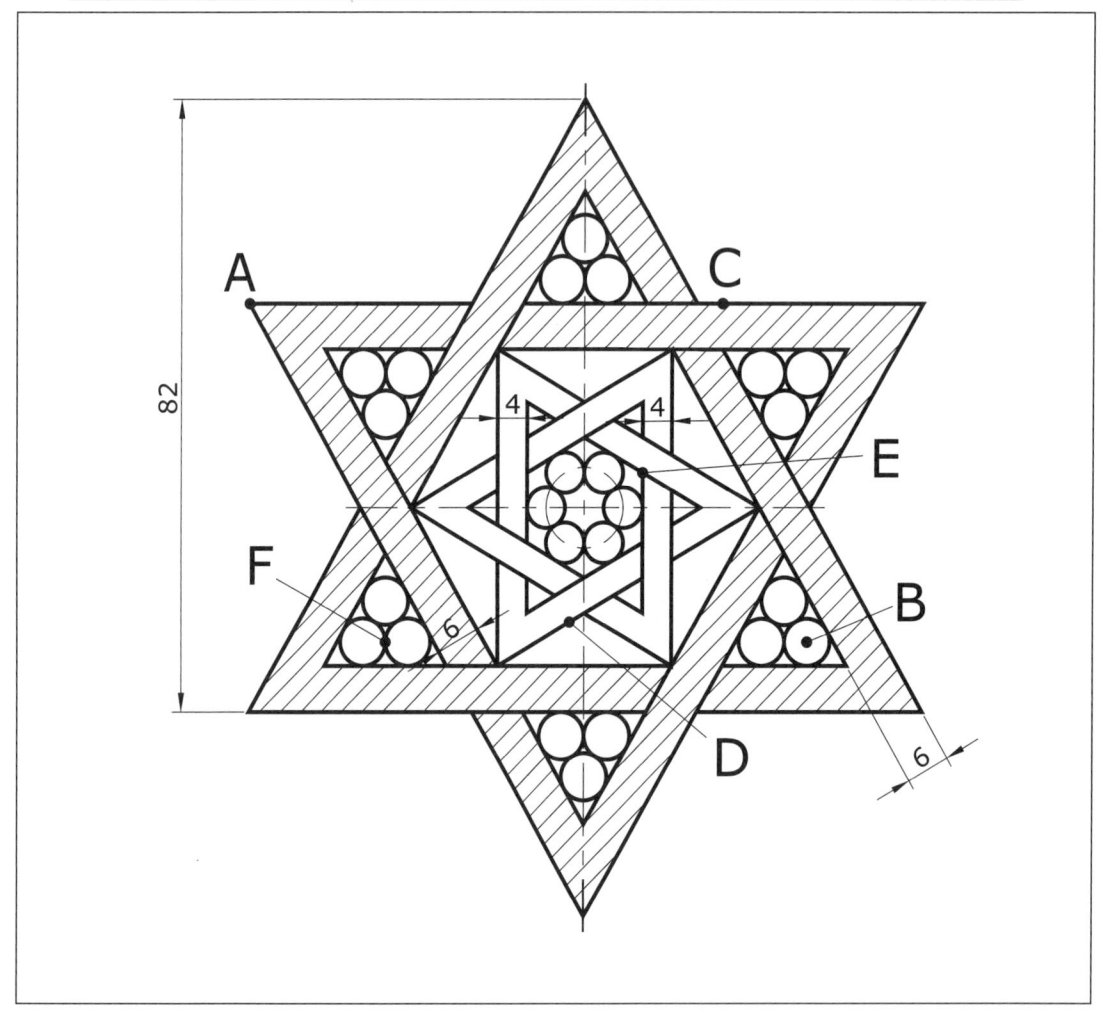

6. 交點 A 至中心點 B 距離為何？ _____

7. 中點 C 至中點 D 角度為何？ _____

8. 斜線區域面積為何？ _____

9. 交點 E 至交點 F 角度為何？ _____

10. 圖面中所有圓的總面積為何？ _____

三、試繪出下圖並回答下列五個問題（15 分，每小題 3 分）

完成結果請依下表之資訊，儲存於指定路徑及檔名：

路徑	檔名
C:\ANS.CSF\ED03	**ATA03.dwg**

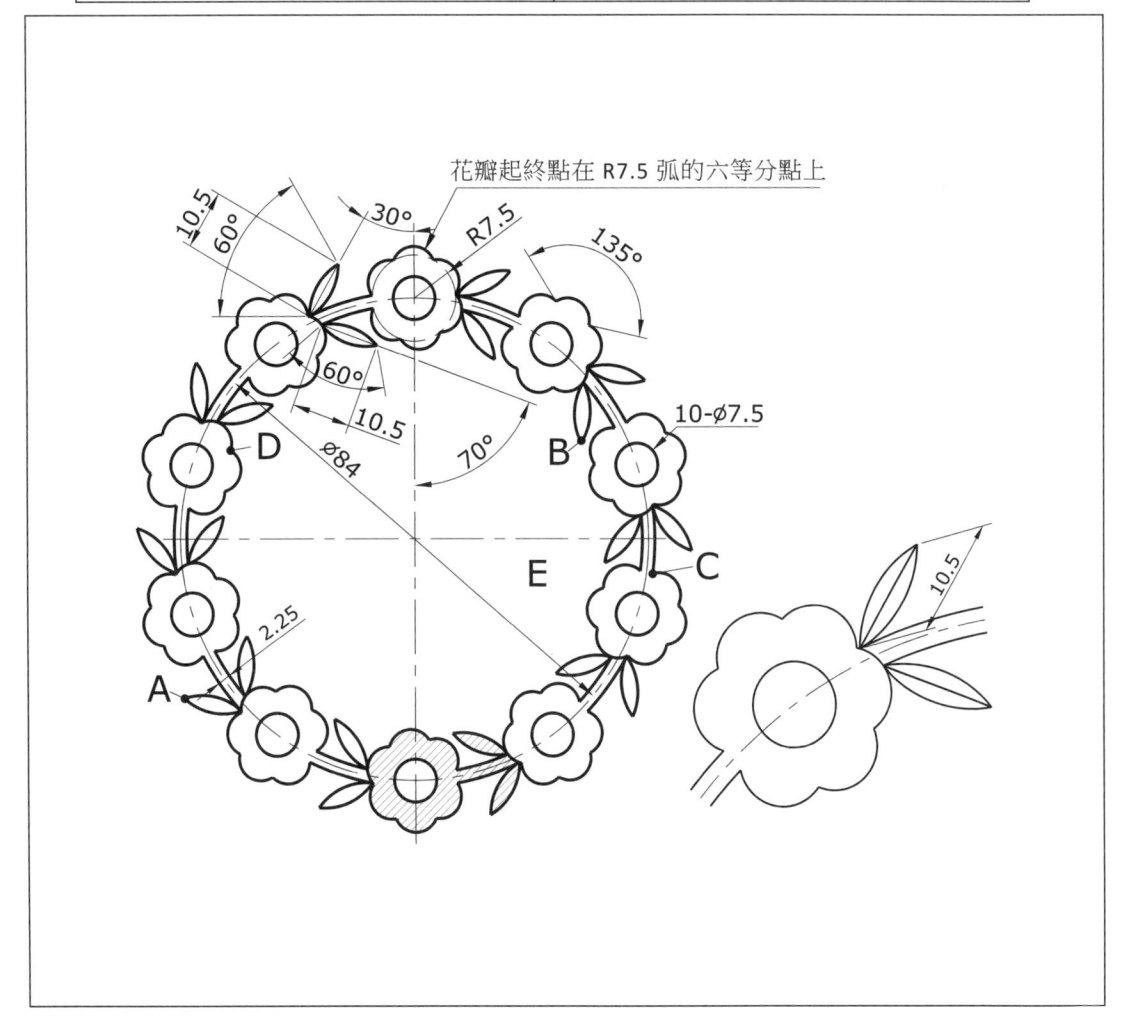

11. 交點 A 至交點 B 距離為何？＿＿＿＿＿＿＿＿＿＿＿＿＿＿＿＿＿＿＿＿＿＿

12. 交點 C 至交點 D 角度為何？＿＿＿＿＿＿＿＿＿＿＿＿＿＿＿＿＿＿＿＿＿＿

13. 斜線區域面積為何？＿＿＿＿＿＿＿＿＿＿＿＿＿＿＿＿＿＿＿＿＿＿＿＿＿＿

14. 區域 E 周長為何？＿＿＿＿＿＿＿＿＿＿＿＿＿＿＿＿＿＿＿＿＿＿＿＿＿＿＿

15. 圖形最外圍面積為何？＿＿＿＿＿＿＿＿＿＿＿＿＿＿＿＿＿＿＿＿＿＿＿＿＿

四、試繪出下圖並回答下列五個問題（20 分，每小題 4 分）
完成結果請依下表之資訊，儲存於指定路徑及檔名：

路徑	檔名
C:\ANS.CSF\ED04	**ATA04.dwg**

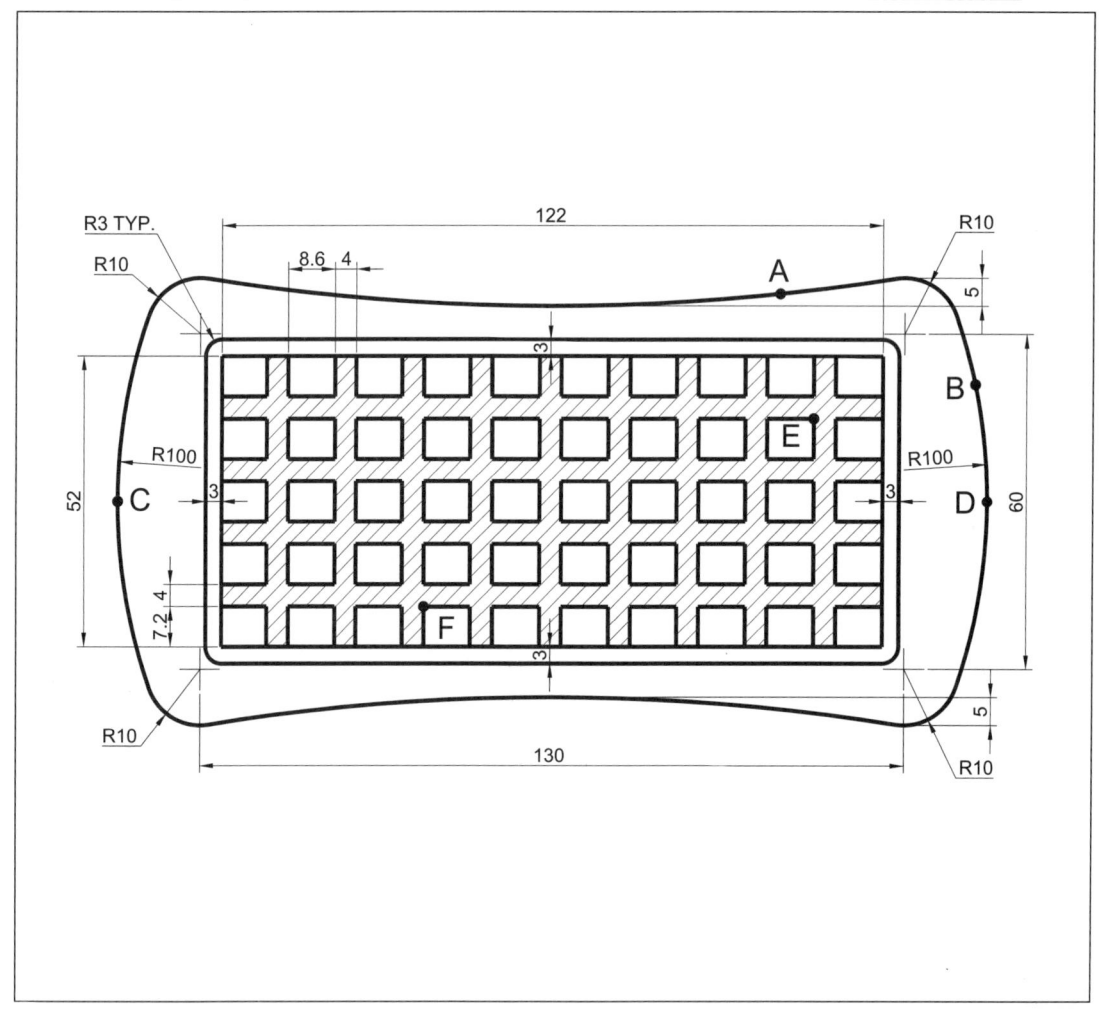

16. 弧 A 夾角為何？ _____

17. 弧 B 長度為何？ _____

18. 中點 C 至中點 D 水平距離為何？ _____

19. 交點 E 至交點 F 距離為何？ _____

20. 斜線區域面積為何？ _____

五、 試繪出下圖並回答下列五個問題（20分，每小題4分）
完成結果請依下表之資訊，儲存於指定路徑及檔名：

路徑	檔名
C:\ANS.CSF\ED05	**ATA05.dwg**

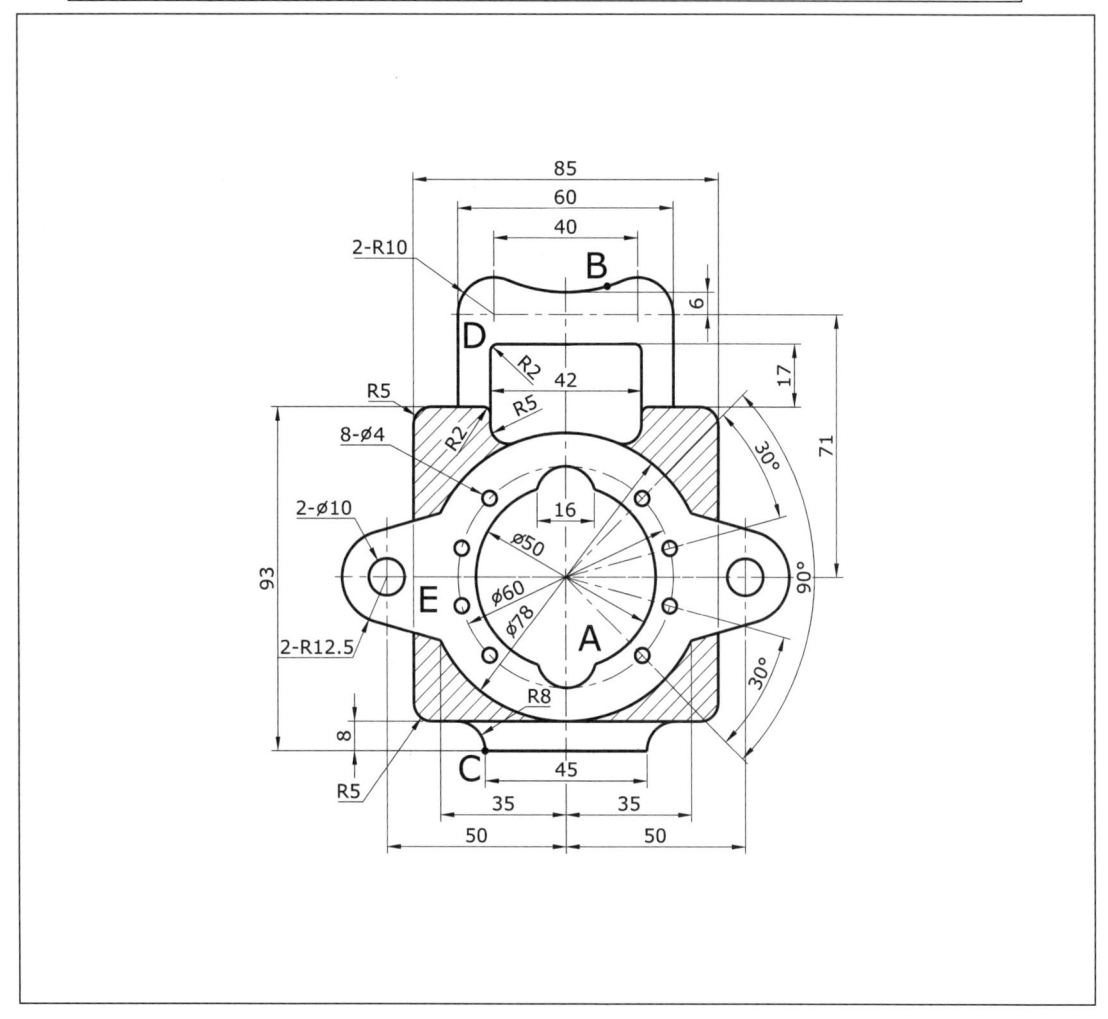

21. A 區域周長為何？ _____

22. 弧 B 中心點至交點 C 距離為何？ _____

23. D 區域面積為何？ _____

24. E 區域扣除內孔面積為何？ _____

25. 斜線區域總面積為何？ _____

六、試繪出下圖並回答下列五個問題（25 分，每小題 5 分）
完成結果請依下表之資訊，儲存於指定路徑及檔名：

路徑	檔名
C:\ANS.CSF\ED06	**ATA06.dwg**

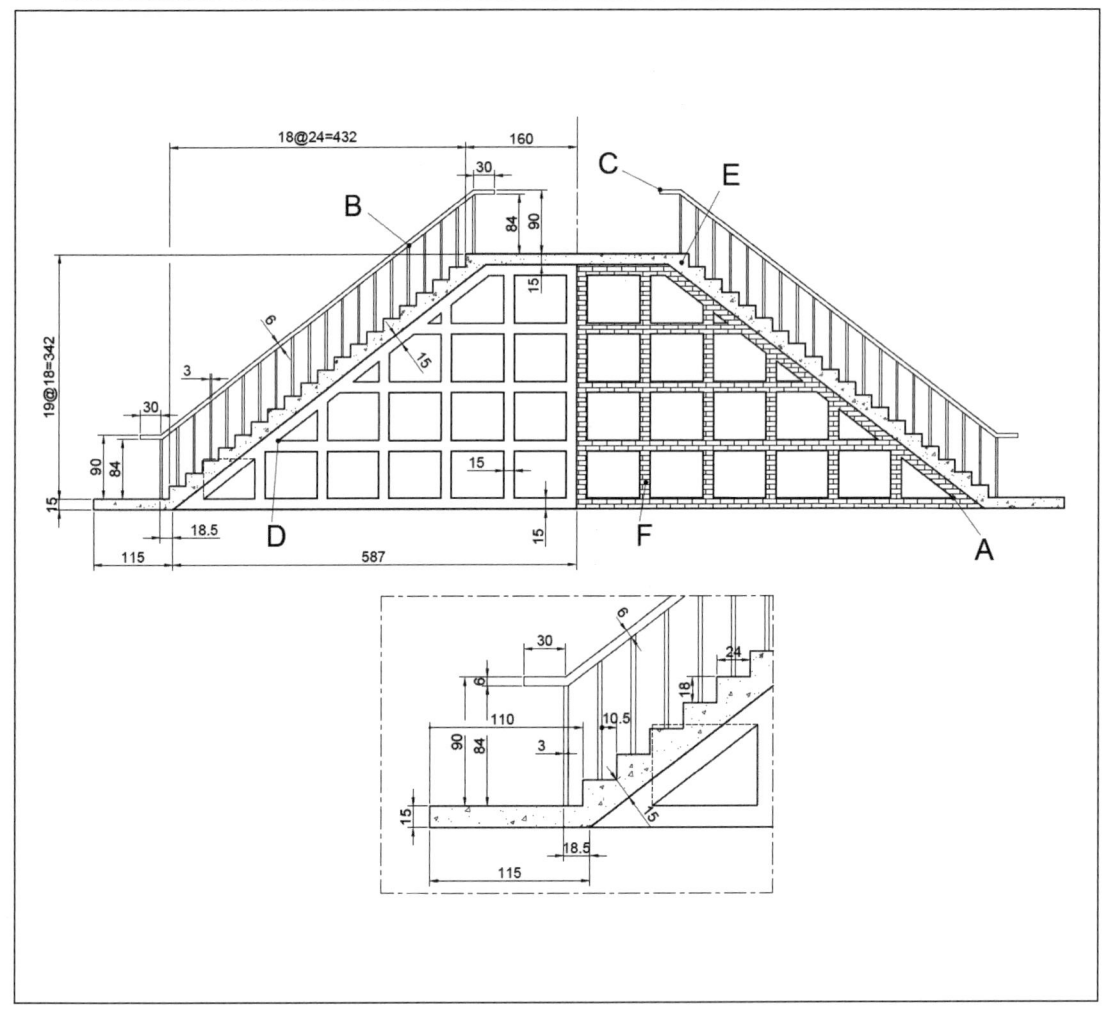

26. 交點 A 至交點 B 距離為何？_____
27. 交點 C 至交點 D 距離為何？_____
28. 剖面區域 E 面積為何？_____
29. 剖面區域 F 面積為何？_____
30. 圖形最外圍面積為何？_____

試卷編號：ATF-0002

電腦輔助平面製圖 AutoCAD 2024 範例試卷

【認證說明與注意事項】

一、本項考試為操作題,所需總時間為 80 分鐘,時間結束前需完成所有考試動作。成績計算滿分為 100 分,合格分數為 70 分。

二、操作題為六大題三十小題,第一大題至第二大題每題 10 分、第三大題 15 分、第四大題至第五大題每題 20 分、第六大題 25 分,總計 100 分。

三、操作題請按照題意作答,再將求取之答案輸入填答視窗中,請以實際數值取至小數點第四位輸入,多餘位數四捨五入。

四、操作題題意未要求修改之設定值,以原始設定為準,不需另設。計時終了,所填入之答案將自動存檔,且不得再作更改。

五、各題之繪圖檔必須依題目指示儲存於 C:\ANS.CSF\各指定資料夾備查,作答測驗結束前必須自行存檔,並關閉所有答題軟體工具,檔案名稱錯誤或未符合存檔規定及未自行存檔者,得以零分計算。

六、試卷內 0 為阿拉伯數字,O 為英文字母,作答時請先確認。所有滑鼠左右鍵位之訂定,以右手操作方式為準,操作者請自行對應鍵位。

七、有問題請舉手發問,切勿私下交談。

操作題 100%(第一題至第二題每題 10 分、第三題 15 分、第四題至第五題每題 20 分、第六題 25 分)

一、 試繪出下圖並回答下列五個問題（10 分，每小題 2 分）

完成結果請依下表之資訊，儲存於指定路徑及檔名：

路徑	檔名
C:\ANS.CSF\ED01	**ATA01.dwg**

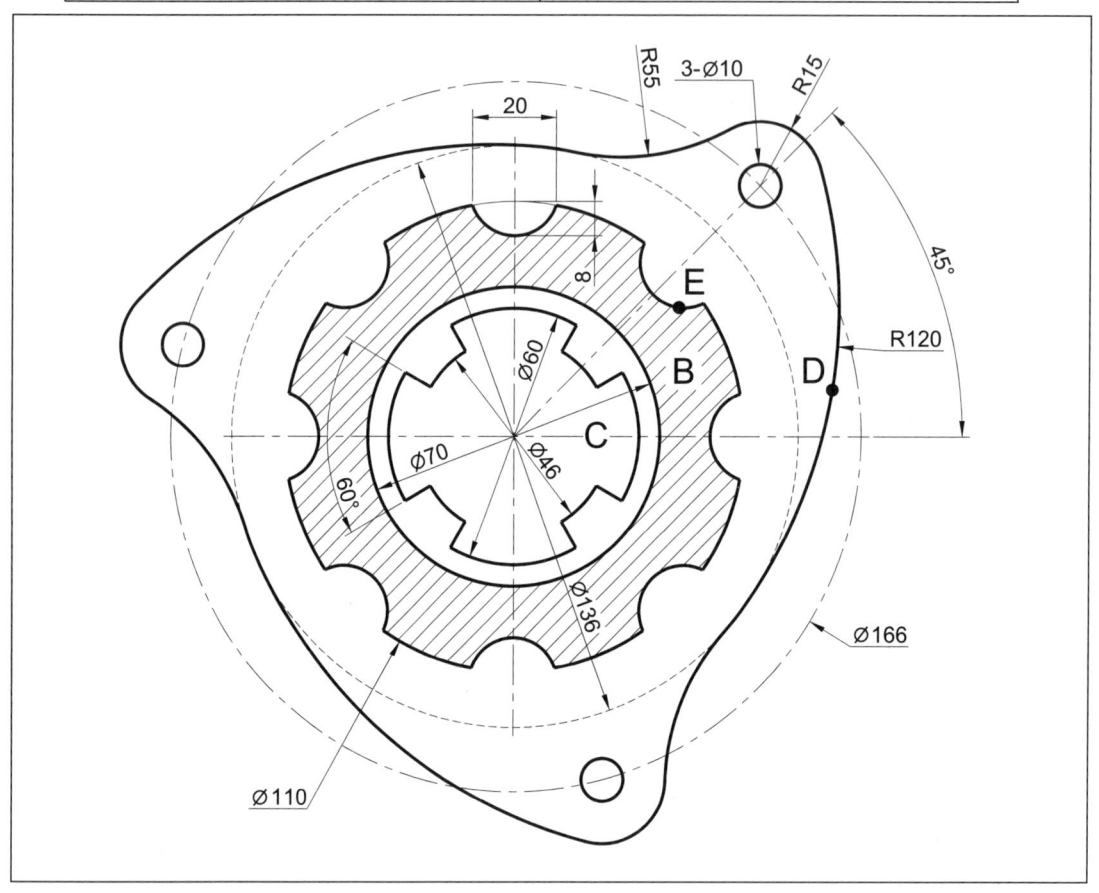

1. 圖形最外圍周長為何？＿＿＿＿＿＿＿＿＿＿＿＿＿＿＿＿＿＿＿＿＿＿＿＿
2. 斜線 B 區域面積為何？＿＿＿＿＿＿＿＿＿＿＿＿＿＿＿＿＿＿＿＿＿＿＿
3. C 區域周長為何？＿＿＿＿＿＿＿＿＿＿＿＿＿＿＿＿＿＿＿＿＿＿＿＿＿
4. 弧 D 夾角為何？＿＿＿＿＿＿＿＿＿＿＿＿＿＿＿＿＿＿＿＿＿＿＿＿＿＿
5. 弧 E 半徑為何？＿＿＿＿＿＿＿＿＿＿＿＿＿＿＿＿＿＿＿＿＿＿＿＿＿＿

二、試繪出下圖並回答下列五個問題（10分，每小題2分）
完成結果請依下表之資訊，儲存於指定路徑及檔名：

路徑	檔名
C:\ANS.CSF\ED02	**ATA02.dwg**

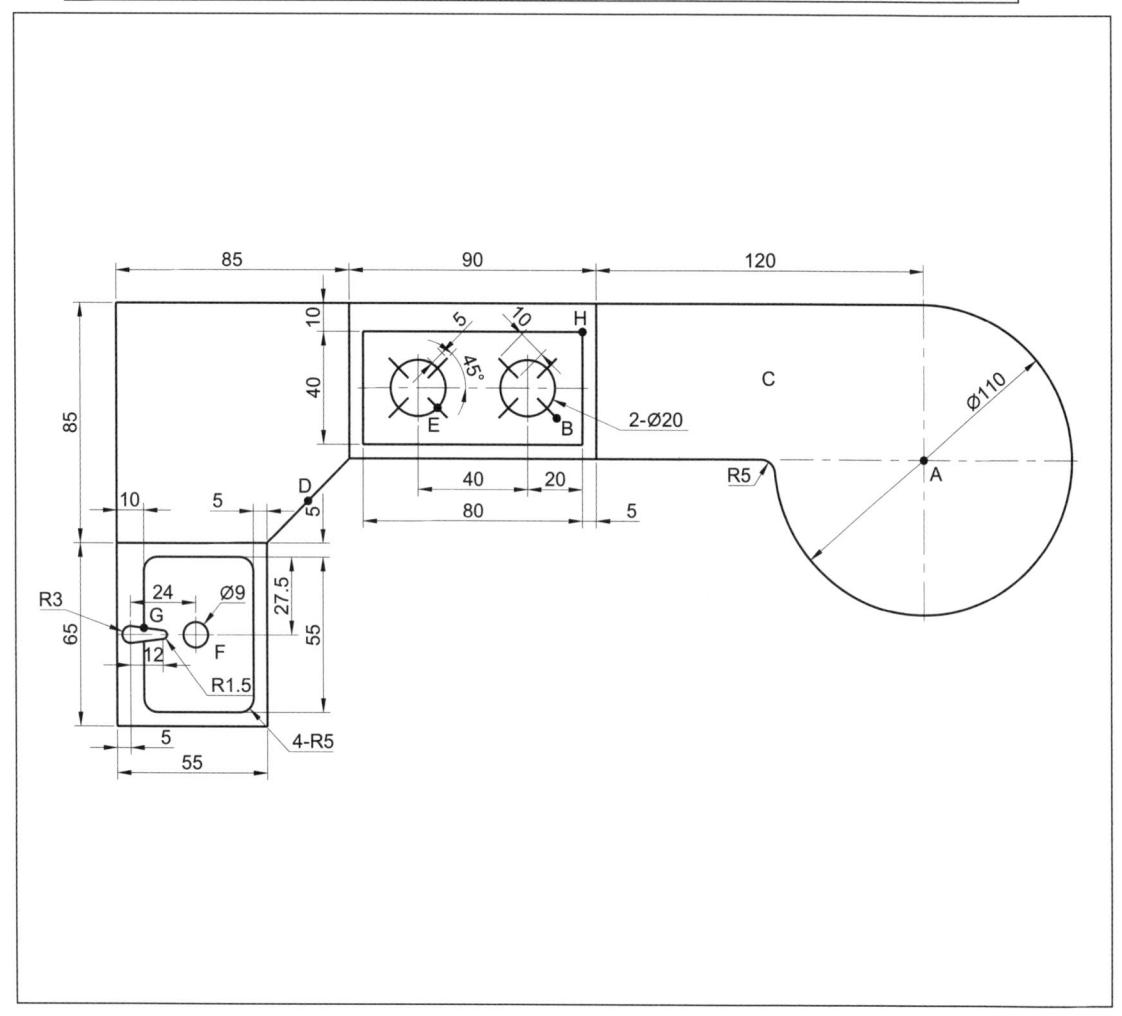

6. 中心點 A 至端點 B 距離為何？＿＿＿＿＿＿＿＿＿＿＿＿＿＿＿＿＿＿＿＿

7. C 周長為何？＿＿＿＿＿＿＿＿＿＿＿＿＿＿＿＿＿＿＿＿＿＿＿＿＿＿＿＿

8. 中點 D 至交點 E 角度為何？＿＿＿＿＿＿＿＿＿＿＿＿＿＿＿＿＿＿＿＿

9. F 區域淨面積為何？＿＿＿＿＿＿＿＿＿＿＿＿＿＿＿＿＿＿＿＿＿＿＿＿

10. 交點 G 至交點 H 距離為何？＿＿＿＿＿＿＿＿＿＿＿＿＿＿＿＿＿＿＿＿

三、試繪出下圖並回答下列五個問題（15 分，每小題 3 分）
完成結果請依下表之資訊，儲存於指定路徑及檔名：

路徑	檔名
C:\ANS.CSF\ED03	**ATA03.dwg**

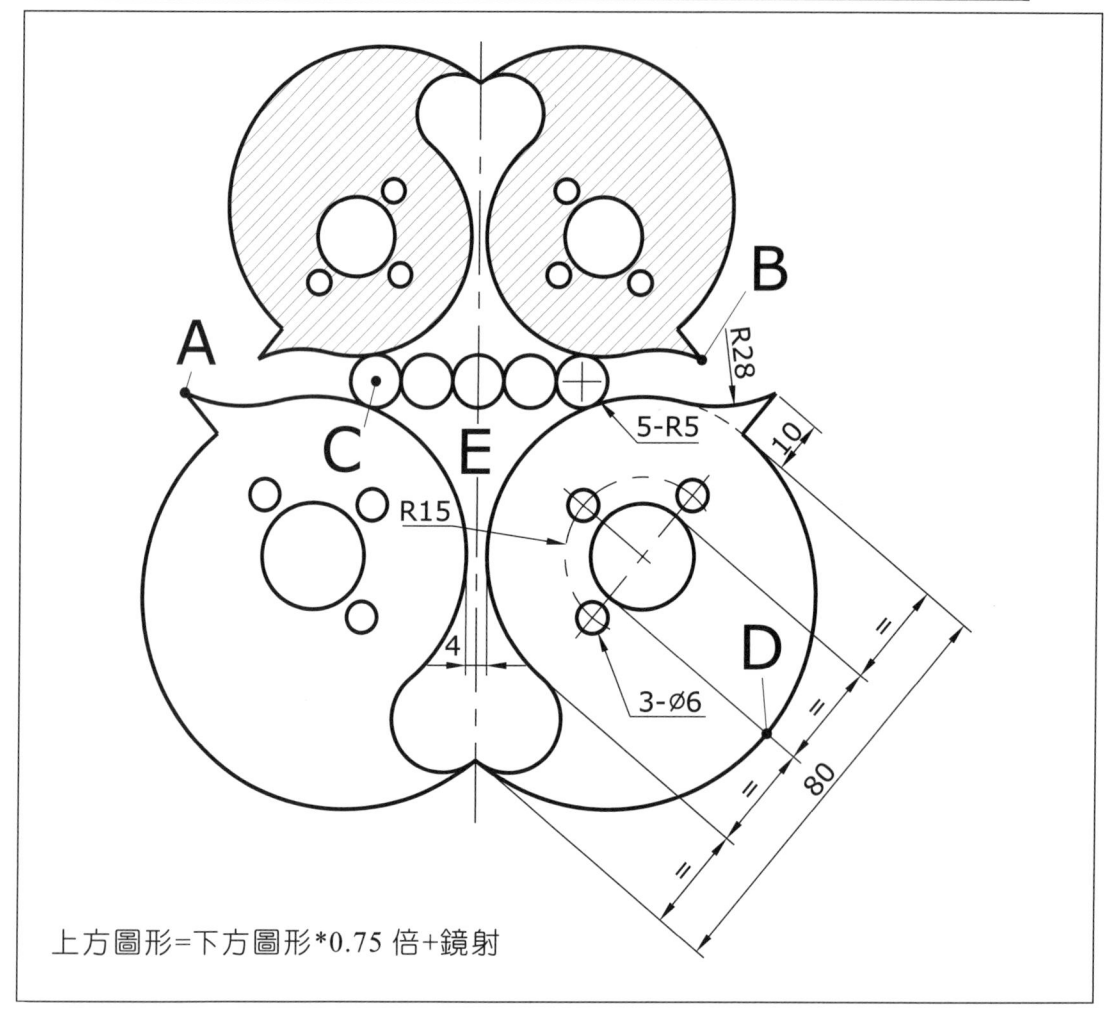

上方圖形=下方圖形*0.75 倍+鏡射

11. 交點 A 至交點 B 距離為何？＿＿＿＿＿＿＿＿＿＿＿＿＿＿＿＿＿＿＿＿＿

12. 中心點 C 至中點 D 角度為何？＿＿＿＿＿＿＿＿＿＿＿＿＿＿＿＿＿＿＿＿

13. 區域 E 周長為何？＿＿＿＿＿＿＿＿＿＿＿＿＿＿＿＿＿＿＿＿＿＿＿＿＿

14. 斜線區域面積為何？＿＿＿＿＿＿＿＿＿＿＿＿＿＿＿＿＿＿＿＿＿＿＿＿

15. 圖形最外圍面積為何？＿＿＿＿＿＿＿＿＿＿＿＿＿＿＿＿＿＿＿＿＿＿＿

四、試繪出下圖並回答下列五個問題（20分，每小題4分）

完成結果請依下表之資訊，儲存於指定路徑及檔名：

路徑	檔名
C:\ANS.CSF\ED04	ATA04.dwg

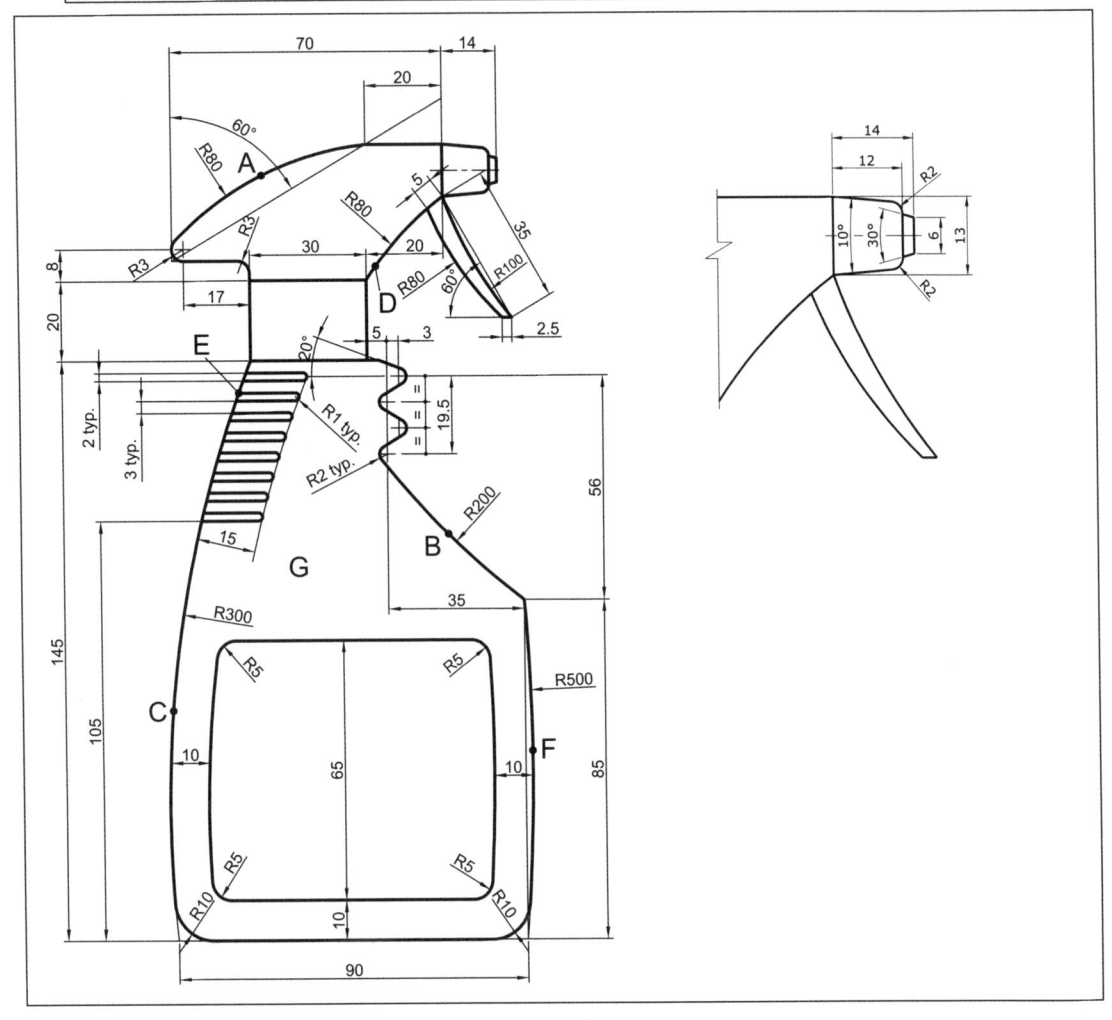

16. 中點 A 至中點 B 距離為何？＿＿＿＿＿＿＿＿＿＿＿＿＿＿＿＿＿＿＿＿

17. 弧 C 至弧 D 中心點距離為何？＿＿＿＿＿＿＿＿＿＿＿＿＿＿＿＿＿＿

18. 交點 E 至弧 F 中心點距離為何？＿＿＿＿＿＿＿＿＿＿＿＿＿＿＿＿＿

19. 區域 G 扣除內孔面積為何？＿＿＿＿＿＿＿＿＿＿＿＿＿＿＿＿＿＿＿

20. 圖形最外圍面積為何？＿＿＿＿＿＿＿＿＿＿＿＿＿＿＿＿＿＿＿＿＿

五、試繪出下圖並回答下列五個問題（20 分，每小題 4 分）

完成結果請依下表之資訊，儲存於指定路徑及檔名：

路徑	檔名
C:\ANS.CSF\ED05	**ATA05.dwg**

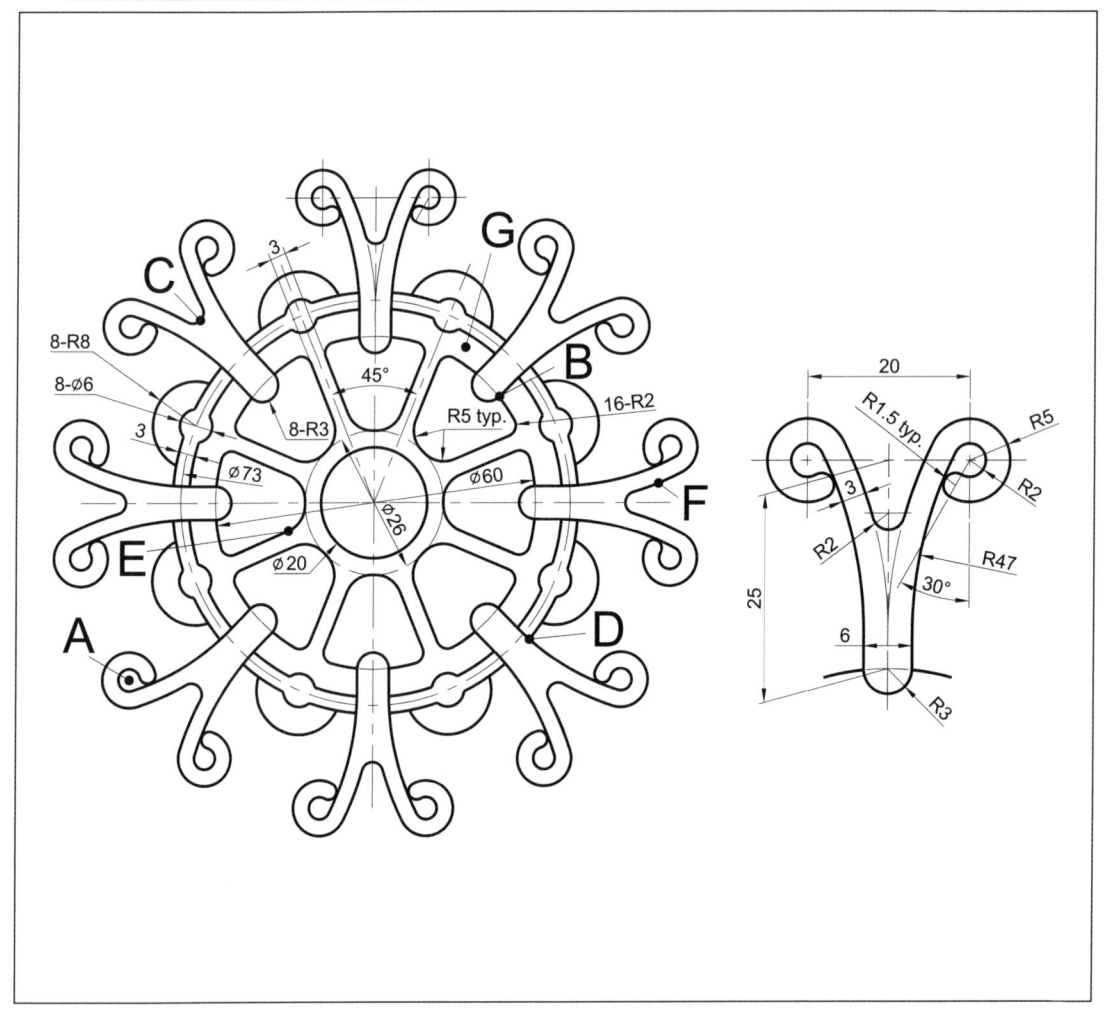

21. 弧 A 中心點至交點 B 距離為何？ _____

22. 弧 C 中心點至交點 D 距離為何？ _____

23. 交點 E 至弧 F 中心點距離為何？ _____

24. 區域 G 扣除內孔面積為何？ _____

25. 圖形最外圍周長為何？ _____

六、試繪出下圖並回答下列五個問題（25分，每小題5分）
完成結果請依下表之資訊，儲存於指定路徑及檔名：

路徑	檔名
C:\ANS.CSF\ED06	**ATA06.dwg**

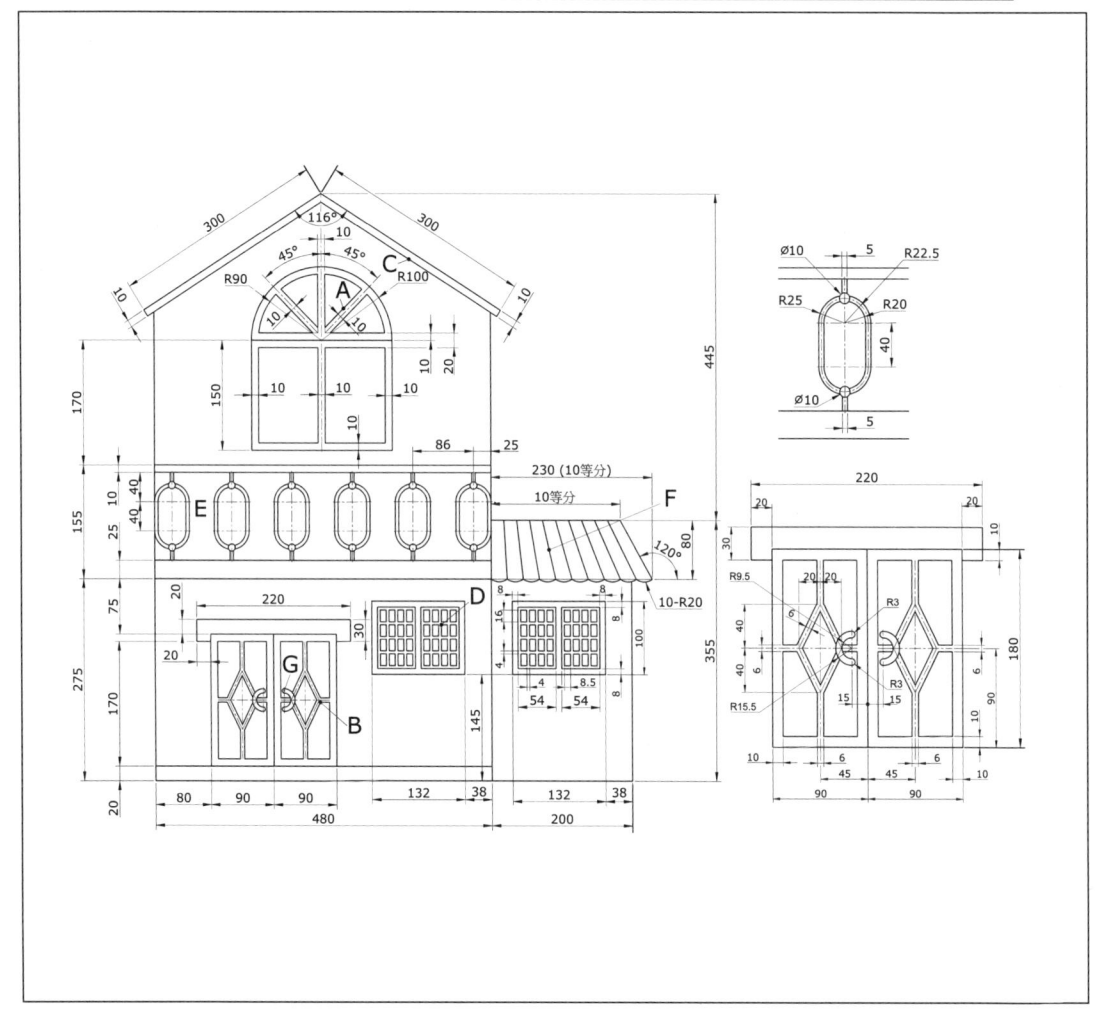

26. 中點 A 至交點 B 距離為何？＿＿＿＿＿＿＿＿＿＿＿＿＿＿＿＿＿＿＿

27. 中點 C 至交點 D 距離為何？＿＿＿＿＿＿＿＿＿＿＿＿＿＿＿＿＿＿＿

28. 區域 E 面積為何？＿＿＿＿＿＿＿＿＿＿＿＿＿＿＿＿＿＿＿＿＿＿＿

29. 中點 F 至中心點 G 距離為何？＿＿＿＿＿＿＿＿＿＿＿＿＿＿＿＿＿

30. 圖形最外圍面積為何？＿＿＿＿＿＿＿＿＿＿＿＿＿＿＿＿＿＿＿＿＿

試卷編號：ATF-0003

電腦輔助平面製圖 AutoCAD 2024
範例試卷

【認證說明與注意事項】

一、本項考試為操作題，所需總時間為 80 分鐘，時間結束前需完成所有考試動作。成績計算滿分為 100 分，合格分數為 70 分。

二、操作題為六大題三十小題，第一大題至第二大題每題 10 分、第三大題 15 分、第四大題至第五大題每題 20 分、第六大題 25 分，總計 100 分。

三、操作題請按照題意作答，再將求取之答案輸入填答視窗中，請以實際數值取至小數點第四位輸入，多餘位數四捨五入。

四、操作題題意未要求修改之設定值，以原始設定為準，不需另設。計時終了，所填入之答案將自動存檔，且不得再作更改。

五、各題之繪圖檔必須依題目指示儲存於 C:\ANS.CSF\各指定資料夾備查，作答測驗結束前必須自行存檔，並關閉所有答題軟體工具，檔案名稱錯誤或未符合存檔規定及未自行存檔者，得以零分計算。

六、試卷內 0 為阿拉伯數字，O 為英文字母，作答時請先確認。所有滑鼠左右鍵位之訂定，以右手操作方式為準，操作者請自行對應鍵位。

七、有問題請舉手發問，切勿私下交談。

操作題 100%(第一題至第二題每題 10 分、第三題 15 分、第四題至第五題每題 20 分、第六題 25 分)

一、試繪出下圖並回答下列五個問題（10 分，每小題 2 分）

完成結果請依下表之資訊，儲存於指定路徑及檔名：

路徑	檔名
C:\ANS.CSF\ED01	**ATA01.dwg**

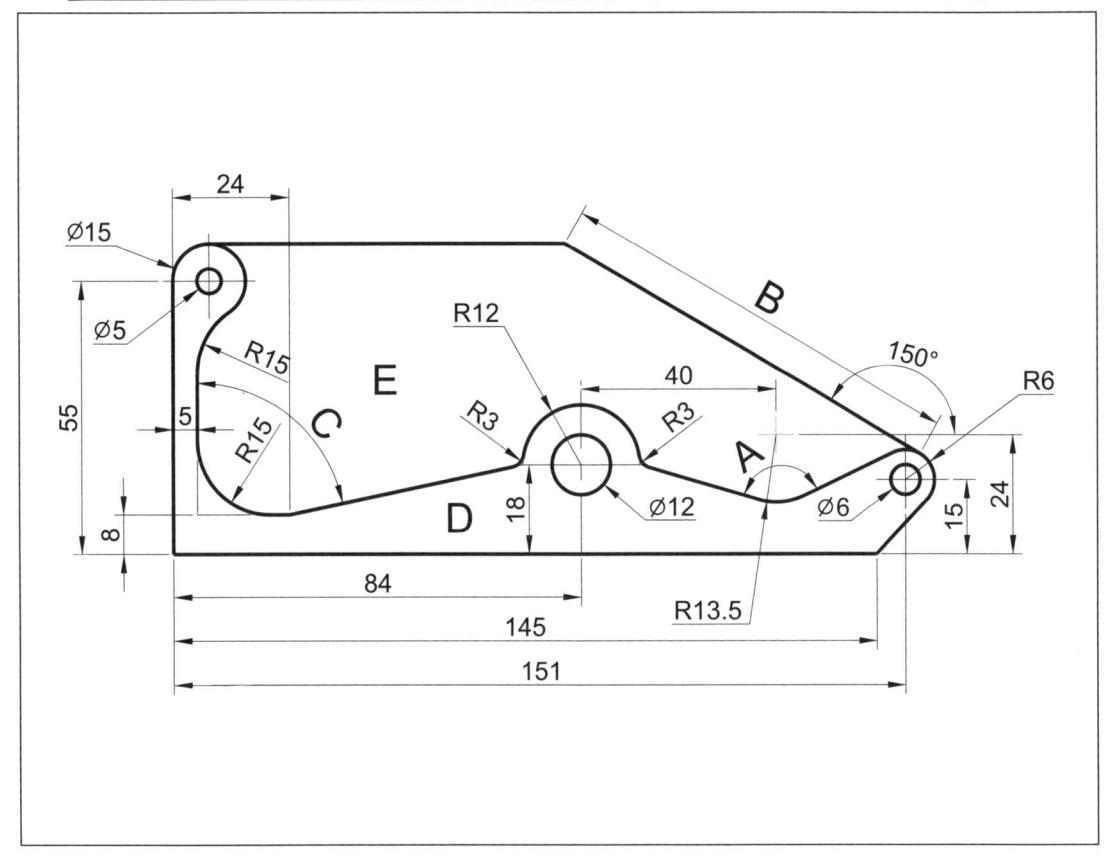

1. A 夾角為何？ _____
2. 尺寸 B 長度為何？ _____
3. C 夾角為何？ _____
4. D 區域扣除內孔面積為何？ _____
5. E 區域周長為何？ _____

二、試繪出下圖並回答下列五個問題（10分，每小題2分）
完成結果請依下表之資訊，儲存於指定路徑及檔名：

路徑	檔名
C:\ANS.CSF\ED02	**ATA02.dwg**

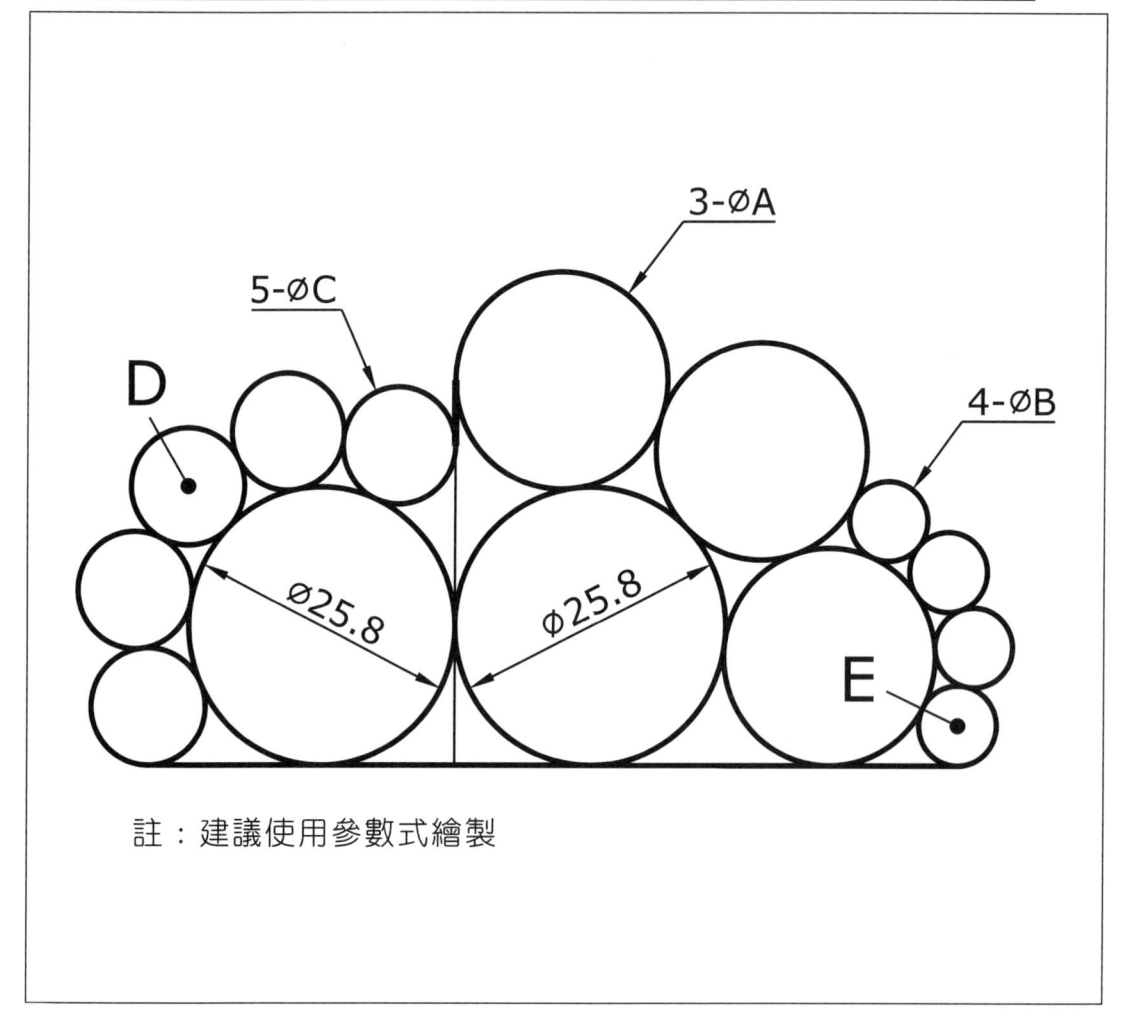

註：建議使用參數式繪製

6. 直徑 A 為何？＿＿＿＿＿＿＿＿＿＿＿＿＿＿＿＿＿＿＿＿＿＿＿＿＿

7. 直徑 B 為何？＿＿＿＿＿＿＿＿＿＿＿＿＿＿＿＿＿＿＿＿＿＿＿＿＿

8. 直徑 C 為何？＿＿＿＿＿＿＿＿＿＿＿＿＿＿＿＿＿＿＿＿＿＿＿＿＿

9. 中心點 D 至中心點 E 距離為何？＿＿＿＿＿＿＿＿＿＿＿＿＿＿＿＿

10. 圖形最外圍面積為何？＿＿＿＿＿＿＿＿＿＿＿＿＿＿＿＿＿＿＿＿

三、試繪出下圖並回答下列五個問題（15分，每小題3分）

完成結果請依下表之資訊，儲存於指定路徑及檔名：

路徑	檔名
C:\ANS.CSF\ED03	**ATA03.dwg**

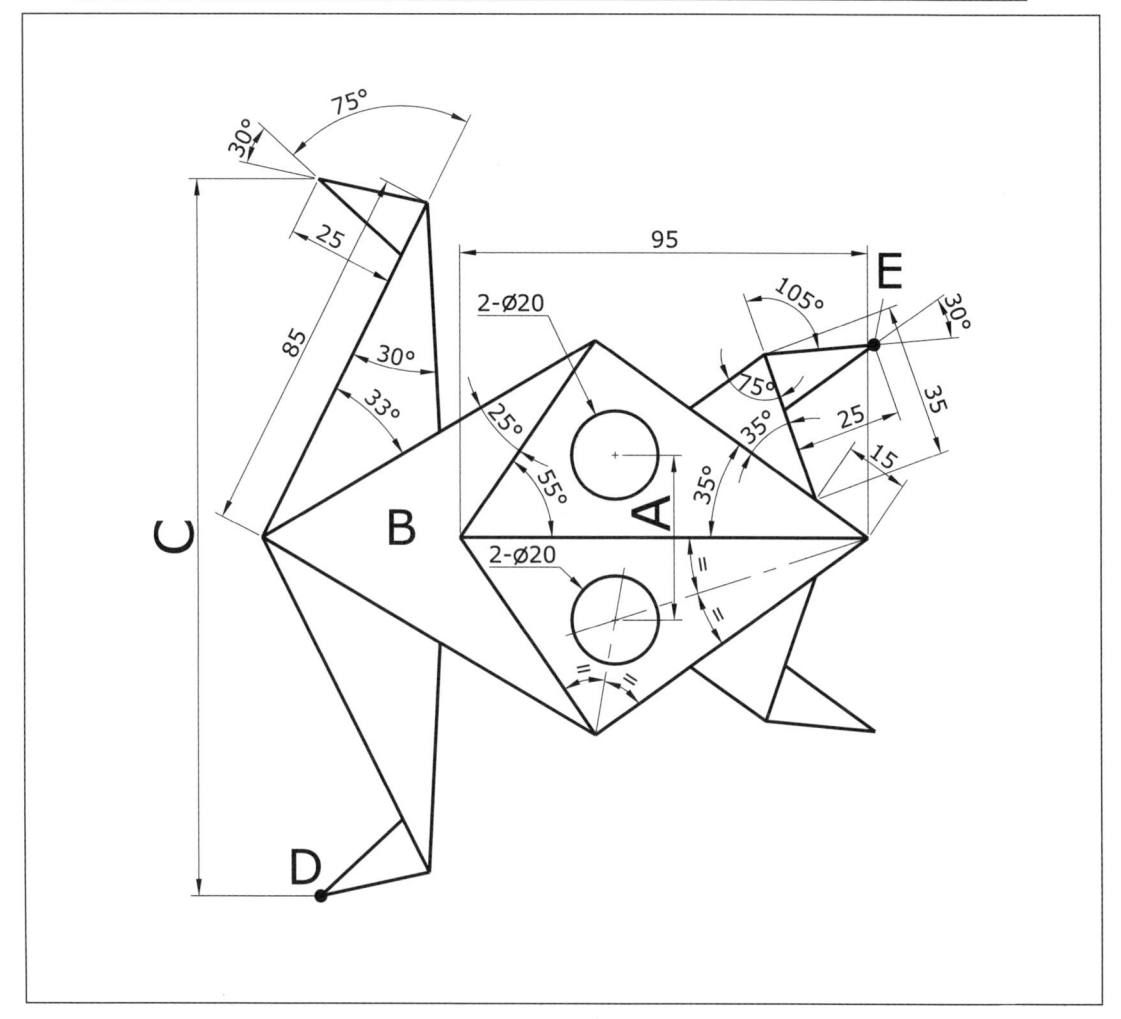

11. 尺寸 A 長度為何？ _____

12. B 區域面積為何？ _____

13. 尺寸 C 長度為何？ _____

14. 端點 D 至端點 E 之距離為何？ _____

15. 圖形所圍成最外圍面積為何？ _____

四、試繪出下圖並回答下列五個問題（20分，每小題4分）
完成結果請依下表之資訊，儲存於指定路徑及檔名：

路徑	檔名
C:\ANS.CSF\ED04	ATA04.dwg

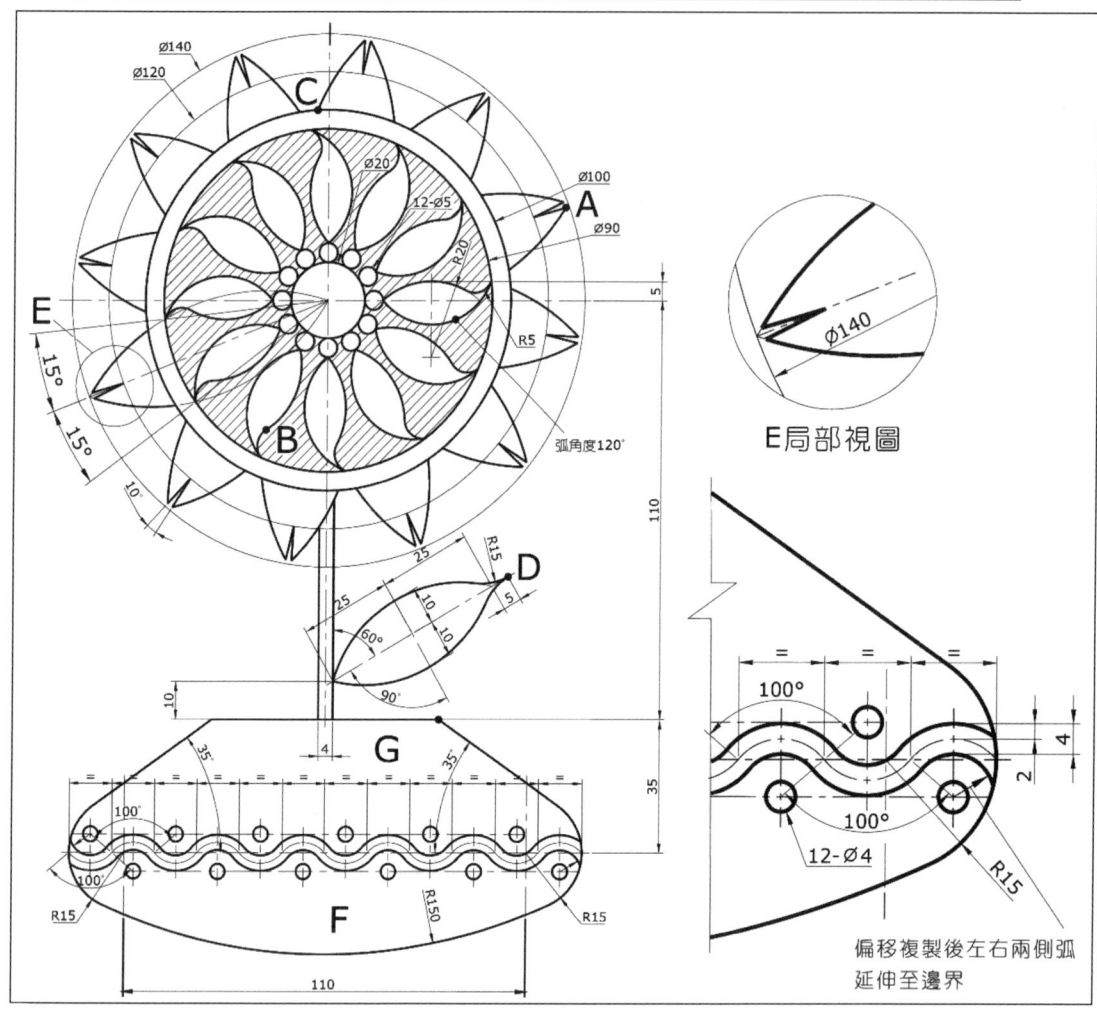

16. 交點 A 至端點 B 角度為何？＿＿＿＿＿＿＿＿＿＿＿＿＿＿＿＿＿＿＿＿

17. 交點 C 至端點 D 距離為何？＿＿＿＿＿＿＿＿＿＿＿＿＿＿＿＿＿＿＿＿

18. 區域 F 與區域 G 皆扣除內孔後面積為何？＿＿＿＿＿＿＿＿＿＿＿＿＿＿

19. 斜線區域面積為何？＿＿＿＿＿＿＿＿＿＿＿＿＿＿＿＿＿＿＿＿＿＿＿＿

20. 圖形最外圍面積為何？＿＿＿＿＿＿＿＿＿＿＿＿＿＿＿＿＿＿＿＿＿＿＿

五、試繪出下圖並回答下列五個問題（20分，每小題4分）
完成結果請依下表之資訊，儲存於指定路徑及檔名：

路徑	檔名
C:\ANS.CSF\ED05	**ATA05.dwg**

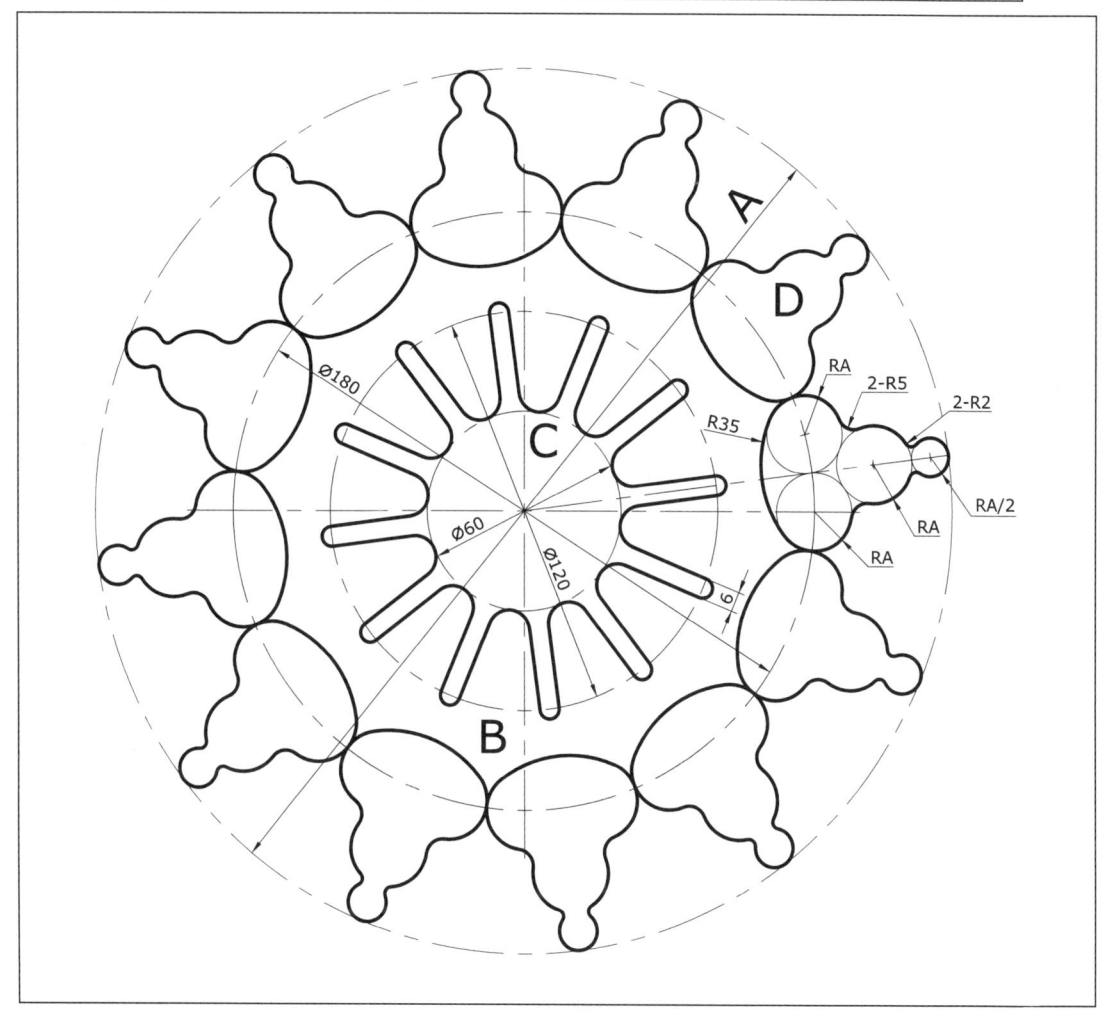

21. 圖形最大直徑A為何？_____
22. 區域B扣除內孔面積為何？_____
23. 區域C周長為何？_____
24. 區域D周長為何？_____
25. 圖形最外圍面積為何？_____

六、試繪出下圖並回答下列五個問題（25分，每小題5分）
　　完成結果請依下表之資訊，儲存於指定路徑及檔名：

路徑	檔名
C:\ANS.CSF\ED06	**ATA06.dwg**

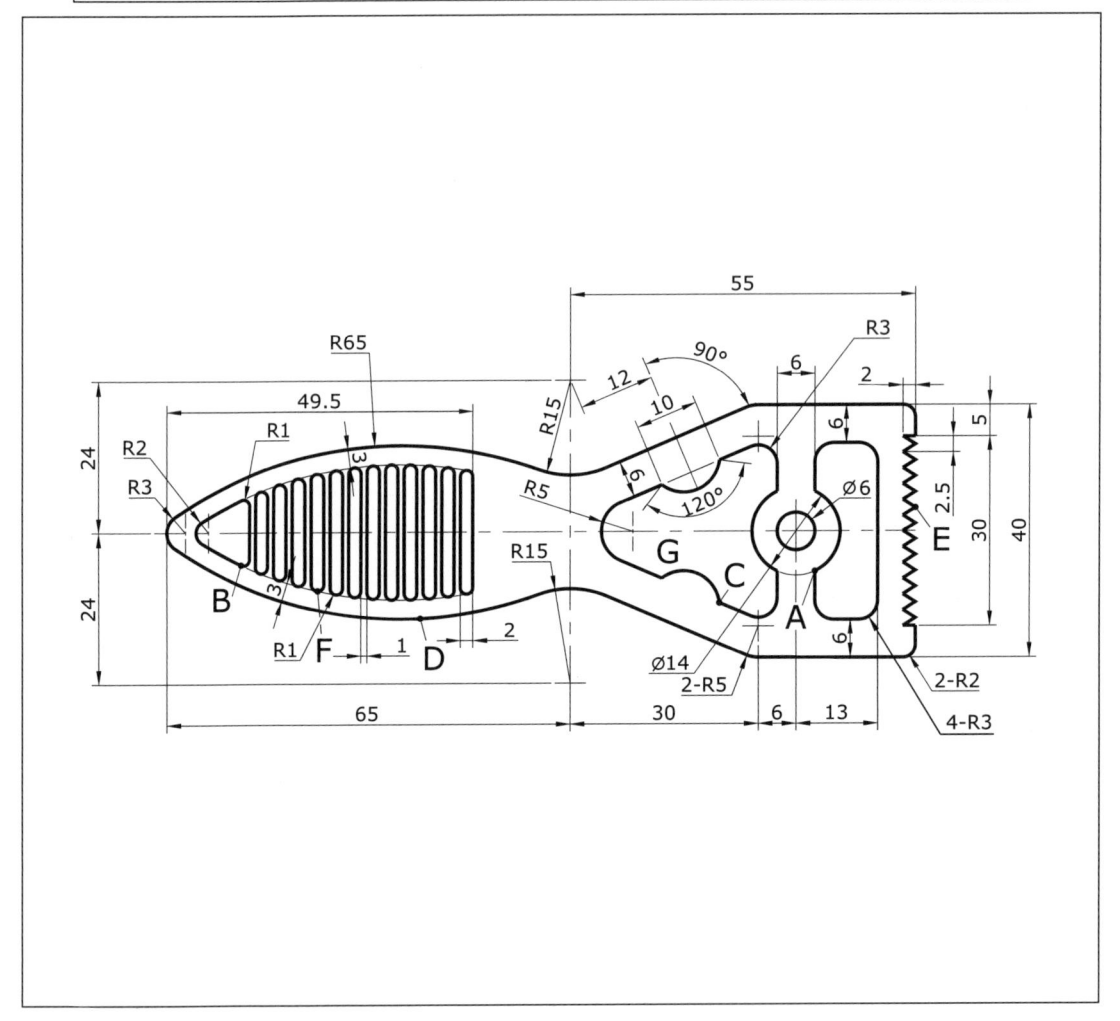

26. 交點 A 至端點 B 距離為何？＿＿＿＿＿＿＿＿＿＿＿＿＿＿＿＿＿＿＿＿＿＿＿＿
27. 交點 C 至弧 D 中心點距離為何？＿＿＿＿＿＿＿＿＿＿＿＿＿＿＿＿＿＿＿＿＿
28. 區域 G 面積為何？＿＿＿＿＿＿＿＿＿＿＿＿＿＿＿＿＿＿＿＿＿＿＿＿＿＿＿＿
29. 交點 E 至四分點 F 距離為何？＿＿＿＿＿＿＿＿＿＿＿＿＿＿＿＿＿＿＿＿＿＿
30. 圖形扣除內孔面積為何？＿＿＿＿＿＿＿＿＿＿＿＿＿＿＿＿＿＿＿＿＿＿＿＿＿

試卷標準答案

試卷編號：ATF-0001

一、操作題答案

01.	02.	03.	04.	05.
115.3927	102.5763	3806.9340	969.8071	6757.5430
06.	07.	08.	09.	10.
90.8527	243.5533	2785.1377	212.1586	738.6083
11.	12.	13.	14.	15.
84.1676	164.0943	244.2465	561.7675	7030.1534
16.	17.	18.	19.	20.
17.5948	67.9674	160.2944	79.0918	3248.0000
21.	22.	23.	24.	25.
168.4735	167.5179	1249.5808	3648.5020	1775.6296
26.	27.	28.	29.	30.
860.6720	653.3202	32688.0000	50084.3333	361890.0000

試卷編號：ATF-0002

一、操作題答案

01.	02.	03.	04.	05.
541.4946	4730.2428	229.8348	51.2169	10.6005
06.	07.	08.	09.	10.
135.1620	497.2383	34.9750	2084.0474	191.4349
11.	12.	13.	14.	15.
100.9967	319.0833	254.9915	3836.4734	14236.0928
16.	17.	18.	19.	20.
101.5168	201.7252	435.4720	6084.9363	13512.1579
21.	22.	23.	24.	25.
85.8395	86.5948	74.6725	1421.6915	1360.7194
26.	27.	28.	29.	30.
537.3259	499.3576	6196.2817	423.9819	419907.1598

試卷編號：ATF-0003

一、操作題答案

01.	02.	03.	04.	05.
139.1537	84.6077	78.2317	2618.3895	379.4917
06.	07.	08.	09.	10.
20.1648	7.4096	10.8776	77.0560	2981.8262
11.	12.	13.	14.	15.
37.3092	2055.7608	162.2334	179.7561	9896.4295
16.	17.	18.	19.	20.
215.7375	133.2786	5956.5970	3228.3231	18373.4262
21.	22.	23.	24.	25.
266.1435	13621.8213	910.5599	174.4251	37908.0931
26.	27.	28.	29.	30.
91.9239	80.7035	427.3399	96.3813	2004.9858

心得筆記

Chapter

附　　錄

專業設計人才認證簡章

TQC+ 專業設計人才認證是針對職場專業領域職務需求所開發之證照考試。應考人請於報名前詳閱簡章各項說明內容,並遵守所列之各項規範,如有任何疑問,請洽各區推廣中心詢問。簡章內容如有修正部分,將於網站首頁明顯處公告,不另行個別通知。

壹、報名及認證方式

一、本年度報名與認證日期

各場次認證日三週前截止報名,詳細認證日期請至 TQC+ 認證網站查詢(http://www.tqcplus.org.tw),或洽各考場承辦人員。

二、認證報名

1. 報名方式分為「個人線上報名」及「團體報名」二種。

    (1) 個人線上報名

    A. 登錄資料

    a. 請連線至 TQC+ 認證網,網址為 http://www.TQCPLUS.org.tw

    b. 選擇網頁上「考生服務」選項,開始進行線上報名。如尚未完成註冊者,請選擇『註冊帳號』選項,填入個人資料。如已完成註冊者,直接選擇『登入系統』,並以身分證統一編號及密碼登入。

    c. 依網頁說明填寫詳細報名資料。姓名如有罕用字無法輸入者,請按 CMEX 圖示下載 Big5-E 字集。並於設定個人密碼後送出。

    d. 應考人完成註冊手續後,請重新登入即可繼續報名。

    B. 執行線上報名

    a. 登入後請查詢最新認證資訊。

    b. 選擇欲報考之科目。

    C. 選擇繳款方式

    系統顯示乙組銀行虛擬帳號,同時並顯示應繳金額,請列印該畫面資料,並依下列任何一種方式一次繳交認證費用。

    a. 持各金融機構之金融卡至各金融機構 ATM(金融提款機)轉帳。

    b. 至各金融機構臨櫃繳款。

    c. 電話銀行語音轉帳。

d. 網路銀行繳款

繳費時可能需支付手續費，費用依照各銀行標準收取，不包含於報名費中。應考人依上述任一方式繳款後，系統查核後將發送電子郵件確認報名及繳費手續完成，應考人收取電子郵件確認資料無誤後，即完成報名手續。

D. 列印資料

上述流程中，應考人如於各項流程中，未收到電子郵件時，皆可自行上網至原報名網址以個人帳號密碼登入系統查詢列印，匯款及各項相關資料請自行保存，以利未來報名查詢。

(2) 團體報名

20 人以上得團體報名，請洽各區推廣中心，有專人提供服務。

2. 各科目報名費用，請參閱 TQC+ 認證網站。

3. 各項科目凡完成報名程序後，除因本身之傷殘、自身及一等親以內之婚喪、重病或天災等不可抗力因素，造成無法於報名日期應考時，得依相關憑證辦理延期手續（以一次為限且不予退費），請報名應考人確認認證考試時間及考場後再行報名，其他相關規定請參閱「四、注意事項」。

4. 凡領有身心障礙證明報考 TQC+ 各項測驗者，每人每年得申請全額補助報名費四次，科目不限，同時報名二科即算二次，餘此類推，報名卻未到考者，仍計為已申請補助。符合補助資格者，應於報名時填寫「身心障礙者報考 TQC+ 認證報名費補助申請表」後，黏貼相關證明文件影本郵寄至本會各區推廣中心申請補助。

三、認證方式

1. 本項認證採電腦化認證，應考人須依題目要求，以滑鼠及鍵盤操作填答應試。

2. 試題文字以中文呈現，專有名詞視需要加註英文原文。

3. 題目類型

(1) 測驗題型：

A. 區分單選題及複選題，作答時以滑鼠左鍵點選。學科認證結束前均可改變選項或不作答。

B. 該題有附圖者可點選查看。

(2) 操作題型：
    A. 請依照試題指示，使用各報名科目特定軟體進行操作或填答。
    B. 考場提供 Microsoft Windows 內建輸入法供應考人使用。若應考人需使用其他輸入法，請於報名時註明，並於認證當日自行攜帶合法版權之輸入法軟體應考。但如與系統不相容，致影響認證時，責任由應考人自負。

四、注意事項

1. 本認證之各項試場規則，參照考試院公布之『國家考試試場規則』辦理。

2. 於填寫報名表之個人資料時，請務必於傳送前再次確認檢查，如有輸入錯誤部分，得於報名截止日前進行修正。報名截止後若有因資料輸入錯誤以致影響應考人權益時，由應考人自行負責。

3. 凡完成報名程序後，除因本身之傷殘、自身及一等親以內之婚喪、重病或天災等不可抗力因素，造成無法於報名日期應考時，得依相關憑證辦理延期手續（以一次為限且不予退費），請報名應考人確認後再行報名。

4. 應考人需具備基礎電腦操作能力，若有身心障礙之特殊情況應考人，需使用特殊電腦設備作答者，請於認證舉辦 7 日前與主辦單位聯繫，以便事先安排考場服務，若逕自報名而未告知主辦單位者，將與一般應考人使用相同之考場電腦設備。

5. 參加本項認證報名不需繳交照片，但請於應試時攜帶具照片之身分證件正本備驗（國民身分證、駕照等）。未攜帶證件者，得於簽立切結書後先行應試，但基於公平性原則，應考人須於當天認證考試完畢前，請他人協助送達查驗，如未能及時送達，該應考人成績皆以零分計算。

6. 非應試用品包括書籍、紙張、尺、皮包、收錄音機、行動電話、呼叫器、鬧鐘、翻譯機、電子通訊設備及其他無關物品不得攜帶入場應試，違者扣分，並得視其使用情節加重扣分或扣減該項全部成績。（請勿攜帶貴重物品應試，考場恕不負保管之責。）

7. 認證時除在規定處作答外,不得在文具、桌面、肢體上或其他物品上書寫與認證有關之任何文字、符號等,違者作答不予計分;亦不得左顧右盼,意圖窺視、相互交談、抄襲他人答案、便利他人窺視答案、自誦答案、以暗號告訴他人答案等,如經勸阻無效,該科目將不予計分。

8. 若遇考場設備損壞,應考人無法於原訂場次完成認證時,將遞延至下一場次重新應考;若無法遞延者,將擇期另行舉辦認證或退費。

9. 認證前發現應考人有下列各款情事之一者,取消其應考資格。證書核發後發現者,將撤銷其認證及格資格並吊銷證書。其涉及刑事責任者,移送檢察機關辦理:
   (1) 冒名頂替者。
   (2) 偽造或變造應考證件者。
   (3) 自始不具備應考資格者。
   (4) 以詐術或其他不正當方法,使認證發生不正確之結果者。

10. 請人代考者,連同代考者,三年內不得報名參加本認證。請人代考者及代考者若已取得 TQC+ 證書,將吊銷其證書資格。其涉及刑事責任者,移送檢察機關辦理。

11. 意圖或已將試題或作答檔案攜出試場或於認證中意圖或已傳送試題者將被視為違反試場規則,該科目不予計分並不得繼續應考當日其餘科目。

12. 本項認證試題採亂序處理,考畢不提供試題紙本,亦不公布標準答案。

13. 應考時不得攜帶無線電通訊器材(如呼叫器、行動電話等)入場應試。認證中通訊器材鈴響,將依監場規則視其情節輕重,扣除該科目成績五分至二十分,通聯者將不予計分。

14. 應考人已交卷出場後,不得在試場附近逗留或高聲喧嘩、宣讀答案或以其他方式指示場內應考人作答,違者經勸阻無效,將不予計分。

15. 應考人入場、出場及認證中如有違反規定或不服監試人員之指示者,監試人員得取消其認證資格並請其離場。違者不予計分,並不得繼續應考當日其餘科目。

16. 應考人對試題如有疑義,得於當科認證結束後,向監場人員依試題疑義處理辦法申請。

貳、成績與證書

一、合格標準

1. 各項認證成績滿分均為 100 分，應考人該科成績達 70（含）分以上為合格。
2. 成績計算以四捨五入方式取至小數點第一位。

二、成績公布與複查

1. 各科目認證成績將於認證結束次工作日起算兩週後，公布於 TQC+ 認證網站，應考人可使用個人帳號登入查詢。
2. 認證成績如有疑義，可申請成績複查。請於認證成績公告日後兩週內（郵戳為憑）以書面方式提出複查申請，逾期不予受理（以一次為限）。
3. 請於 TQC+ 認證網站下載成績複查申請表，填妥後寄至本會各區推廣中心辦理。每科目成績複查及郵寄費用請以網站公告為主。
4. 成績複查結果將於十五日內通知應考人；遇有特殊原因不能如期複查完成，將酌予延長並先行通知應考人。
5. 應考人申請複查時，不得有下列行為：
   (1) 申請閱覽試卷。
   (2) 申請為任何複製行為。
   (3) 要求提供申論式試題參考答案。
   (4) 要求告知命題委員、閱卷委員之姓名及有關資料。

三、證書核發

1. 單科證書：
   單科證書於各科目合格後，於一個月後主動寄發至應考人通訊地址，無須另行申請。
2. 人員別證書：
   應考人之通過科目，符合各人員別發證標準時，可申請頒發證書，每張證書申請及郵寄費用請以網站公告為主。
   請至 TQC+ 認證網站進行線上申請，步驟如下：
   (1) 填寫線上證書申請表，並確認各項基本資料。
   (2) 列印填寫完成之申請表。

(3) 黏貼身分證正反面影本。

(4) 繳交換證費用

申請表上包含乙組銀行虛擬帳號及應繳金額，請以轉帳或臨櫃繳款方式繳交換證費用。該組帳號僅限當次申請使用，請勿代繳他人之相關費用。

繳費時可能需支付銀行手續費，費用依照各銀行標準收取，不包含於申請費用中。

(5) 以掛號郵寄申請表至以下地址：

台北市 105 松山區八德路三段 32 號 8 樓

『TQC+ 專業設計人才認證服務中心』收

3. 各項繳驗之資料，如查證為不實者，將取消其頒證資格。相關資料於審查後即予存查，不另附還。

4. 若應考人通過科目數，尚未符合發證標準者，可保留通過科目成績，待符合發證標準後申請。

5. 為契合證照與實務工作環境，認證成績有效期限為 5 年（自認證日起算），逾時將無法換發證書，需重新應考。

6. 人員別證書申請每月 1 日截止收件（郵戳為憑），當月月底以掛號寄發。

7. 單科證書如有毀損或遺失時，請依人員別證書發證方式至 TQC+ 認證網站申請補發。

參、本辦法未盡事宜者，主辦單位得視需要另行修訂

本會保有修改報名及測驗等相關資料之權利，若有修改恕不另行通知。最新資料歡迎查閱本會網站！

（TQC+ 各項測驗最新的簡章內容及出版品服務，以網站公告為主）

本會網站：http://www.CSF.org.tw

考生服務網：http://www.TQCPLUS.org.tw

肆、聯絡資訊

應考人若需取得最新訊息，可依下列方式與我們連繫：
TQC+ 專業設計人才認證網：http://www.TQCPLUS.org.tw
電腦技能基金會網站：http://www.csf.org.tw
TQC+ 專業設計人才認證推廣中心聯絡方式及服務範圍：

北區推廣中心

新竹縣市（含）以北，包括宜蘭縣、花蓮縣及金馬地區

地　　址：台北市 105 松山區八德路三段 32 號 8 樓

服務電話：(02) 2577-8806

中區推廣中心

苗栗縣至嘉義縣市，包括南投地區

地　　址：台中市 406 北屯區文心路 4 段 698 號 24 樓

服務電話：(04) 2238-6572

南區推廣中心

台南縣市（含）以南，包括台東縣及澎湖地區

地　　址：高雄市 807 三民區博愛一路 366 號 7 樓之 4

服務電話：(07) 311-9568

問題反應表

親愛的讀者：

　　感謝您購買「TQC+ 電腦輔助平面製圖認證指南 AutoCAD 2024」，雖然我們經過縝密的測試及校核，但總有百密一疏、未盡完善之處。如果您對本書有任何建言或發現錯誤之處，請您以最方便簡潔的方式告訴我們，作為本書再版時更正之參考。謝謝您！

讀　　　　　者　　　　　資　　　　　料				
公　司　行　號		姓　　名		
聯　絡　住　址					
E-mail Address					
聯　絡　電　話	（O）		（H）	
應用軟體使用版本					
使　用　的　PC		記憶體		
對 本 書 的 建 言					
勘　　　　　誤　　　　　表				
頁 碼 及 行 數	不當或可疑的詞句		建　議　的　詞　句	
第　　　頁					
第　　　行					
第　　　頁					
第　　　行					

覆函請以傳真或逕寄：

　　　　　地址：台北市105八德路三段32號8樓
　　　　　　　　中華民國電腦技能基金會 綜合推廣中心 收
　　　　TEL：(02)25778806 轉 760
　　　　FAX：(02)25778135
　　E-MAIL：master@mail.csf.org.tw

TQC+ 電腦輔助平面製圖認證指南 AutoCAD 2024

作　　者：財團法人中華民國電腦技能基金會
企劃編輯：郭季柔
文字編輯：王雅雯
設計裝幀：張寶莉
發 行 人：廖文良

發 行 所：碁峰資訊股份有限公司
地　　址：台北市南港區三重路66號7樓之6
電　　話：(02)2788-2408
傳　　真：(02)8192-4433
網　　站：www.gotop.com.tw
書　　號：AEY045000
版　　次：2025年03月初版
建議售價：NT$350

國家圖書館出版品預行編目資料

TQC+電腦輔助平面製圖認證指南 AutoCAD 2024 / 財團法人中華民國電腦技能基金會著. -- 初版. -- 臺北市：碁峰資訊, 2025.03
　　面；　公分
　　ISBN 978-626-425-040-5(平裝)
　　1.CST：AutoCAD 2024(電腦程式)　2.CST：考試指南
312.49A97　　　　　　　　　　　　　　114002741

商標聲明：本書所引用之國內外公司各商標、商品名稱、網站畫面，其權利分屬合法註冊公司所有，絕無侵權之意，特此聲明。

版權聲明：本著作物內容僅授權合法持有本書之讀者學習所用，非經本書作者或碁峰資訊股份有限公司正式授權，不得以任何形式複製、抄襲、轉載或透過網路散佈其內容。
版權所有‧翻印必究

本書是根據寫作當時的資料撰寫而成，日後若因資料更新導致與書籍內容有所差異，敬請見諒。若是軟、硬體問題，請您直接與軟、硬體廠商聯絡。